U0652576

高等职业教育通信类系列教材

网络通信基础应用

主编　邓小明　邓志龙

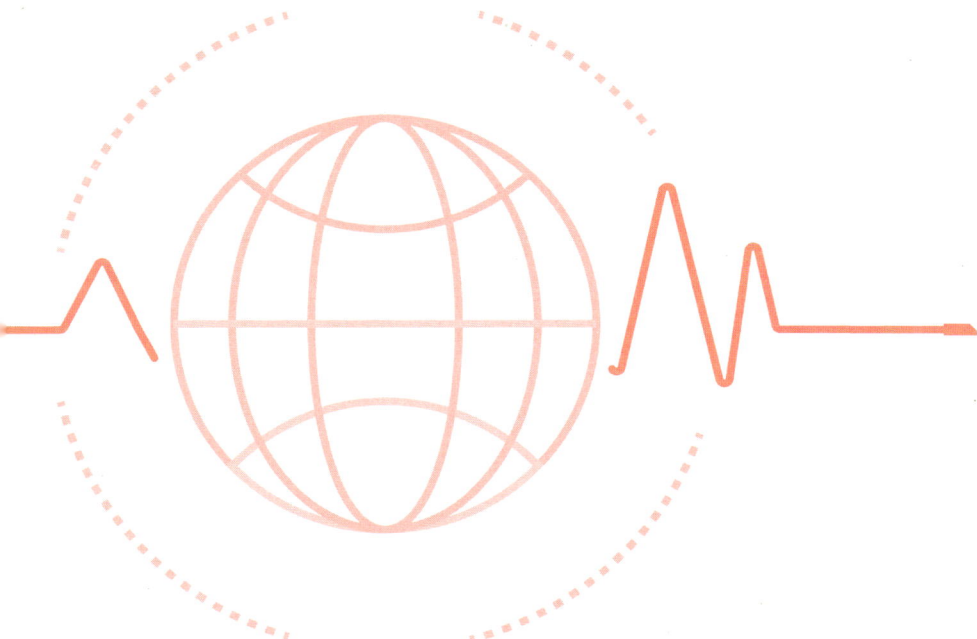

西安电子科技大学出版社

内 容 简 介

  本书以网络体系结构 OSI/RM(开放系统互联参考模型) 为主线，围绕计算机体系结构、网络底层协议分析、网络高层协议应用、网络安全配置、无线网络部署及 IPv6 网络搭建与部署设计了 6 个项目 (共包含 22 个任务)，以项目任务引出网络协议的基本概念与原理，且同一个项目中各任务的内容具有关联性，难度递进。任务中涉及的延伸性内容放在"拓展知识"部分，供学生课后参考或者课前预习。每个任务都配有"自我测试"，用于检测学习效果。

  本书可作为应用型高职高专院校计算机及相关专业计算机网络基础课程的教材，也可作为继续教育网络课程的教材，还可作为计算机网络培训的参考书。

图书在版编目 (CIP) 数据

网络通信基础应用 / 邓小明，邓志龙主编 . -- 西安：西安电子科技大学出版社 , 2025. 4. -- ISBN 978-7-5606-7532-9

 Ⅰ. TN915

中国国家版本馆 CIP 数据核字第 20257AY630 号

策　　划　黄薇谚
责任编辑　孟秋黎
出版发行　西安电子科技大学出版社 (西安市太白南路 2 号)
电　　话　(029) 88202421　88201467　　　　邮　　编　710071
网　　址　www.xduph.com　　　　　　　　电子邮箱　xdupfxb001@163.com
经　　销　新华书店
印刷单位　陕西天意印务有限责任公司
版　　次　2025 年 4 月第 1 版　　　　　2025 年 4 月第 1 次印刷
开　　本　787 毫米 × 1092 毫米　1/16　　印　　张　12
字　　数　283 千字
定　　价　40.00 元
ISBN 978-7-5606-7532-9
XDUP 7833001-1
*** 如有印装问题可调换 ***

前　言

网络通信技术是指通过网络将各个孤立的设备连接起来，通过信息交换实现人与人、人与计算机、计算机与计算机之间通信的技术。新一代信息技术被列为国家重点发展的七大战略性新兴产业之一，而网络通信技术是信息技术的基础。

本书参照计算机网络技术工程标准，并参考《网络规划设计师教程》以及思科系统有限公司、华为技术有限公司的培训及职业资格认证相关资料，结合互联网从业人员实际岗位能力需要编写而成。

本书编写遵循"序、实、浅、用"的原则，在每个任务的前导性知识中，以微课堂形式融入了思政点，方便教师参考思政点进行教学设计。为了更好地帮助读者了解计算机网络的基本概念、术语、协议、基本操作，本书以 Cisco Packet Tracer 8.2(正文中有时用简称 PT) 仿真模拟器、Wireshark 数据包捕获工具、VMware Workstation 10.0 虚拟机以及 Windows Server 2008 R2 操作系统作为实验平台辅助任务的仿真和完成。

本书项目任务与思政设计如下表所示。

项目任务与思政设计

项目	任务	思政点	思政线	思政面
项目一 网络体系结构认知	任务 1.1　搭建一个对等网络 任务 1.2　分解网络层次模型	(1) 世界经济论坛 (WEF) 发布《全球信息技术报告》 (2) 回望历史，苏联人为什么没有建成互联网	• 科技自强 • 科学观	• 网络强国 • 爱国情怀 • 民族自信心 • 民族自豪感 • 社会责任感 • 个人价值观
项目二 网络底层协议分析	任务 2.1　实现数字基带信号编码 任务 2.2　制作 UTP 网线 任务 2.3　认识计算机的网卡 任务 2.4　查询交换机的 MAC 地址表 任务 2.5　防范 ARP 攻击 任务 2.6　分析 IP 数据包 任务 2.7　FLSM 子网划分 任务 2.8　VLSM 子网划分 任务 2.9　实现网络可靠传输	(1) Polar 码——移动通信领域皇冠上的宝石 (2) EIA/TIA-568 布线标准 (3) IP 地址与 MAC 地址分工与协作 (4) 网络安全警钟长鸣 (5) IPv4 地址耗尽与网络规划的前瞻性 (6) 提升和优化网络性能 (7) TCP 可靠机制组成	• 创新发展 • 工程素养 • 团队合作 • 精益求精 • 科学严谨	

项　目	任　　务	思　政　点	思政线	思政面
项目三 网络高层 协议应用	任务 3.1　搭建 Web 服务器 任务 3.2　实现域名访问 Web 站点 任务 3.3　更新自己的网站资源 任务 3.4　配置邮件服务器 任务 3.5　配置 DHCP 服务器	(1) Web3D 技术 (2) FTPS 新技术	·创新发展	
项目四 网络安全 配置	任务 4.1　利用 Wireshark 捕获 FTP 登录账号 任务 4.2　利用 PGP 实现邮件加密和签名	(1) 远程桌面应用厂商 AnyDesk 遭遇网络攻击，数千名用户登录凭据被盗 (2) 量子密钥分发	·职业道德 ·法律法规	
项目五 无线网络 部署	任务 5.1　部署家庭无线 Mesh 网络 任务 5.2　企业 PPPoE 接入互联网配置	(1) 需求所向——无线 Mesh 网络的优势 (2) PPPoE 技术起源	·需求与发展	
项目六 IPv6 网络 搭建与部署	任务 6.1　搭建 IPv6 网络 任务 6.2　搭建 IPv6/IPv4 双栈网络	(1) IPv6 (2) IPv9 是创新还是科技投机的国际玩笑	·批判思维 ·环保意识	

为了方便教师教学和读者自主学习，本书配有数字教学资源，读者可登录西安电子科技大学出版社官方网站 (http://www.xduph.com) 或超星网络课程资源 (https://mooc1.chaoxing.com/mooc-ans/course/236508478.html) 获取。

本书由南宁职业技术大学现代通信教学团队合力编写，邓小明、邓志龙担任主编并负责统稿和校稿，程乔编写项目一和项目六，邓小明编写项目二，邓志龙编写项目三，朱荣宾编写项目四，丁瑜编写项目五。

由于编者水平有限，书中难免有不妥之处，恳请读者批评指正。

编　者

2024 年 7 月

目　录

项目一　网络体系结构认知

项目简介

　　计算机网络是计算机技术和通信技术相结合的产物，涉及通信与计算机两个领域。它的诞生使计算机体系结构发生了巨大的变化。在经济领域，它促进传统产业转型，不断催生新的经济形态；在政治领域，它改变传统政治生态，促进民主法治发展；在文化领域，它推动文化的内容、形式和传播方式发生巨大变革；在社会领域，它促进社会结构变革，深刻改变社会成员的生活方式；在军事领域，信息化、网络化背景下的军事斗争能力成为国防实力的关键要素；在科技领域，现代信息技术、网络技术水平成为国家科学技术进步的重要标志。从某种意义上说，计算机网络的发展水平已经成为衡量一个国家综合国力及现代化程度的重要标志之一。

　　项目一包含两个任务，需要掌握的知识点包括：计算机网络的分类与组成；双机互联网络的搭建；多计算机对等网的搭建；网络拓扑图的分类；PT仿真模拟器的使用方法；基本网络测试命令的使用；理论和实际两个网络层次模型的对比。

项目导图

项目一
网络体系结构认知

- 任务1.1：搭建一个对等网络
- 任务1.2：分解网络层次模型

任务1.1　搭建一个对等网络

Cisco Packet Tracer
搭建拓扑图

一、前导知识

计算机网络是将分布在不同地理位置上的具有独立工作能力的多台计算机、终端及其附属设备用通信设备和通信线路连接起来，由网络操作系统管理，能相互通信和资源共享的系统。网络的大小和复杂性各不相同，仅仅将其连接起来是不够的，设备必须就"如何"通信达成一致，网络方可正常通信及运作。任何通信都有三个要素，即有一个源（发送方），有一个目的地（接收方），还需要有一个信道（介质），以提供通信发生的路径。

对等（Peer-to-Peer network，P2P network）网络是一种在对等者（Peer）之间分配任务和工作负载的分布式应用架构，也是对等计算模型在应用层形成的一种组网或网络形式。对等网络的特点为：非中心化，网络中的资源和服务分散在所有节点上；扩展性，用户加入时，系统整体的资源和服务能力可以同步地扩充；健壮性，具有耐攻击、高容错的优点；高性价比，可有效地利用互联网中散布的大量普通节点，将计算任务或存储资料分布到所有节点上；隐私保护，信息的传输分散在各节点之间，用户的隐私信息被窃听和泄露的可能性减小；负载均衡，每个节点既是服务器又是客户机，更好地实现了整个网络的负载均衡。

微课堂

世界经济论坛 (WEF) 发布《全球信息技术报告》

中国互联网络信息中心2023年8月28日发布的第52次《中国互联网络发展状况统计报告》显示，截至2023年6月，我国网民规模达10.79亿人，互联网普及率达76.4%。世界经济论坛 (WEF)2023年11月发布的《全球信息技术报告》中显示，衡量ICT(Information Communications Technology) 推动社会经济发展的成效水平中，我国位列59位，目前作为网络强国重要标志的宽带基础设施建设滞后，人均宽带与国际先进水平差距较大，且关键技术受制于人，自主创新能力不强，网络安全面临严峻挑战。

引自2023年《中国互联网络发展状况统计报告》及《全球信息技术报告》

二、任务目标

本任务要求完成一个简单对等网络的组建，并运用网络测试命令检测网络的连通性。

1.德育目标

在对等网络搭建和测试过程中，注重拓扑图标注规范，体验计算机交互带来的便利，从而培养耐心、细心及抗挫折的网络工程师品质。

2. 知识目标

(1) 能够复述对等网络的概念和对等网络的特点。

(2) 能够说出常用网络拓扑名词及特点、ping 命令及主要命令参数。

(3) 能够分辨双机互联和 4 台计算机互联连接线缆的不同。

3. 技能目标

(1) 熟练独立应用 PT 仿真模拟器进行网络拓扑图的创建和规范标注。

(2) 能够进行 IP 地址规划，并完成网络连通性测试。

(3) 能够使用网络设备 (交换机) 完成 4 台计算机对等网络组建，并进行 IP 规划和网络连通性测试。

三、任务准备

(1) 为任务小组成员安排环形座位。

(2) 任务小组成员人均一台安装有 Windows 操作系统和 PT 仿真模拟器的计算机。

(3) 教师机屏幕广播软件能覆盖每一台计算机。

四、任务步骤

1. 熟悉 PT 仿真模拟器

PT 仿真模拟器的全称是 "Cisco Packet Tracer" (思科数据包追踪器)，目前较新的版本为 8.2.2，是 Cisco 公司针对 CCNA 认证开发的用来设计、配置和排除故障的网络仿真模拟软件，可以在思科网络学院注册账号后进行下载安装。PT 仿真模拟器的软件界面由工作区域、设备选择界面、仿真模式选择界面等组成，如图 1-1 所示。

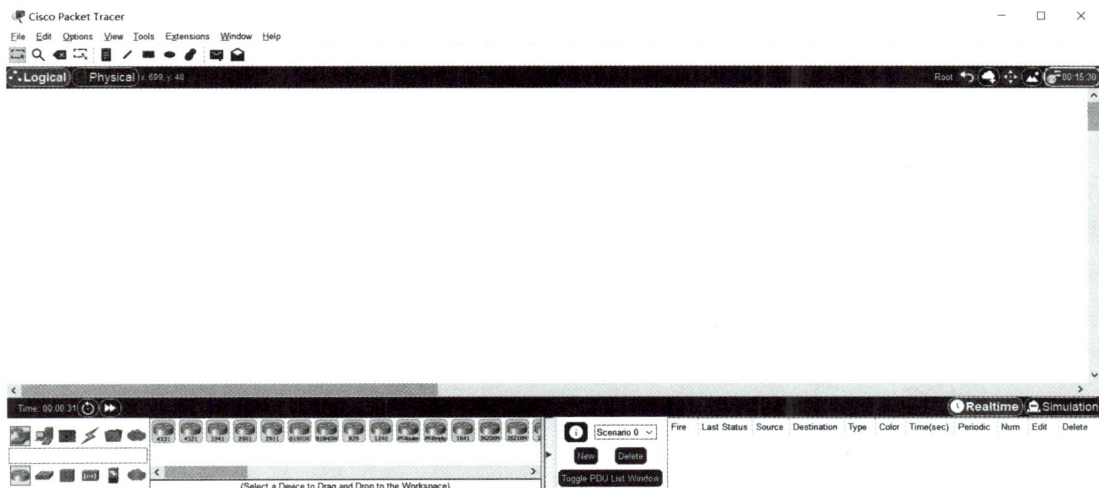

图 1-1 PT 仿真模拟器的软件界面

(1) 工作区域。PT 仿真模拟器的工作区域提供两种模式。一种是"Logical"逻辑工作区域模式，用来完成网络拓扑图的搭建以及设备的连接和调试。另一种是"Physical"物理工作区域模式，用来表示当前设备所在的物理位置，如可查看交换机设备在某个城市某个建筑的某个房间内的哪个设备机柜中，可以具体到计算机连接了该交换机的哪个接口。用鼠标左键点击工作区域模式对应的文字标签"Logical"或者"Physical"可以切换工作区域模式。PT 仿真模拟器工作区域文字标签如图 1-2 所示。

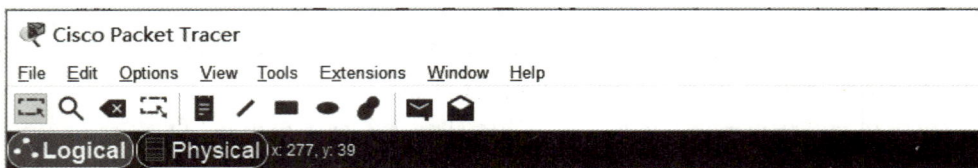

图 1-2　PT 仿真模拟器工作区域文字标签

(2) 设备选择界面。在 PT 仿真模拟器软件界面的左下角区域，有许多种类的硬件设备，从左至右依次为网络设备 (如路由器、交换机、集线器、无线设备等)、终端设备 (如计算机、服务器等)、组件 (物联网开发板等)、连接件 (如双绞线、光纤、串行线缆等)、混杂设备 (如路由器、计算机等混合类型设备)、多用户连接 (如远程网络) 设备，用户可以通过鼠标左键拖动的方式将所需要的设备移动到工作区域。当鼠标悬停在设备上时，设备的名称会显示在界面底部的信息栏中。PT 仿真模拟器的设备选择界面如图 1-3 所示。

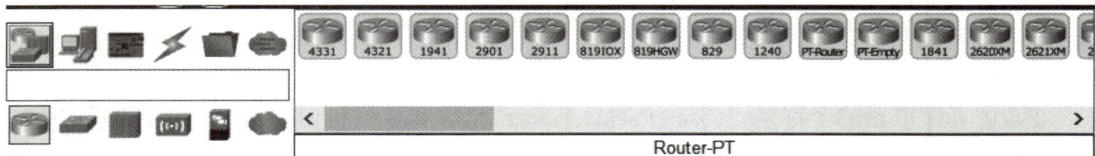

图 1-3　PT 仿真模拟器的设备选择界面

(3) 仿真模式选择界面。PT 仿真模拟器提供两种仿真模式，分别是 Realtime(实时) 模式和 Simulation(模拟) 模式。实时模式下，网络设备实时进行工作，且可以直接运行命令，并得到运行后的结果，诸如 ping 和 telnet 等网络测试命令。模拟模式下，在执行同样命令的时候将不直接返回运行结果，而是需要执行对应的功能操作，如添加数据包、捕获数据包等操作，主要用来进行数据包的协议层次、数据转发分析等。PT 仿真模拟器的仿真模式文字标签如图 1-4 所示。

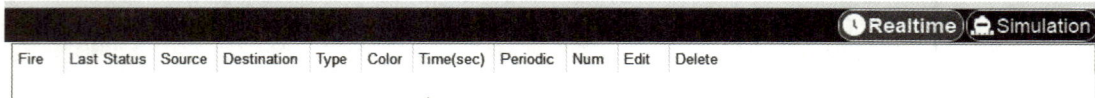

图 1-4　PT 仿真模拟器的仿真模式文字标签

2. 双机互联

下面将通过介绍双机互联步骤进一步熟悉 PT 仿真模拟器的基本操作。双机互联具体步骤如下：

(1) 拓扑搭建。首先在设备选择界面用鼠标左键选择终端设备 (End Device) 中的计算机图标，并将计算机图标拖动到工作区域 (默认为 Logical 工作区域)，工作区域显示 PC0 和 PC1；然后在设备选择界面用鼠标左键选择连接件 (Connections) 中的交叉线 (Copper Cross-Over)(思考：这里如果选用直通线 (Cut Through) 是否可行？)，将交叉线一端连接 PC0 并选择 FastEthernet0，同样将交叉线另一端连接 PC1 并选择 FastEthernet0，如此便将 PC0 和 PC1 连接起来了。双机互联网络拓扑 (初步拓扑) 如图 1-5 所示。

图 1-5　双机互联网络拓扑 (初步拓扑)

在实际网络拓扑图的搭建过程中，为了迅速了解网络的整体结构，同时有效排查网络的故障，往往需要在网络拓扑中补充一些更详细的注释信息，如设备的 IP 地址、连接设备的具体接口等。注释信息的补充可通过 PT 仿真模拟器的注释 (Note) 按钮进行 (如图 1-6 所示)。本拓扑中在 PC0 下方标注的信息为 192.168.10.1/24，在 PC1 下方标注的信息为 192.168.10.2/24。

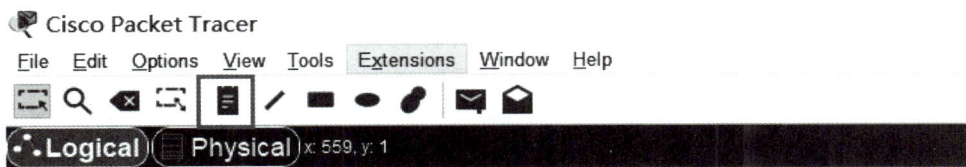

图 1-6　PT 仿真模拟器的注释 (Note) 按钮

除了 IP 地址的注释信息，有时网络管理人员还需要知道设备连接的具体接口名称，PT 仿真模拟器可以通过勾选菜单栏 "Option"（选项）中 "Preferences"（喜好设定）下的 "Always Show Port Labels in Logical Workspace"（始终在逻辑工作区域内显示端口标签）来实现。PT 仿真模拟器端口显示标签设置如图 1-7 所示。

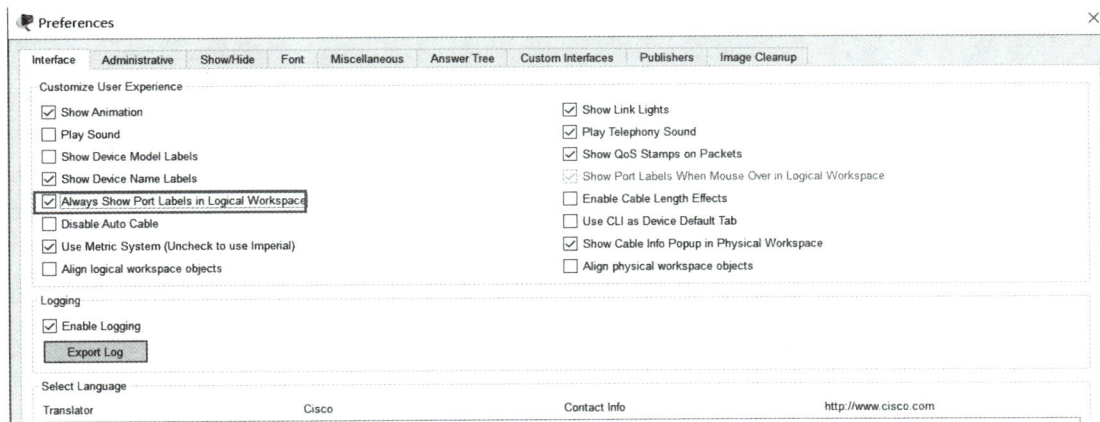

图 1-7　PT 仿真模拟器端口显示标签设置

标注了注释信息并设置了端口标签显示后的双机互联网络拓扑图 (完成后) 如图 1-8 所示。

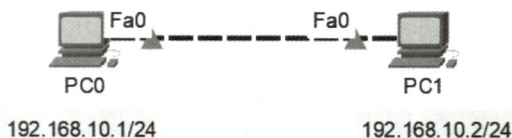

图 1-8　双机互联网络拓扑图 (完成后)

　　(2) IP 规划配置。双机互联的实现需要两台计算机 (PC0 和 PC1) 都有 IP 地址，这里使用 C 类私有地址进行规划。IP 地址规划的具体内容将在后续章节中进行介绍，这里不作赘述。双机互联 IP 地址规划表如表 1-1 所示。

表 1-1　双机互联 IP 地址规划表

序号	计算机名称	IP 地址	子网掩码 (Submask)
1	PC0	192.168.10.1	255.255.255.0
2	PC1	192.168.10.2	255.255.255.0

　　表 1-1 中 PC0 的 IP 地址 "192.168.10.1" 和子网掩码 "255.255.255.0" 与图 1-8 中的 PC0 的注释 "192.168.10.1/24" 信息等同，PC1 注释类似。这里以 PC0 为例介绍在 PT 仿真模拟器上配置 IP 地址的过程：首先用鼠标左键点击计算机 PC0 图标，然后在 PC0 选项卡中选择 "Desktop"（桌面）中的 "IP Configuration" (IP 配置) 图标，并填入 IP 地址和子网掩码，最后点击窗口右上角的关闭按钮，完成 IP 地址配置。PC1 的 IP 地址同理进行配置。PC0 的 IP 地址配置如图 1-9 所示。

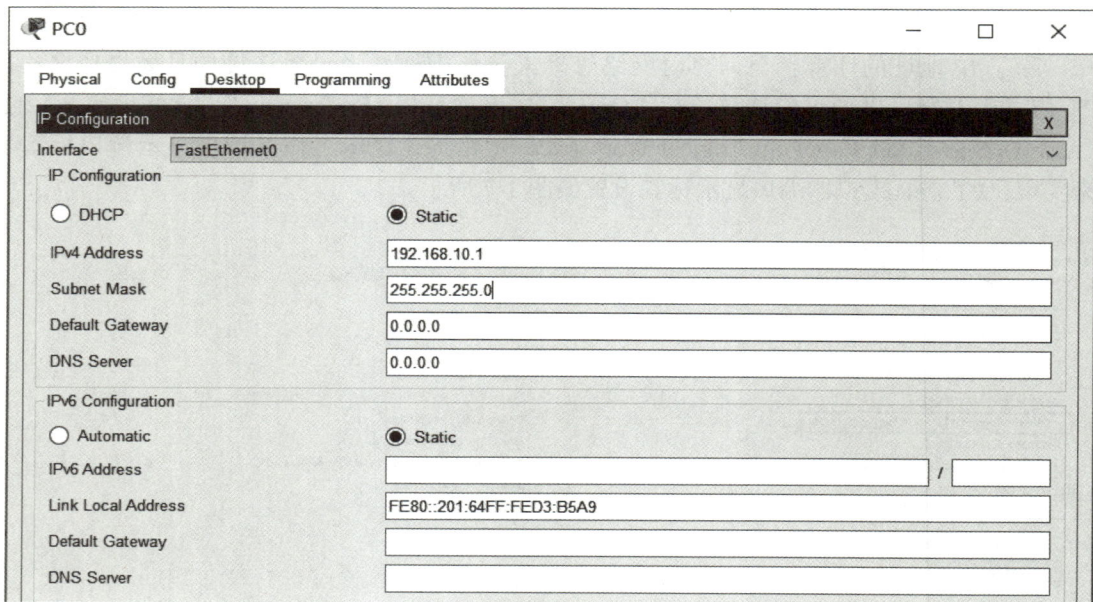

图 1-9　PC0 的 IP 地址配置

　　(3) 互联测试。IP 地址配置成功后，就可以进行双机互联的测试。这里使用网络连通性测试命令 ping(Packet Internet Groper)。ping 的中文名为因特网包探索器，该程序通常用于确认因特网上的一台主机是否可达。其原理是向特定的目的主机发送 ICMP(Internet Control

Message Protocol，因特网控制报文协议)Echo 回显请求 (Echo Request) 报文，并根据回复的 ICMP 数据包回显应答消息 (Echo Reply)，测试目的站是否可达并获取连接的丢包率和平均往返时间等有关状态信息。这里以 PC0 作为发送端测试数据包到达 PC1 的情况。具体操作步骤为：在 PC0 选项卡中选择 "Desktop"（桌面）中的 "Command Prompt"（命令提示符）图标，并在命令窗口中输入：

ping 192.168.10.2

双机互联测试结果如图 1-10 所示。这里的 TTL 值若为具体数值，则表示连通。

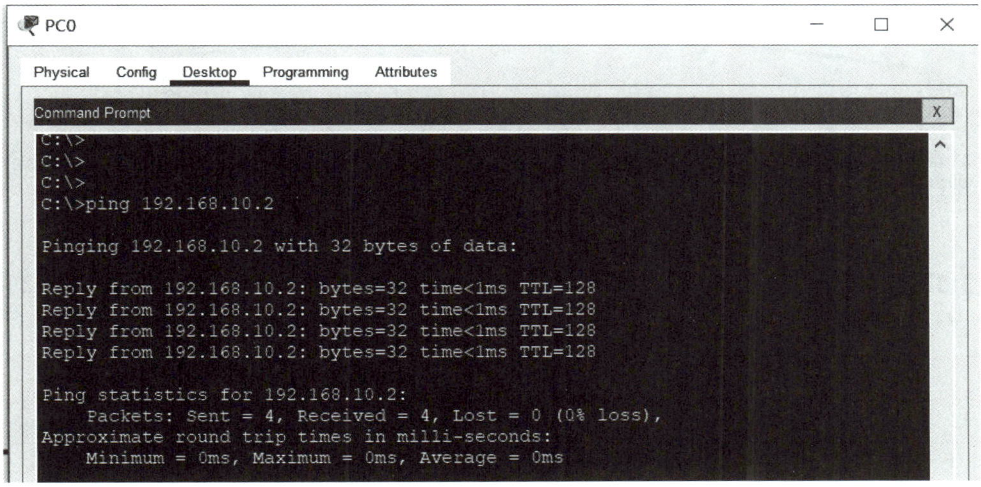

图 1-10　双机互联测试结果

图 1-10 中的信息表示，向 192.168.10.2 地址发送 4 个数据包，并收到 4 个回应数据包，每个数据包大小为 32 B(图中 bytes = 32)，单个数据包往返时间小于 1 ms，回应的数据包在网络中生存时间为 128 跳。

ping 测试命令中几个主要指标释义如下：

平均往返时间 (Round Trip Time，RTT) 是衡量网络链路延迟的指标，以毫秒 (ms) 为单位，往返过程从源计算机向目标计算机发送请求时开始，在收到来自目标计算机的响应时完成。RTT 是一些应用服务 (如 Web 应用程序) 的关键性能指标，反映了数据包从主机到另一台主机的延迟。

生存时间 (Time To Live，TTL) 描述了从主机到目标设备的网络链路中的跳数，数据包每经过一次路由器，TTL 的值就会减 1，直到减到 0 时该数据包会被丢弃。

丢包率 (Packet Loss Rate，PLR) 则描述了链路中传输的数据包丢失的比例，是衡量网络质量的指标之一。

3.4 台计算机对等网络的组建

4 台计算机对等网络的组建步骤如下：

(1) 拓扑搭建。打开 PT 仿真模拟器软件，选择网络设备中的交换机 1 台、终端设备中的 PC 4 台，选择连接线中的直通线 "Cut Through" 或者交叉线 "Copper Cross-Over"，并连接计算机和交换机 (计算机接口选择 F0，交换机接口选择 F0/1～F0/24、G0/1～G0/2 其中的任何 1 个均可)，组建完成后的 4 台计算机对等网络拓扑图如图 1-11 所示。

图 1-11　4 台计算机对等网络拓扑图

(2) IP 规划配置。规划配置的 4 台计算机对等网络中各计算机的 IP 地址如表 1-2 所示。

表 1-2　4 台计算机对等网络中各计算机的 IP 地址表

序号	计算机名称	IP 地址	子网掩码 (Submask)
1	PC0	192.168.1.1	255.255.255.0
2	PC1	192.168.1.2	255.255.255.0
3	PC2	192.168.1.3	255.255.255.0
4	PC3	192.168.1.4	255.255.255.0

(3) 互联测试。对网络中任意两台计算机的连通性进行测试。PC1 与 PC0 连通性测试结果如图 1-12 所示。

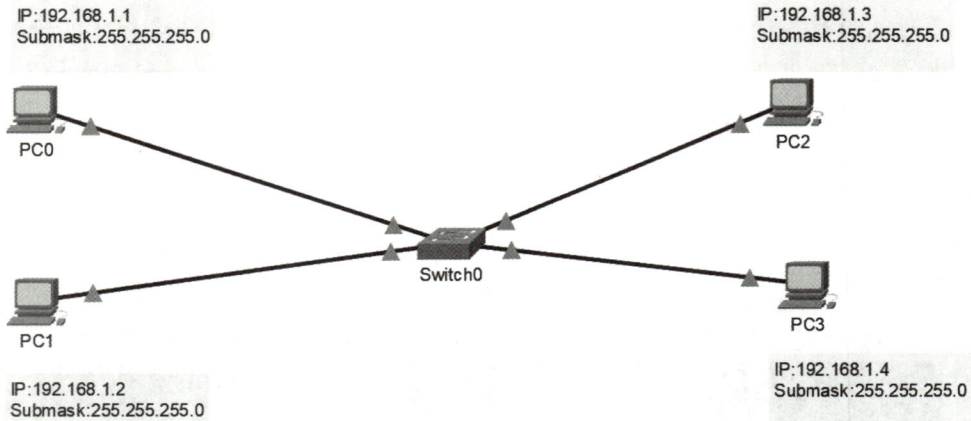

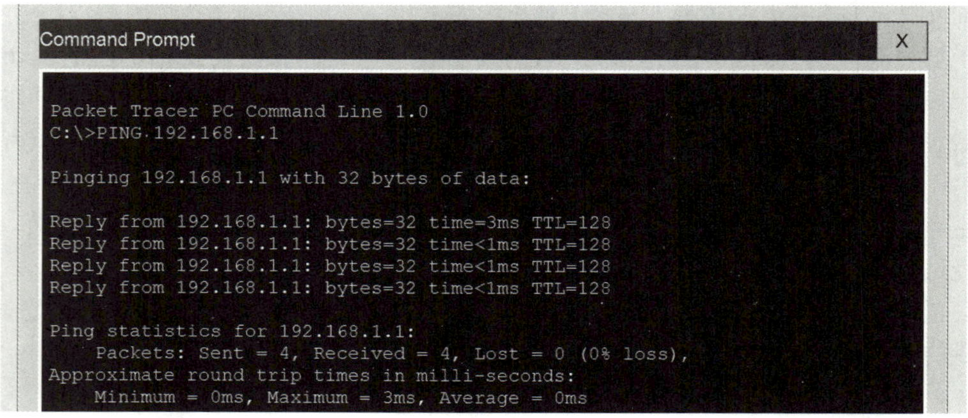

图 1-12　PC1 与 PC0 连通性测试结果

五、效果检测

根据任务学习情况，独立完成由 6 台计算机和 1 台交换机组成的对等网络的连接，进行

IP 地址规划，并测试任意两台计算机之间的连通性，完成各计算机之间的连通性测试表 (如表 1-3 所示)，连通使用 "√" 符号表示，不能连通用 "×" 符号表示。

表 1-3　计算机之间连通性测试表

计算机名称	PC0	PC1	PC2	PC3
PC0				
PC1				
PC2				
PC3				

六、拓展知识

1. 计算机网络的分类

计算机网络的分类方法众多，具体如下：

(1) 根据计算机网络的作用范围，可将其划分为：局域网 (Local Area Network，LAN)，作用范围通常为几米到几十千米；广域网 (Wide Area Network，WAN)，作用范围通常为几十千米到几千千米；城域网 (Metropolitan Area Network，MAN)，作用范围介于局域网与广域网之间。

(2) 根据计算机网络通信介质的不同，可将其划分为：有线网，采用同轴电缆、双绞线、光纤等物理介质传输数据；无线网，采用卫星、微波等无线形式传输数据。

(3) 根据计算机网络通信传播方式的不同，可将其划分为：点对点网络，网络中成对的主机之间存在着若干对的相互连接关系；广播式网络，网络中只有单一的通信信道，由这个网络中所有的主机共享。

(4) 根据计算机网络通信速率的不同，可将其划分为：低速网，数据传输速率在 15 Mb/s 以下；中速网，数据传输速率在 1.5～50 Mb/s 之间；高速网，数据传输速率在 50 Mb/s 以上。

(5) 根据计算机网络使用范围的不同，可将其划分为：公用网，为社会公众提供服务；专用网，只为一个或几个部门提供服务，不向社会公众开放。

(6) 根据计算机网络控制方式的不同，可将其划分为：集中式网络，网络的处理控制功能高度集中在少数几个节点上，这些节点是网络的处理控制中心，所有的信息流都必须经过这些节点之一，而其余的大多数节点则只有较少的处理控制功能；分布式网络，网络中不存在一个处理控制中心，各个节点均以平等地位相互协调工作和交换信息。

(7) 根据计算机网络拓扑结构的不同，可将其划分为：星型网络、总线型网络、环型网络、树型网络。

2. 计算机网络的组成

大型的计算机网络是一个复杂的系统。例如现在所使用的 Intemet 是一个集计算机软件系统、计算机硬件设备、通信设备以及数据处理能力于一体的，能够实现资源共享的现代化综合服务系统。一般计算机网络系统由硬件系统、软件系统和网络信息三部分组成。

1) 计算机网络的基本要素

计算机网络必须具备以下 3 个基本要素：

(1) 至少有两台具有独立操作系统的计算机，且它们之间有相互共享某种资源的需求。

(2) 两台独立的计算机之间必须有某种通信手段将其连接。

(3) 网络中的各个独立的计算机之间要能相互通信，且必须制定相互可确定的规范标准或者协议。

2) 硬件系统

硬件系统是计算机网络的基础，由计算机、通信设备、连接设备及辅助设备组成，通过连接这些设备形成了计算机网络。下面介绍几种常用的硬件系统设备。

(1) 服务器。计算机网络的核心组成部分是服务器。服务器是计算机网络中向其他计算机或网络设备提供服务的计算机，并按提供的服务被冠以不同的名称，如常用的数据库服务器、邮件服务器、文件服务器、打印服务器、通信服务器、信息浏览服务器和文件下载服务器等。

(2) 客户机。客户机是与服务器相对的一个概念。在计算机网络中享受其他计算机提供服务的计算机称为客户机。

(3) 网卡。网卡是安装在计算机主机板上的电路板插卡，又称为网络适配器或者网络接口卡 (Network Interface Board)。网卡的作用是将计算机与通信设备相连接，负责传输或者接收数字信息。

(4) 调制解调器。调制解调器 (Modem) 是一种信号转换装置，可以将计算机中传输的数字信号转换成通信线路中传输的模拟信号，或者将通信线路中传输的模拟信号转换成数字信号。一般将数字信号转换成模拟信号，称为"调制"；将模拟信号转换成数字信号，称为"解调"。

(5) 集线器。集线器是局域网中常用的连接设备，有多个端口，可以连接多台本地计算机。

(6) 网桥。网桥 (Bridge) 也是局域网常用的连接设备。网桥又称桥接器，是一种在链路层实现局域网互联的存储转发设备。

(7) 路由器。路由器是互联网中常用的连接设备，可以将两个网络连接在一起组成更大的网络。例如局域网与 Internet 互联网可以通过路由器进行互联。

(8) 中继器。中继器可用来扩展网络长度。中继器的作用是在信号传输较长距离后，对信号进行整形和放大，但不对信号进行校验处理。

3) 软件系统

计算机网络软件系统包括网络操作系统和网络协议等。网络操作系统是指能够控制和管理网络资源的软件，是由多个系统软件组成的。在基本操作系统中有多种配置和选项可供选择，使得用户可根据不同的需要和设备构成最佳组合的互联网络操作系统。网络协议是保证网络中两台设备之间正确传送数据的约定。

3.常见的协议标准化组织

(1) 国际互联网工程任务组 (Internet Engineering Task Force，IETF)。IETF 是一个公开性质的大型民间国际团体，负责开发和推广互联网协议 (特别是构成 TCP/IP 协议族的协议) 的志愿组织，汇集了与互联网架构和运作相关的网络设计者、运营者、投资人和研究人员，通过 RFC 发布新的协议标准或者取代老的协议标准。

(2) 电气与电子工程师协会 (Institute of Electrical and Electronics Engineers，IEEE)。IEEE 是国际工程界非常有名的一个组织，制定了全世界电子、电气和计算机科学领域 30% 左右的标准，比较知名的有 IEEE802.3(Ethernet)、IEEE802.11(Wi-Fi) 等协议。

(3) 国际标准化组织 (International Organization for Standardization，ISO)。在制定计算机网络标准方面，ISO 是起着重大作用的国际组织，如 OSI/RM 模型，定义于 ISO/IEC 7498-1。

七、自我测试

(1) 计算机网络的目的是 ( )。

A. 提高计算机运行速度　　　　　B. 连接多台计算机

C. 共享软、硬件和数据资源　　　D. 实现分布处理

(2) 下列说法中 ( ) 是正确的。

A. 互联网计算机必须是个人计算机

B. 互联网计算机必须是工作站

C. 互联网计算机必须使用 TCP/IP 协议

D. 互联网计算机在相互通信时必须遵循相同的网络协议

(3) 一座大楼内的一个计算机网络系统，属于 ( )。

A. PAN　　　　　　　　　　　　B. LAN

C. MAN　　　　　　　　　　　　D. WAN

(4) 双机互联网络中，除要有同网段的 IP 地址外，计算机间的连接线缆需要使用 ( )。

A. 交叉线　　　　　　　　　　　B. 直通线

C. 串行线缆　　　　　　　　　　D. 光纤

(5) ( ) 是 OSI/RM 参考模型的最底层。

A. 网络层　　　　　　　　　　　B. 物理层

C. 传输层　　　　　　　　　　　D. 数据链路层

(6) 数据终端设备又称为 DTE，数据电路端接设备又称为 ( )。

A. DTE　　　　　　　　　　　　B. DCE

C. DET　　　　　　　　　　　　D. MODEM

(7) 对等网络是指网络上每个计算机的地位都是 ( )。

A. 特定的　　　　　　　　　　　B. 主从的

C. 平等的　　　　　　　　　　　D. 不能确定

(8) 把计算机网络分为无线网络和有线网络的分类依据是（　　）。

A. 地理位置 　　　　　　　　　B. 传输介质

C. 拓扑结构 　　　　　　　　　D. 成本价格

(9) 网络中所连接的计算机在 10 台以内时，多采用（　　）。

A. 对等网 　　　　　　　　　　B. 基于服务器的网络

C. 点对点网络 　　　　　　　　D. 小型 LAN

(10) 无线局域网的英文缩写是（　　）。

A. LAN 　　　　　　　　　　　B. WLAN

C. MAN 　　　　　　　　　　　D. WAN

任务1.2　分解网络层次模型

网络层次模型

一、前导知识

不同年代、不同厂家、不同型号的计算机系统千差万别，将这些系统互联起来就要彼此开放，也就是要遵守共同的规则与约定（一般称为协议）。在协议中，必须对以下要求作出说明：标识发送方和接收方、通用语言和语法、传递的速度和时间、证实或确认要求。1977 年，国际标准化组织 (International Organization for Standardization，ISO) 为适应网络标准化发展的需求，在研究、吸取了各计算机厂商网络体系标准化经验的基础上，制定了 OSI/RM 模型，从而形成了网络体系结构的国际标准。目前在网络体系结构中被广泛应用的是TCP/IP 网络协议。OSI/RM 模型和 TCP/IP 模型对比如图 1-13 所示。

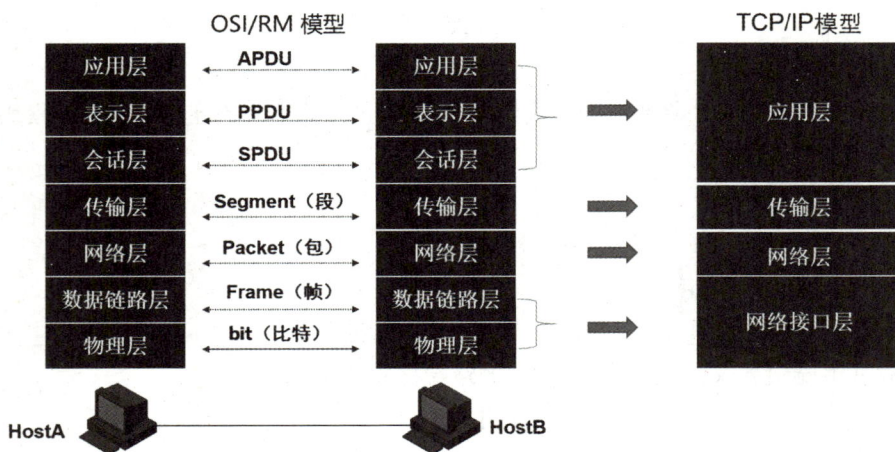

图 1-13　OSI/RM 模型和 TCP/IP 模型对比

本任务通过分析数据在网络中的收发过程，理解每个层次数据类型结构，了解网络层次结构模型。

微课堂

回望历史，苏联人为什么没有建成互联网?

1962 年，苏联信息技术之父格卢什科夫提出：建设一个全国性的计算机网络和自动化系统 (简称为 OGAS)。这个系统以电话线路为依托，连接起欧亚大陆的所有工厂、企业。苏联国内重要部门和地方层面官员因为害怕计算机网络会让自己丢掉工作或者个人利益受损而极力反对。尽管困难重重，格卢什科夫还是建成了几百个地方性的计算机中心。但这些中心的通信制式各不相同，缺乏互联互通的意愿。苏联互联网最终没有建成，而是在 1980 年代中后期融入了美国人创造的互联网。美国和苏联的互联网竞赛提醒我们：在重大项目建设中，即便领头人拥有过人的才华和远见，也都需要机构的支持和通力合作才能将事情做成，开放合作、互联互通是基础。

引自《文摘报》(2016 年 11 月 03 日 06 版)

二、任务目标

本任务要求完成局域网数据包捕获，对比 OSI/RM 模型和 TCP/IP 模型结构、目标。

1. 德育目标

通过数据发送单步操作，观察数据包结构，并结合 OSI/RM 模型和 TCP/IP 模型，在实践过程中抓取数据包，验证网络层次模型的系统构成，从而培养勤于思考、认真探究问题根源的习惯。

2. 知识目标

(1) 分析网络数据包的发送和接收过程，能够说出 OSI/RM 模型以及 TCP/IP 模型中各网络层次的名称和大致功能。

(2) 能够复述网络中常用术语的概念和含义。

(3) 能够说出同层次模型中数据类型的名称。

3. 技能目标

(1) 熟悉 PT 仿真模拟器的实时 (Realtime) 模式界面和模拟 (Simulation) 模式界面，并熟练应用 PT 仿真模拟器对数据包进行信息分析，分解网络层次功能。

(2) 分析 PDU 数据包的各层次数据结构，验证 OSI/RM 模型和 TCP/IP 模型的系统构成。

三、任务准备

(1) 为任务小组成员安排环形座位。

(2) 任务小组成员人均一台安装有 Windows 操作系统和 PT 仿真模拟器的计算机。

(3) 教师机屏幕广播软件能覆盖每一台计算机。

四、任务步骤

(1) 打开 PT 仿真模拟器，搭建图 1-11 所示的拓扑图，为每一台计算机配置 IP 地址，并使用 ping 命令测试任意两台计算机之间的连通性，然后点击 PT 仿真模拟器"Simulation"图标进入模拟 (Simulation) 模式。

(2) 在拓扑图上点击简单 PDU(Simple PDU) 图标，先后点击 PC0 和 PC2，建立 PC0 和 PC2 之间数据连接的模拟状态。这里的 PDU 泛指网络层模型中每层数据的类型，如物理层的 PDU 指 bit(比特)，数据链路层的 PUD 指 Frame(帧)，网络层的 PDU 指 Packet(包)，其他层 PDU 可参照图 1-13 中的 OSI/RM 模型类推。

(3) 点击模拟面板 (Simulation Panel) 中演示控制 (Play Controls) 的开始按钮 (Play)，得到 PC0 访问 PC2 通信事件列表 (如图 1-14 所示)。这里对数据包的 PDU(协议数据单元) 进入计算机的接收层 (In Layers) 和 PDU(协议数据单元) 离开计算机的发送层 (Out Layers) 进行分解，观察在数据包的发送和接收过程中网络层次模型中各数据包的层结构以及层定义的一些基本信息。

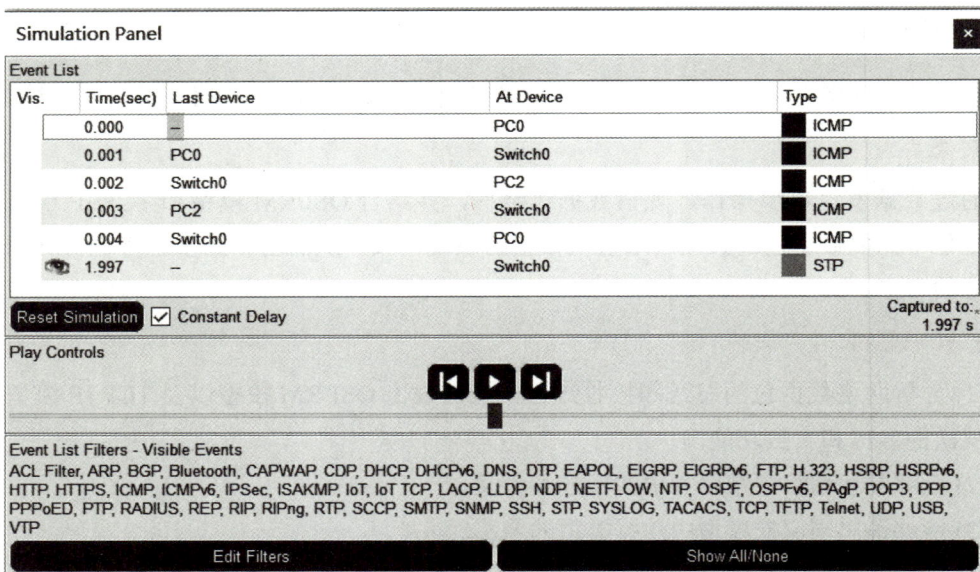

图 1-14　PC0 访问 PC2 通信事件列表

(4) 点击 PC0 访问 PC2 通信事件列表 (图 1-14) 中的第 1 条事件列表信息 (Time = 0.000 对应的 ICMP 信息)，得到 PC0 当前 PDU 层次模型信息如图 1-15 所示。从图中可以看出，在 ping 操作中，PDU 发送数据，在模型发送层 (Out Layers) 有 3 个层参与了数据的发送工作。

由于 PC0 当前是数据发送方，七层模型中的接收层 (In Layers) 是灰色的，表示没有数据进入 PC0，而发送层 (Out Layers) 的 Layer 1～Layer 3 参与具体的发送，其中 Layer 1 为物理层，定义了 PC0 使用 FastEthernet0 接口 (以下简称 F0) 进行发送数据；Layer 2 为数据链路层，定义了数据帧的发送方向为 PC0 >> PC2(图 1-15 中的"0030.A349.3100 >> 00D0.

BCE5.AA57"），其中发送方 PC0 的物理地址为 0030.A349.3100，接收方 PC2 的物理地址为 00D0.BCE5.AA57；Layer 3 为网络层，定义了发送方 PC0 的 IP 地址是 192.168.1.1，接收方 PC2 的 IP 地址是 192.168.1.3。

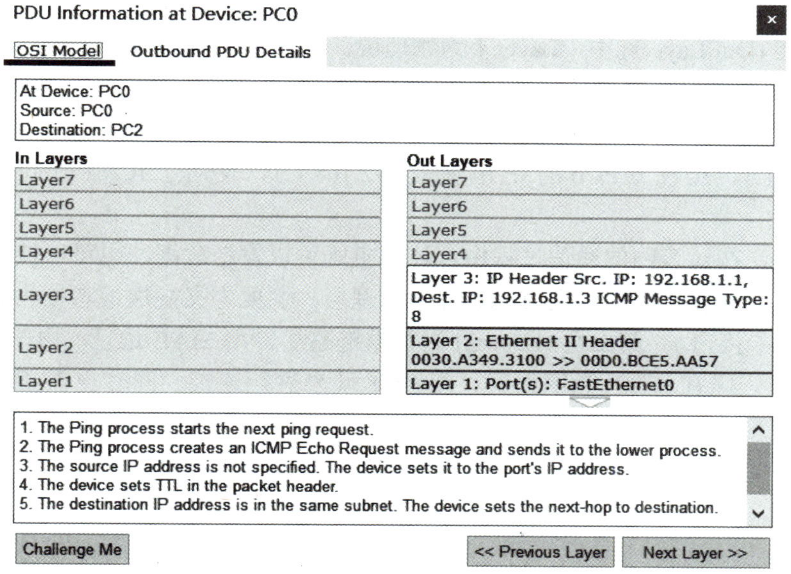

图 1-15　PC0 当前 PDU 层次模型信息

（5）点击 PC0 访问 PC2 通信事件列表（图 1-14）中第 4 条事件列表信息（Time = 0.003 对应的 ICMP 信息），得到 PC2 当前 PDU 层次模型信息，如图 1-16 所示。该连接当前接收层（In Layers）和发送层（Out Layers）的 Layer 1～Layer 3 均有相应的数据流动（因为 ICMP 协议只涉及网络层次模型的前 3 层，所以 Layer 4～Layer 7 均为灰色）。下面依次对接收层（In Layers）和发送层（Out Layers）分别进行说明。

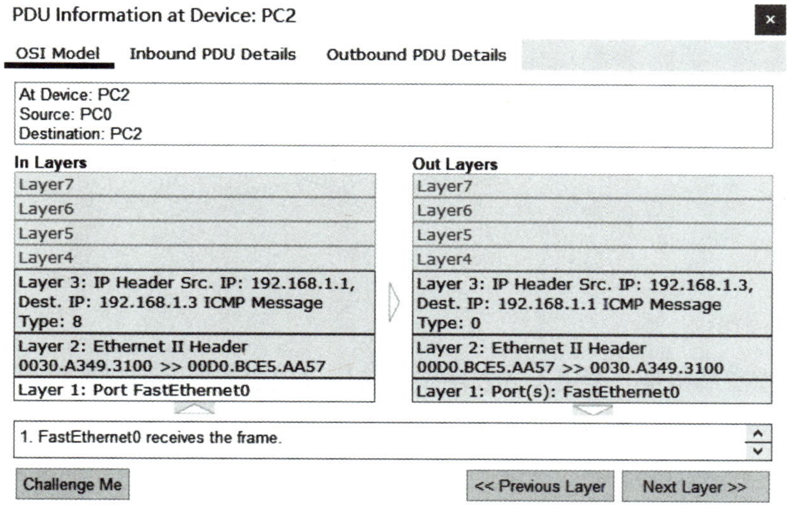

图 1-16　PC2 当前 PDU 层次模型信息

在接收层 (In Layers) 中，Layer 1 为物理层，定义了 PC2 使用 F0 接口进行接收数据；Layer 2 为数据链路层，定义了数据帧的接收方向为 PC0 >> PC2(图 1-16 中的 "0030.A349.3100 >> 00D0.BCE5.AA57")；Layer 3 为网络层，定义了发送方 PC0 的 IP 地址是192.168.1.1，接收方 PC2 的 IP 地址是 192.168.1.3，使用了 ICMP 协议 (协议类型号是 8)。

在发送层 (Out Layers) 中，Layer 1 为物理层，定义了 PC2 使用 F0 接口发送应答数据；Layer 2 为数据链路层，定义了应答数据帧的发送方向为 PC2 >> PC0(图 1-16 中的 "00D0.BCE5.AA57 >> 0030.A349.3100")；Layer 3 为网络层，定义了应答时发送方 PC2 的 IP 地址是 192.168.1.3，接收方 PC0 的 IP 地址是 192.168.1.1，使用了 ICMP 协议 (协议类型号是 0)。

综上所述，在对等网的通信过程中，计算机既可以发送数据，也可以接收来自网络的数据，网络层次模型中的第一层 (Layer1) 为物理层，主要定义发送或者接收数据所用的物理接口 (如网卡接口)；第二层 (Layer2) 为数据链路层，用 MAC 地址 (物理地址) 来进行连接寻址；第三层 (Layer3) 为网络层，用 IP 地址来进行连接。同时也需要注意，这里对等网的连接和测试只涉及层次模型中的第一层至第三层，而在实际互联网中，由于网络应用的多样性，通信过程中会涉及更高的网络模型层次，这里不再赘述。

五、效果检测

根据已有对等网络的拓扑，使用 PT 仿真模拟器的模拟模式，依据抓取的任意一个PDU 数据包 (ICMP 数据)，选择 In Layers(进入接口的数据报) 和 Out Layers(从接口发出的数据报) 填写 PDU 数据包中 Layer 1~Layer 3 的信息 (如表 1-4 所示)。

表 1-4　PDU 数据包中 Layer 1~Layer 3 层的信息

层名称	对应 OSI/RM 模型层次名称	信息名称	具体信息	备　注
Layer1		接口名称		
Layer2		以太帧源 MAC 地址		
		以太帧目的 MAC 地址		
Layer3		数据包源 IP 地址		
		数据包目的 IP 地址		

六、拓展知识

1. 网络层次模型

OSI/RM 模型最初是一个用于开发网络通信协议族的工业参考标准框架，后来随着各个层上使用的协议的国际标准化而发展。使用 OSI/RM 模型的好处有两点：一是有助于协议设计，即将一个庞大的功能分层实现，对于在特定层工作的协议而言，它们的工作方式及其与上下层之间的接口都已经确定；二是可以促进竞争，避免一个协议层的技术或功能变化影响相邻的其他层。若各个网络系统都严格遵守 OSI/RM 模型，则不同的网络之间就可以轻而易举地实现互操作。

协议必须协商一致，协商内容包括：消息编码、消息格式和封装、消息大小、消息时序、消息传输选项。整个 OSI/RM 模型共分 7 层，从下往上分别是：物理层、数据链路层、网络层、传输层、会话层、表示层和应用层。OSI/RM 模型各层的主要功能如表 1-5 所示。当采用 OSI/RM 模型发送数据时，数据是自上而下传输的，此过程被称为"封装"；当接收数据时，数据是自下而上传输的，此过程被称为"解封装"。

表 1-5　OSI/RM 模型各层的主要功能

层次	层的名称	英　　文	主要功能
7	应用层	Application Layer	处理网络应用
6	表示层	Presentation Layer	数据表示
5	会话层	Session Layer	互连主机通信
4	传输层	Transport Layer	端到端连接
3	网络层	Network Layer	分组传输和路由选择
2	数据链路层	Data Link Layer	传送以帧为单位的信息
1	物理层	Physical Layer	二进制位传输

1) 物理层

物理层是 OSI/RM 模型的最低层，提供原始物理通路，规定、处理与物理传输介质有关的机械、电气特性和接口。物理层建立在物理介质 (而不是逻辑上的协议和会话) 上，主要任务是确定与传输介质接口相关的一些特性，即机械特性、电气特性、功能特性以及规程特性，涉及电缆、物理端口和附属设备。双绞线、同轴电缆、接线设备 (如网卡等)、RJ45 接口、串口和并口等在网络中都工作在该层。由于物理层数据交换单位为二进制位 (bit，比特)，因此要定义传输中的信号电平大小、连接设备的开关尺寸、时钟频率、通信编码、同步方式等。

2) 数据链路层

数据链路层的任务是把原始不可靠的物理层连接变成无差错的数据通道，并解决多用户竞争问题，使数据链路层对网络层表现为一条可靠的链路，以加强物理层传送原始位的功能。该层的传输单位是帧。通过在帧的前面和后面附加上特殊的二进制编码来产生和识别帧边界数据。链路层可使用的协议有 SLP(Serial Line Internet Protocol，串行线路网际协议)、PPP(Point to Point Protocol，点对点协议)、X.25 和帧中继等。常见的集线器和交换机等网络设备都工作在这个层上，Modem 之类的拨号设备也工作在这一层上。在任何网络中，数据链路层都是必不可少的，相对于高层而言，此层所有的协议都比较成熟。

3) 网络层

网络层将数据分成一定长度的分组，负责路由 (通信子网到目标路径) 的选择。网络层以数据链路层提供的无差错传输为基础，为实现源和目标设备之间的通信而建立、维持和终止网络连接，并通过网络连接交换网络服务数据单元。它主要解决数据传输单元分组在通信子网中的路由选择、拥塞控制以及多个网络互联的问题，通常提供数据报服务和虚电路服务。网络层建立网络连接为传输层提供服务。在具有开放特性的网络中，数据终端设备都要配置网络层的功能，主要是指网关和路由器功能。

4) 传输层

传输层既是七层模型中负责数据通信的最高层，又是面向网络通信的低三层和面向信息处理的最高三层之间的中间层，用于解决数据在网络之间的传输质量问题，属于较高层次。传输层用于提高网络层服务质量，提供可靠的端到端的数据传输，如常说的 QoS(Quality of Service，服务质量) 就是这一层的主要服务。这一层主要涉及网络传输协议，它提供的是一套网络数据传输标准，如 TCP 协议。本层可在传送数据之前建立连接，并依照连接建立时协商的方式进行可信赖的数据传送服务。若传输层发现收到的数据包有误，或送出的数据包未收到对方的确认，则可继续尝试数次，直到正确收到或送出数据包，或是在尝试数次失败之后向上层报告传送的是错误的信息。简而言之，传输层能检测及修正传输过程中的错误，反映并扩展了网络层子系统的服务功能，并通过传输层地址给高层用户提供传输数据的通信端口，使系统间高层资源的共享不必考虑数据通信方面的问题。本层的最终目标是为用户提供有效、可靠和价格合理的服务。

5) 会话层

会话层利用传输层提供的端到端数据传输服务，具体实施服务请求者与服务提供者之间的通信，属于进程间通信范畴。同时它主要针对远程终端访问，管理不同主机进程间的对话。会话层通过使用校验点可使通信会话在通信失效时从校验点处继续恢复通信。这种能力对于传送大的文件极为重要。会话层、表示层、应用层构成开放系统的高 3 层，面对应用进程提供分布处理、会话管理、信息表示、恢复最后的差错等服务。通常，会话层提供服务需要经过建立连接、传输数据、释放连接 3 个阶段。

6) 表示层

表示层用于处理系统间用户信息的语法表达形式。每台计算机都有它自己的表示数据的内部方法，需要通过协定和转换来保证不同的计算机可以彼此理解。

7) 应用层

应用层是 OSI/RM 模型的最高层，是直接面向用户的一层，也是计算机网络与最终用户间的界面。应用层包含用户应用程序执行通信任务时所需要的协议和功能，如电子邮件和文件传输等。在这一层中，FTP(File Transfer Protocol，文件传输协议)、SMTP(Simple Mail Transfer Protocol，简单邮件传输协议)、POP(Post Office Protocol，邮局协议) 等协议得到了充分应用。

2. 信息的传递

信息的传递是指信息由发送方传递给接收方。信息在传递前需要经过封装，封装过程就是协议将其信息添加到数据的过程。服务器响应客户机过程中数据的封装如图 1-17 所示。在这个过程的每个阶段，PDU 都以不同的名称来对应每个网络层次的功能。通常情况下，数据的封装过程 (以 TCP/IP 为例) 是沿协议栈自上而下进行的，即先在上层进行处理,然后将其传递到模型的下一层。每一层都会重复这个过程,直到它作为一个比特流发出。

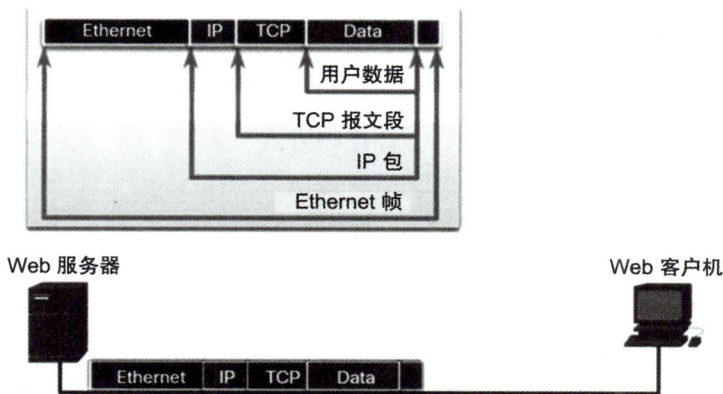

图 1-17 服务器响应客户机过程中数据的封装

七、自我测试

(1) 在 (   ) 中,每个工作站直接连接到一个公共通信通道。

A. 环型网络   B. 总线型网络

C. 星型网络   D. 以上都不是

(2) 下面 (   ) 是客户机 / 服务器模型。

A. 一个终端访问大型计算机的数据

B. 一个工作站应用程序访问远程计算机上共享数据库的信息

C. 一个工作站应用程序访问本地硬盘驱动器上数据库的信息

(3) 两台计算机利用电话线路传输数据信号时,必备的设备是 (   )。

A. 网卡   B. 调制解调器

C. 中继器   D. 同轴电缆

(4) 在 OSI/RM 模型中,(   ) 有数据加密功能。

A. 网络层   B. 应用层

C. 传输层   D. 表示层

(5) OSI/RM 模型中一共有 (   ) 层。

A. 3   B. 5

C. 7   D. 9

(6) 在网络传输中对数据进行统一的标准编码是与 OSI/RM 模型的 (   ) 层有关。

A. 物理层   B. 网络层

C. 传输层   D. 表示层

(7) 数据传输中数据链路层的数据单位是 (   )。

A. 报文   B. 分组

C. 数据报   D. 帧

(8) 以下不是路由器功能的是 (   )。

A. 路由选择　　　　　　　　　B. 传输 IP 分组

C. 建立网络连接　　　　　　　D. 对 IP 分组进行分片

(9) 下列交换方式中，实时性最好的是 (   )。

A. 数据报方式　　　　　　　　B. 虚电路方式

C. 电路交换方式　　　　　　　D. 各种方法都一样

(10) 两个不同类型的计算机能够通信，如果它们能做到 (   )，就可以进行互联。

A. 符合 OSI/RM 模型　　　　　B. 都使用 TCP/IP 协议

C. 都使用兼容的协议组　　　　D. 一个是 Windows 服务器，一个是 UNIX 工作站

(11) 在 TCP/IP 层次体系中，实现不同主机进程间通信的是 (   )。

A. 传输层　　　　　　　　　　B. 应用层

C. 表示层　　　　　　　　　　D. 会话层

项目二　网络底层协议分析

项目简介

从逻辑功能上看，计算机网络分为资源子网和通信子网。其中通信子网负责完成网络数据的传输和转发等通信处理任务，主要由交换机、路由器等网络通信节点组成；资源子网实现全网的、面向应用的数据处理和网络资源共享，由主机系统、终端、终端控制器、联网外设、各种软件资源与信息资源组成。

本项目从通信建立、维持和释放的全过程角度出发，介绍与物理层、数据链路层、网络层和传输层 4 个网络层次相关联的任务 (任务 2.1～任务 2.9)，通过完成对应的任务，进一步加深对网络层次模型的认识。

本项目包含 9 个任务，完成任务时需要重点掌握的知识点包括：基带信道的 3 种常见编码；交换机 MAC 地址表的建立过程；数据传输过程中 ARP 地址表的建立过程；同一个网络和不同网络之间通信过程中 IP 地址和 MAC 地址的变化；IPv4 地址的分类与规划；MAC 地址表、ARP 地址表、路由表之间的区别；TCP 可靠传输的机制 (确认机制、滑动窗口机制、三次握手、拥塞控制等)。

项目导图

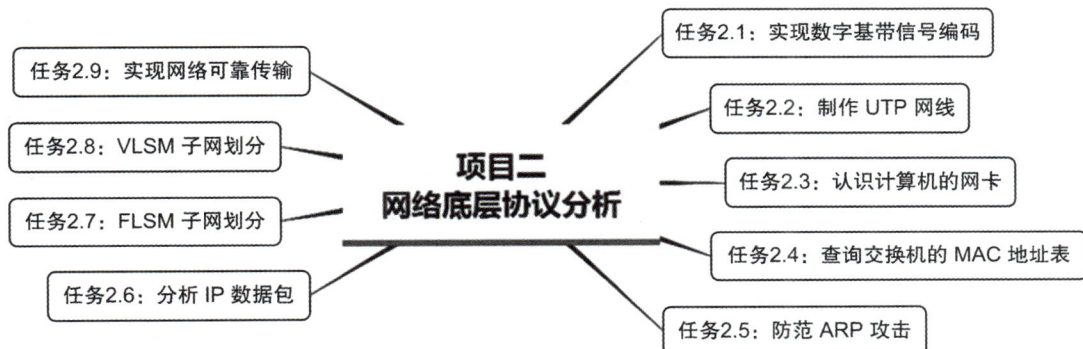

任务2.9：实现网络可靠传输

任务2.8：VLSM 子网划分

任务2.7：FLSM 子网划分

任务2.6：分析 IP 数据包

项目二
网络底层协议分析

任务2.1：实现数字基带信号编码

任务2.2：制作 UTP 网线

任务2.3：认识计算机的网卡

任务2.4：查询交换机的 MAC 地址表

任务2.5：防范 ARP 攻击

任务2.1　实现数字基带信号编码

曼彻斯特编码与
差分曼彻斯特编码

一、前导知识

物理层处于 OSI/RM(开放系统互联) 模型的最底层，也是 TCP/IP 网络层次模型中的最底层，主要负责实现主机、工作站等终端通信设备与通信线路上的设备之间的接口的电气和功能特性。大多数物理层是由 DTE(数据终端设备) 和 DCE(数据电路终接设备) 组成的。如果两个数据处理设备很远，就需要在两个 DTE 设备之间增加一个 DCE 设备，DCE 的作用就是在 DTE 和传输线路之间提供信号的变换和编码功能。

通信系统由信源、信道和信宿组成。信源与信宿通信过程如图 2-1 所示。

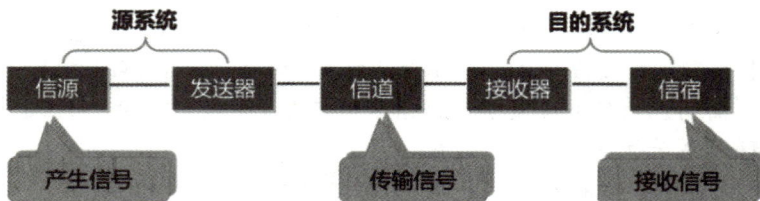

图 2-1　信源与信宿通信过程

来自信源的信号常称为基带信号 (即基本的频带信号)，计算机输出的代表各种文字或图像文件的数据信号都属于基带信号。由于基带信号中常含有较多的低频分量，甚至有直流分量，而许多信道不能传输这种低频分量或直流分量，因此必须对基带信号进行调制。调制可分为两大类。其中一类调制是对基带信号的波形进行变换，使它能够与信道特性相适应，变换后的信号仍然是基带信号 (将一种形式的数字信号转化为另一种数字信号)，这类调制称为基带调制，常称为编码。编码是为了便于信息传输，即将信息转换为另一种广为接受的形式。另一类调制是使用载波把基带信号的频率范围搬移到较高的频段，并转换为模拟信号。经过载波调制后的信号称为带通信号 (仅在一段频率范围内能够通过信道)，而使用载波调制的调制方式称为带通调制。

微课堂

Polar 码——移动通信领域皇冠上的宝石

Polar 码 (极化码) 是一种新型的信道编码技术，它是由土耳其的 Erdal Arikan 教授于 2008 年提出的。达到香农定理极限的 Polar 码，有较低的编码和译码复杂度，解决了香农信息论领域尘封近 60 年的难题。华为技术有限公司是 Polar 码的最大推动者和应用者，其在 2016 年就将 Polar 码作为 5G 标准中控制信道编码方案的候选之一，并在 2017 年成功地将其纳入了 3GPP 标准。随着 5G 第一个版本标准 R15 的冻结和封版，参与通信的设备商、芯片制造商、运营商以及研究者都积极向欧洲电信标准化协会 (ETSI，全球标准化组织 3GPP 的成员之一) 披露和声明自己拥有的 5G 标准相关专利中，华为公司以 49.5% 的占比在 Polar 码专利全球排名中领先。

引自《中国知识产权》(2018 年 09 月)

二、任务目标

本任务要求在键盘上输入字符串"we"并转换为 ASCII 码，然后用 3 种基本数字基带信号编码方式绘制出其编码波形图。

1. 德育目标

在数字基带信号编码的学习的过程中，能够理解各类数字基带信号编码的优势和劣势；在数字基带信号编码波形图的绘制过程中，追求一丝不苟的探索态度。

2. 知识目标

(1) 能够说出基本通信技术术语。
(2) 能够复述数字基带信号为什么要进行编码。
(3) 能够分析并说出 3 种数字基带信号编码各自的优缺点。

3. 技能目标

(1) 能够熟练查阅 ASCII 表获得对应字符的二进制编码。
(2) 能够熟练绘制常见 3 种数字基带信号编码的波形图。
(3) 能够分辨和纠正数字基带信号编码波形图中的错误。

三、任务准备

(1) 为任务小组成员安排环形座位。
(2) 任务小组成员人均一台安装有 Windows 操作系统和 PT 仿真模拟器的计算机，并能够连接外网。
(3) 教师机屏幕广播软件能覆盖每一台计算机。

四、任务步骤

1. 查阅 ASCII 表

ASCII(American Standard Code for Information Interchange) 译为美国信息交换标准代码，它是基于拉丁字母的一套计算机编码系统，主要用于显示现代英语和其他西欧语言。键盘上输入的所有字符及控制按键都可以使用该编码进行存储，ASCII 是人机交互通用的信息交换标准，其国际标准的名称为 ISO/IEC 646。ASCII 由电报码发展而来，第一次以规范标准的类型发表是在 1967 年，最后一次更新则是在 1986 年，到目前为止共定义了 128 个字符。

对照 ASCII 表 (如表 2-1 所示)，将字符串"we"中的字符翻译为二进制数据的方法为：先找到 ASCII 表中对应字母的二进制数位，然后按照先列后行的顺序组合。如字母

"w"的列二进制数位为 0111，行二进制数位为 0111，组合后得到字母"w"的二进制编码为 01110111，以此类推，最终得到字符串"we"的二进制数据为"0111011101100101"。

表 2-1　ASCII 表

| ASCII 非打印控制字符 | | | | | | | ASCII 打印字符 | | | | | | | | | | |
| 0000 | | | | 0001 | | | 0010 | | 0011 | | 0100 | | 0101 | | 0110 | | 0111 | |
二进制	十进制	代码	字符解释	十进制	代码	字符解释	十进制	字符	十进制	字符	十进制	字符	十进制	字符	十进制	字符	十进制	字符
0000	0	NUL	空	16	DLE	数据链路转义	32	Space	48	0	64	@	80	P	96	`	112	p
0001	1	SOH	头标开始	17	DC1	设备控制1	33	!	49	1	65	A	81	Q	97	a	113	q
0010	2	STX	正文开始	18	DC2	设备控制2	34	"	50	2	66	B	82	R	98	b	114	r
0011	3	ETX	正文结束	19	DC3	设备控制3	35	#	51	3	67	C	83	S	99	c	115	s
0100	4	EOT	传输结束	20	DC4	设备控制4	36	$	52	4	68	D	84	T	100	d	116	t
0101	5	ENQ	查询	21	NAK	反确认	37	%	53	5	69	E	85	U	101	e	117	u
0110	6	ACK	确认	22	SYN	同步空闲	38	&	54	6	70	F	86	V	102	f	118	v
0111	7	BEL	响铃	23	ETB	传输块结束	39	'	55	7	71	G	87	W	103	g	119	w
1000	8	BS	退格	24	CAN	取消	40	(	56	8	72	H	88	X	104	h	120	x
1001	9	HT	水平制表符	25	EM	媒体结束	41	)	57	9	73	I	89	Y	105	i	121	y
1010	10	LF/NL	换行/新行	26	SUB	替换	42	*	58	:	74	J	90	Z	106	j	122	z
1011	11	VT	垂直制表符	27	ESC	转义	43	+	59	;	75	K	91	[	107	k	123	{
1100	12	FF/NP	换页/新页	28	FS	文件分割符	44	,	60	<	76	L	92	\	108	l	124		
1101	13	CR	回车	29	GS	组分隔符	45	-	61	=	77	M	93	]	109	m	125	}
1110	14	SO	移出	30	RS	记录分隔符	46	.	62	>	78	N	94	^	110	n	126	~
1111	15	SI	移入	31	US	单元分隔符	47	/	63	?	79	O	95	_	111	o	127	DEL

2. 熟悉 3 种主要的数字基带信号编码与波形图绘制

1) 单极性不归零编码 (NZR Code)

编码方案：电平信号占满整个码元的宽度，中间不归零。

优点：传输效率高。

缺点：当出现多个连续的"0"或连续的"1"的时候，难以判断何处是上一位的结束和下一位的开始，不能给接收端提供足够的定时信息，定时时钟提取不方便；这种编码信号是单极性码，存在直流分量，信号中的直流分量会造成传输线路中的电压漂移，导致信号的畸变，影响传输线路的正常工作。

2) 曼彻斯特编码 (Manchester Code)

编码方案：每个二进制位传输周期中心向上跳代表 0，每个二进制位传输周期中心向下跳表示 1(有些书中反过来定义也是可以的)，此方法也称为相位编码。

优点：接收方容易利用每个数据位中间位置的跳变生成同步时钟信号，不需要单独传送时钟(即内同步方式，又称自带时钟码)；利用跳变的相位容易判断"0"和"1"；因为每个数据位中间都有跳变，因此无直流分量。

缺点：两个码元表示一个比特的信息，因此波特率为比特率的 2 倍，达到 100 Mb/s 的信息传输速率需要 200 Mbaud 的码元传输速率。

3) 差分曼彻斯特编码 (Differential Manchester Code)

编码方案：每个二进制位传输周期中心处始终都有跳变，位开始边界有跳变代表 0，位开始边界没有跳变代表 1。差分曼彻斯特编码是曼彻斯特编码的改进，它在每个时钟位的中间都有一次跳变，传的是"1"还是"0"，是通过在每个时钟位的开始有无跳变来区分的。

4) 波形图绘制

字符串"we"对应的 3 种数字基带信号编码波形图如图 2-2 所示，图中 H 表示高电平，L 表示低电平，两条虚线之间的间隔表示传输 1 个比特位需要的时间。绘制图形时需要注意，字符串"we"对应的二进制比特位位于两条虚线的中央位置。同时需要注意在本书的曼彻斯特编码中，0 比特位的表示用从低电平到高电平的跳变表示，1 比特位表示用从高电平到低电平的跳变表示，不同的书中关于 0 和 1 比特位的表示方法不尽相同。

五、效果检测

在键盘上输入"host"字符，绘制该字符串的 3 种数字基带信号编码波形图。

```
        0 1 1 1 0 1 1 1 0 1 1 0 0 1 0 1
```

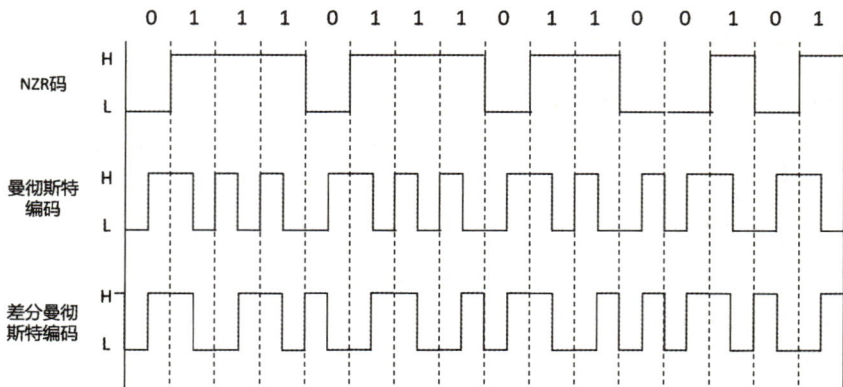

图 2-2　字符串"we"对应的 3 种数字基带信号编码波形图

六、拓展知识

1. DTE 和 DCE

在数据通信系统中，用于发送和接收数据的设备称为数据终端设备（简称 DTE）。DTE 可能是大、中、小型计算机，也可能是一台只接收数据的打印机，所以说 DTE 属于用户范畴，其种类繁多，功能差别较大。从计算机和计算机通信系统的观点来看，终端是输入/输出的工具；从数据通信网络的观点来看，计算机和终端都称为网络的数据终端设备，也简称终端。

用来连接 DTE 与数据通信网络的设备称为数据电路终接设备（简称 DCE），该设备为用户设备提供入网的连接点。DCE 的功能就是完成数据信号的变换。因为传输信道可能是模拟的，也可能是数字的，DTE 发出的数据信号可能不适合信道传输，所以要把数据信号变成适合信道传输的信号。利用模拟信道传输数据信号，要进行数字/模拟变换，方法就是调制，而在接收端要进行反变换，即模拟/数字变换，方法就是解调。实现调制与解调的设备称为调制解调器 (Modem)。

2. 了解通信术语

通信术语是指用于描述和衡量通信系统性能、质量和特性的专业词汇。具体如下：

(1) 信号：是指数据的电气或电磁表现，是数据在传输过程中的存在形式。数据和信号都可用"模拟的"或者"数字的"来表示。

(2) 模拟数据：连续变化的数据（或信号）称为模拟数据（或模拟信号）。

(3) 数字信号：取值仅允许为有限的几个离散数值的数据（或信号）称为数字数据（或数字信号）。

(4) 码元：是数字通信中用于表示数字信息的基本单元。在数字通信系统中，信息通常被转换成二进制或其他进制的码元进行传输。码元可以是时间间隔相同的符号，代表一个二进制数字，也可以是在时间域上的波形，代表不同离散数值的基本波形。一个码元可以携带 1 位、2 位、…、n 位二进制数的信息。例如，如果每个码元有两种状态 (0 或 1)，则每个码元携带 1 位二进制数。

3. 香农定理

香农定理指出，如果信息源的信息速率 R 小于或者等于信道容量 C，那么，在理论上存在一种方法可使信息源的输出能够以任意小的差错概率通过信道传输。如果 $R>C$，则没有任何办法传递这样的信息，或者说传递这样的二进制信息的差错率为 50%。可以严格地证明在被高斯白噪声干扰的信道中，传送的最大信息速率 C 由下述公式确定，即

$$C = W \times \log_2 \left(1 + \frac{S}{N}\right) \quad \text{(b/s)}$$

该式通常称为香农公式，其中 C 是数据速率的极限值，单位为 b/s；W 为信道带宽，单位为 Hz；S 是信号功率（单位为 W），N 是噪声功率（单位为 W）。

4. 奈奎斯特采样定理

奈奎斯特采样定理是由美国电信工程师 H. 奈奎斯特在 1928 年提出的，是数字信号处理领域中的一个重要定理。它是连续时间信号（模拟信号）和离散时间信号（数字信号）之间的基本桥梁。奈奎斯特采样定理指出，为了不失真地恢复模拟信号，采样频率应该不小于模拟信号频谱中最高频率的两倍。如果采样频率小于两倍信号最高频率，则信号的频谱会发生混叠，导致信号失真。

5. 信号编码的意义

数字数据已经有了 1 和 0 的码值区别，为什么不直接使用高、低电平加到物理信道上传输，而要按照一定方式编码之后再进行传输呢？主要是因为：编码更有利于在接收端区分 0 和 1；编码可以在传输信号中携带时钟，便于接收端提取定时时钟信号；采用合理的编码方式，可以符合信道的传输特性，充分利用信道的传输能力。

6. ASCII 码（美国标准信息交换码）

在计算机中，所有的数据在存储和运算时都要使用二进制数表示（因为计算机用高电平和低电平分别表示 1 和 0)，例如，像 a、b、c、d 这样的 52 个字母（包括大写），0、1 等数字以及一些常用的符号（例如 *、#、@ 等）在计算机中存储时也要使用二进制数来表示，而具体用哪些二进制数字表示哪个符号，人们就必须使用相同的编码规则。于是美国有关的标准化组织就出台了 ASCII 编码，统一规定了上述常用符号用哪些二进制数来表示。

7. 汉字编码

1981 年，国家标准局公布了《信息交换用汉字编码字符集基本集》（简称汉字标准交换码），共分两级，一级 3755 个字，二级 3008 个字，共 6763 个字。根据国标码的规定，每一个汉字都有了确定的二进制代码，这样在计算机内部汉字代码都用机内码，可以为各种输入输出设备的设计提供统一的标准，使各种系统之间的信息交换有了一致性，从而使信息资源的共享得以保证。

8. 频带传输

远距离通信信道多为模拟信道，例如，传统的电话（电话信道）只适用于传输音频范

围 (300～3400 Hz) 的模拟信号，不适用于直接传输频带很宽但适用于能量集中在低频段的数字基带信号。计算机网络的远距离通信通常采用的是频带传输。基带信号与频带信号的转换是由调制解调技术完成的。频带信号是指将基带信号变换调制成便于在模拟信道中传输的、具有较高频率的信道信号。模拟数据通过模拟通道传送的调制方式主要有调幅、调频与调相以及正交调幅方式。

(1) 调幅 (AM)。调幅技术最常见的应用就是应用在收音机中。调幅时载波频率固定而振幅随着原始数据的幅度变化而变化。

(2) 调频 (FM) 与调相 (PM)。调频时载波的频率随调制信号变化而变化；调相时载波的相位随调制信号变化而变化。在调频 (FM) 和调相 (PM) 两种调制方式中，载波的幅度都保持恒定不变，而频率和相位的变化都表现为载波瞬时相位的变化。将调频和调相统称为角度调制。

(3) 正交调幅。正交调幅使用两个相位相差 90° 的载波，在相同的频率上同时发送两个不同的信号。使用正交调幅时，首先把需要传送的数据流分解成两个独立的数据流，然后用两个相差为 90° 的载波分别对这两个数据流进行 ASK 调制，最后将两个调制后的信号合起来发送。

七、自我测试

(1) 数字基带信号的曼彻斯特编码中，信息的传输效率是 (　　　)。

A. 100%　　　　　　　　　　　B. 50%

C. 20%　　　　　　　　　　　 D. 40%

(2) 在局域网中，不属于资源子网范畴的是 (　　　)。

A. 工作站　　　　　　　　　　B. 服务器

C. 打印机　　　　　　　　　　D. 网络的连接与互连设备

(3) 在局域网中，属于通信子网范畴的是 (　　　)。

A. 硬件共享资源　　　　　　　B. 主控服务器

C. 软件共享资源　　　　　　　D. 网络传输介质

(4) ASCII 是指 (　　　)。

A. 国际标准协议　　　　　　　B. 美国标准信息交换码

C. 曼彻斯特码　　　　　　　　D. 双极性归零码

(5) 目前，大型广域网和远程计算机网络采用的拓扑结构是 (　　　)。

A. 总线型　　　　　　　　　　B. 环型

C. 树型　　　　　　　　　　　D. 网状型

(6) (　　　) 传输信号时，抗干扰性能最强。

A. 同轴电缆　　　　　　　　　B. 双绞线

C. 光纤　　　　　　　　　　　D. 电话线

(7) 在同一个信道上的同一时刻，能够进行双向数据传送的通信方式是 (　　　)。

A. 单工　　　　　　　　　　　　　B. 半双工

C. 全双工　　　　　　　　　　　　D. 上述三种均不是

(8) 在计算机网络系统的远程通信中，通常采用的传输技术是 (　　)。

A. 基带传输　　　　　　　　　　　B. 宽带传输

C. 频带传输　　　　　　　　　　　D. 信带传输

(9) 电缆中的屏蔽线的作用是 (　　)。

A. 减少信号的衰减　　　　　　　　B. 减少电磁干扰

C. 减少物理损坏　　　　　　　　　D. 减少电缆的阻抗

(10) 波特率是指 (　　)。

A. 每秒钟传输的比特数　　　　　　B. 每秒钟传送的波形码元数

C. 每秒钟传输的周期数　　　　　　D. 每秒钟传输的字节数

(11) 已知单路话音信号的带宽为 4 kHz，对其进行 PCM 传输，根据奈奎斯特采样定理，则最低抽样频率为 (　　)。

A. 2 kHz　　　　　　　　　　　　B. 4 kHz

C. 8 kHz　　　　　　　　　　　　D. 不确定

任务 2.2　制作 UTP 网线

制作 UTP 网线

一、前导知识

在进行网络通信之前，设备需要先建立一个物理连接。这种连接可以是有线的，也可以是无线的，取决于网络的设置。网卡 (NIC) 负责把计算机设备连接到网络。如果使用有线连接，则局域网中最经常用到的传输介质 (有时也叫作通信介质) 就是网线 (一般为双绞线)，网线中传输的是电信号，同时为上一层 (数据链路层) 提供比特流传输服务。除了双绞线以外，局域网中传输介质还有同轴电缆、光纤等传输介质。这些传输介质是连接网络终端和网络设备的重要桥梁。

微课堂

EIA/TIA-568 布线标准

提到双绞线制作，就会涉及 T568A 和 T568B 端接方式 (又称接线图)。1994 年 1 月正式颁布了 EIA/TIA-568A 标准。最早由美国通信业 / 电子业协会 2002 年 6 月正式颁布的 TIA/EIA 568-B 标准中，说明了 4 对双绞线 (8 根线芯) 在 RJ-45 插头上如何排布。TIA/EIA 568-B 经过 10 次修订，将 AT&T 的 258A 收入其中，更名为 T568B。T568A 与 T568B 同时被国际标准 (ISO 11801:2002) 采用，成为全球通行的端接方式。

引自 EIA/TIA-568B《商业建筑电信布线标准》

二、任务目标

本任务要求制作一条交叉双绞线实现双机互联，并在 PT 仿真模拟器中验证双机互联。

1. 德育目标

在制作网线的过程中，遵循工程标准 T568A/B 标准，对网线进行测试，探究网线不通的主要原因。

2. 知识目标

(1) 能熟练分辨出常见的传输介质，并能说出传输介质名称和主要特性。

(2) 能熟记双绞线连接头的 (T568A/B) 线序，并能分辨网线排线错误。

(3) 能够在 PT 仿真模拟器中针对不同设备之间的连接选用合适的传输介质。

(4) 理解并说出双机互联实现的基本条件。

3. 技能目标

(1) 两分钟内独立快速制作一条合格的具备网络工程标准的双绞线或者端接跳线。

(2) 能够使用测线仪检查出双绞线中不合格线缆，并指出具体存在的问题。

(3) 能够独立完成双机互联并实现文件共享。

三、任务准备

(1) 为任务小组成员安排环形座位。

(2) 任务小组成员人均一台安装有 Windows 操作系统和 PT 仿真模拟器的计算机。

(3) 教师机屏幕广播软件能覆盖每一台计算机。

(4) 每个小组一把压线钳、一个测线仪，每位同学 6 个 RJ45 水晶头，一段 30 cm 左右的 UTP(Unshielded Twisted Pair，非屏蔽双绞线) 超 5 类网线。

四、任务步骤

(1) 清点和准备线缆压接的物料。压制线缆的工具和材料包括非屏蔽双绞线、RJ45 水晶头、双绞线压线钳、双绞线测试仪等。

(2) 熟悉交叉线的线缆线序标准 (T568A/B)。双绞线排线图如图 2-3 所示。

(3) 按照剥线→理线→剪线→插线→压线→测试的步骤制作交叉线。根据两台计算机的直连方式，双绞线选用交叉互连法，即双绞线的一头使用 T568B 标准，另一头采用 T568A 标准。下面以其中一头 T568B 标准为例介绍交叉线缆的制作步骤。

① 剥线：用压线钳的剥线刀口将 UTP 超五类双绞线 (以下简称双绞线) 的外保护套管划开 (小心不要将里面的双绞线的绝缘层划破)，刀口距 UTP 超五类双绞线的端头至少 2 cm。T568B 标准双绞线制作剥线示意图如图 2-4 所示。

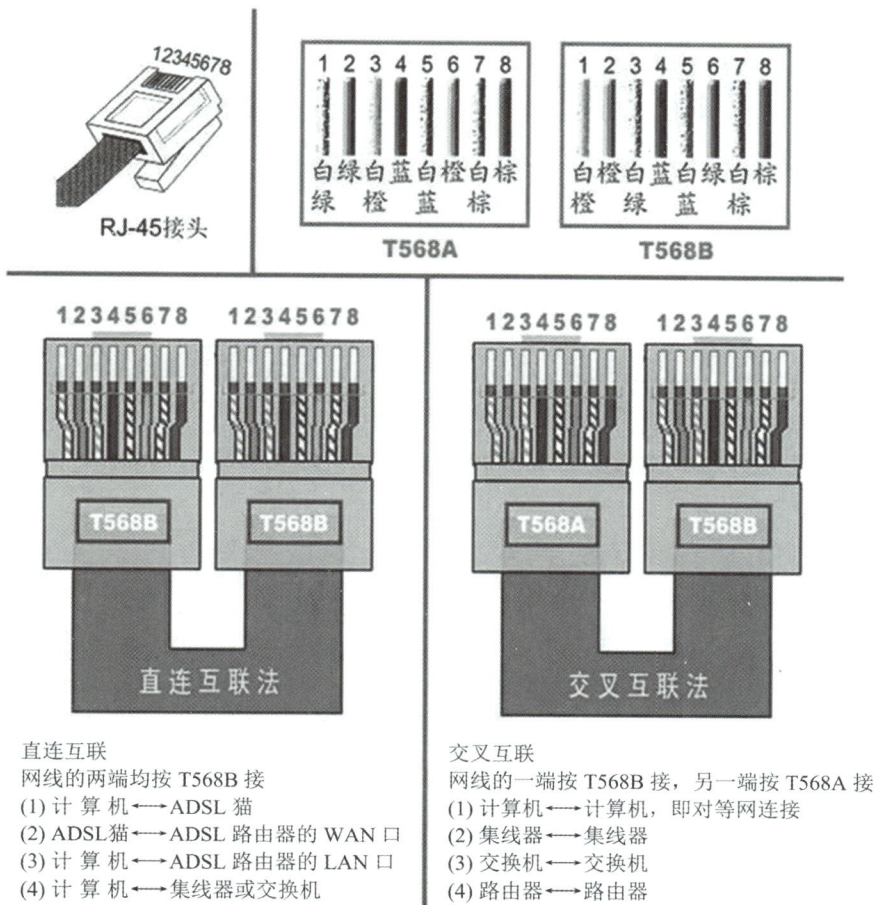

图 2-3 双绞线排线图

直连互联
网线的两端均按 T568B 接
(1) 计 算 机 ←→ ADSL 猫
(2) ADSL 猫 ←→ ADSL 路由器的 WAN 口
(3) 计 算 机 ←→ ADSL 路由器的 LAN 口
(4) 计 算 机 ←→ 集线器或交换机

交叉互联
网线的一端按 T568B 接，另一端按 T568A 接
(1) 计 算 机 ←→ 计 算 机，即对等网连接
(2) 集 线 器 ←→ 集 线 器
(3) 交 换 机 ←→ 交 换 机
(4) 路 由 器 ←→ 路 由 器

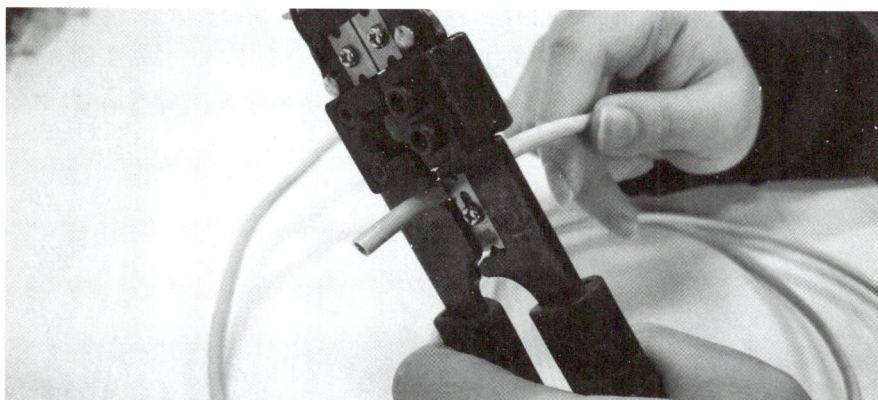

图 2-4 T568B 标准双绞线制作剥线示意图

② 理线：按照 T568B 标准从左至右依次排列 8 根线缆 (白橙、橙、白绿、蓝、白蓝、绿、白棕、棕)，T568A 标准理线按照图 2-3 中的对应标准进行。T568B 标准双绞线制作理线示意图如图 2-5 所示。

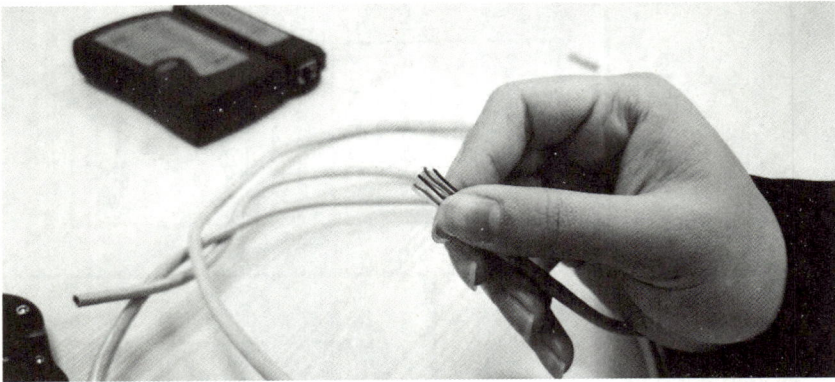

图 2-5　T568B 标准双绞线制作理线示意图

③ 剪线：用压线钳的剪线刀口将 8 根导线剪断，线头齐平。T568B 标准双绞线制作剪线示意图如图 2-6 所示。

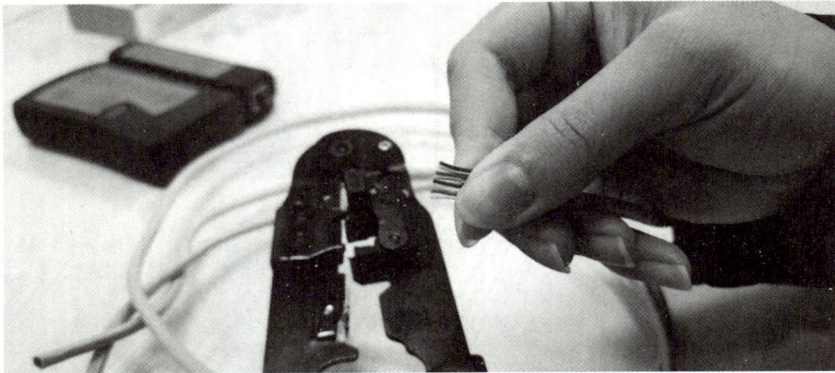

图 2-6　T568B 标准双绞线制作剪线示意图

④ 插线：一只手捏住水晶头，将有弹片的一侧向下，有针脚的一端面向自己，另一只手捏住双绞线，最左边是第 1 脚，最右边是第 8 脚，顺着 RJ45 水晶头的 8 个轨道槽插入排好线序的网线，插线完成后，注意从 RJ45 水晶头顶端和侧面观察所有线头是否插接到位。T568B 标准双绞线制作插线示意图如图 2-7 所示。

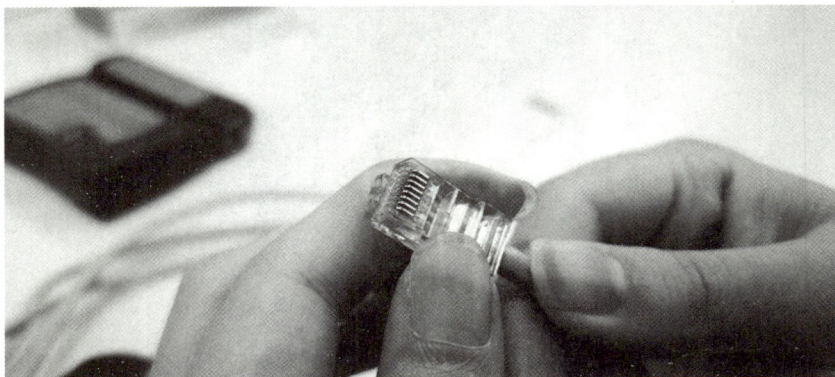

图 2-7　T568B 标准双绞线制作插线示意图

⑤ 压线：将插接好线缆的 RJ45 水晶头推入压线钳的 8P 接口 (有些压线钳同时带有 8P 接口和 4P 接口，其中 4P 接口用于压接电话线)，微用力按压钳柄，将线缆压接到位。T568B 标准双绞线制作压线示意图如图 2-8 所示。

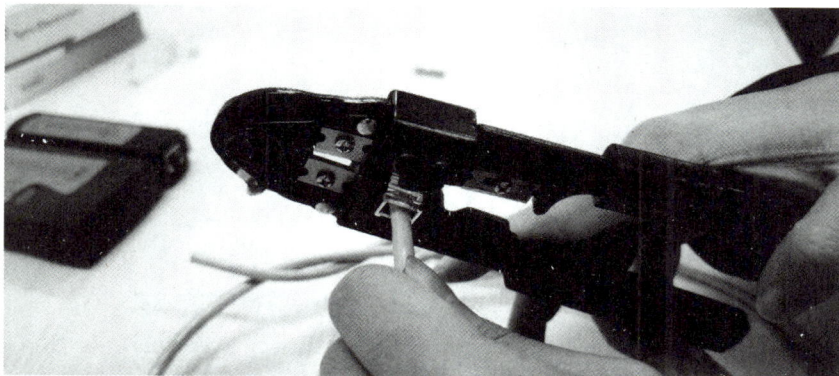

图 2-8　T568B 标准双绞线制作压线示意图

⑥ 测试：双绞线的另外一头按照 T568A 标准压线完成后，则可以开始交叉线的测试。将双绞线的两个 RJ45 水晶头接入测线仪，交叉线在测线仪上指示灯亮起的顺序为 1-3、2-6、3-1、4-4、5-5、6-2、7-7 和 8-8。交叉线测线示意图如图 2-9 所示。

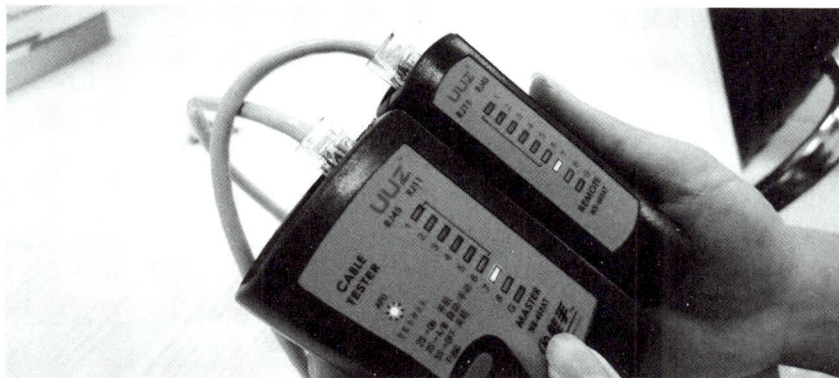

图 2-9　交叉线测线示意图

(4) 线缆测试没有问题后，将做好的交叉线 (一头 T568A 标准，一头 T568B 标准) 接入两台实际计算机的网卡接口，完成双机互联。如果制作的网线为直通线 (两头均为 T568B 标准)，则需要将两条直通线分别接入网络设备 (如交换机)，通过网络设备进行连通。配置两台计算机在同一个网段 (标准 C 类 IP 地址前三段保持一致)，如 A 计算机配置 IP 地址为 192.168.1.10，子网掩码为 255.255.255.0，则 B 计算机配置 IP 地址为 192.168.1.20，子网掩码为 255.255.255.0。

(5) 使用 ping 命令测试网络的连通性。

(6) 在 A 计算机上设置共享目录，B 计算机通过 "\\192.168.1.10" 命令访问 A 计算机，测试文件传送性能。

五、效果检测

(1) 制作一条直通线，并测试线缆的连通性，同时注意制作的标准。

(2) 制作一条交叉线，并测试线缆的连通性，同时注意制作的标准。

(3) 使用交叉线进行双机互联。

六、拓展知识

1. 百兆和千兆网络中双绞线的作用

在百兆网络中，超五类双绞线只用到了 8 条芯线中的其中 4 条进行通信，分别是 1、2、3、6 这 4 根芯线。双绞线的一头按照 T568B 标准线序，使用白橙、橙、白绿、绿 4 条线芯，另一头按照 T568A 标准线序，使用白绿、绿、白橙、橙 4 条线芯。双绞线的 1(白橙) 和 2(橙) 芯线负责发送数据，3(绿白) 和 6(绿) 芯线负责接收数据的，4、5、7、8 芯线闲置，也就是常说的双绞线 1、2、3、6 芯线通就能上网。所以以前常常利用 4、5、7、8 芯线来做电话线使用。

T568B 标准线序的针脚定义如下：

第 1 针脚 (白橙)：TX+(Tranceive Data+，发信号 +)。

第 2 针脚 (橙色)：TX-(Tranceive Data-，发信号 -)。

第 3 针脚 (白绿)：RX+(Receive Data+，收信号 +)。

第 4 针脚 (蓝色)：Not connected(空脚)。

第 5 针脚 (白蓝)：Not connected(空脚)。

第 6 针脚 (绿色)：RX-(Receive Data-，收信号 -)。

第 7 针脚 (白棕)：Not connected(空脚)。

第 8 针脚 (棕色)：Not connected(空脚)。

双绞线在千兆网络中收发数据和百兆网络中是不同的。在千兆网络中，传输网络数据时，双绞线的 8 根芯线都要使用，采用两收两发的方式，即两对芯线发送数据，两对芯线接收数据，其中双绞线的 1、2、3、6 芯线用来发送数据，双绞线的 4、5、7、8 芯线用来接收数据。千兆网络通常采用 T568B 标准线序，即 1 白橙、2 橙、3 白绿、4 蓝、5 白蓝、6 绿、7 白棕、8 棕。因此千兆网络必须使用 8 芯双绞线，而 4 芯双绞线只能实现千兆网络的接收数据或者发送数据，不能同时进行收发数据。

2. 模拟信号数字化

模拟信号数字化的步骤如下：

(1) 采样：以采样频率把模拟信号的值采出，把模拟信号变换成时间上离散的抽样信号，即用一系列在时间上等间隔出现的脉冲调幅信号来代替原来的模拟信号。

(2) 量化：使连续模拟信号变为时间轴上的离散值，就是将采样点处测得的信号幅值分级取整的过程。

(3) 编码：将量化后的整数值用二进制数表示。对于计算机网络，从不同的角度看，编码有着不同的定义。

3. 多路复用技术

多路复用 (Multiplexing) 技术是指把许多单个的信号在一个信道上同时传输的技术。多路复用分为频分多路复用、时分多路复用和波分多路复用，其中频分多路复用和时分多路复用是两种最常用的多路复用技术。

(1) 频分多路复用。在物理信道的可用带宽超过单个原始信号所需带宽的情况下，可将该物理信道的总带宽分割成若干个与传输单个信号带宽相同 (或略宽) 的子信道，每个子信道传输一路信号，这就是频分多路复用 (FDM)。多路原始信号在频分多路复用前，要先通过频谱搬移技术将各路信号的频谱搬移到物理信道频谱的不同段上，使各路信号的带宽不相互重叠，然后用不同的频率调制每路信号，每路信号需要一个以它的载波频率为中心的通道。为了防止互相干扰，使用保护带来隔离每一个通道。

(2) 时分多路复用。若传输介质能达到的位传输速率超过传输数据所需的数据传输速率，可采用时分多路复用 (TDM) 技术，即将一条物理信道按时间分成若干个时间片轮流地分配给多个信号使用。每一个时间片由复用的一个信号占用，这样，利用每个信号在时间上的交叉，就可以在一条物理信道上传输多个数字信号。时分多路复用不仅仅局限于传输数字信号，还可以同时交叉传输模拟信号。

(3) 波分多路复用。波分多路复用 (WDM) 实际上是频分多路复用的一个变种。它除了复用和解复用以及采用光纤作为传输介质以外，在概念上与频分多路复用相同，但它比频分多路复用更有效。在波分多路复用中，两根光纤连接到一个棱柱或光栅上，每根光纤的能量处于不同的波段。

4. 光纤分类

光纤是常用的传输介质，根据光纤纤芯直径的粗细，可将光纤分为多模光纤 (Multi Mode Fiber，MMF) 和单模光纤 (Singl Mode Fiber，SMF) 两种。如果光纤纤芯的直径较粗，则当不同频率的光信号 (实际上就是不同颜色的光) 在光纤中传播时，就有可能在光纤中沿不同传播路径进行传播，将具有这种特性的光纤称为多模光纤。如果将光纤纤芯直径缩小，直至光波波长大小的时候，则光纤此时如同一个波导，光在光纤中的传播几乎没有反射，而是沿直线传播，这样的光纤称为单模光纤。

光纤熔接

(1) 单模光纤。单模光纤只能以单一模式传输光信号，传输频带宽，传输容量大。单模光纤的芯径为 8～10 μm，包层直径为 125 μm；使用的光波波长为 1310 nm、1550 nm。

(2) 多模光纤。多模光纤是在给定的工作波长上能以多个模式同时传输光信号的光纤。多模光纤的纤芯直径较粗，一般为 50～200 μm，包层直径为 125～230 μm，使用的光波波长为 850 nm、1300 nm。

七、自我测试

(1) 多路复用技术中，FDM 和 TDM 分别表示 _____ 和 _____。(填空题)

(2) 下述哪一个电缆类型支持最大的传输长度？(　　　)

A. 粗同轴电缆　　　　　　　　　B. 屏蔽双绞线

C. 细同轴电缆　　　　　　　　　D. 无屏蔽双绞线

(3) 最常用的两种多路复用技术为 _____ 和 _____，其中，前者是同一时间同时传送多路信号，而后者是将一条物理信道按时间分成若干个时间片轮流分配给多个信号使用。(填空题)

(4) 计算机产生的信号经调制后，再在公共电话网上传输模拟信号的传输方式被称为 (　　)。

　　A. 基带传输　　　　　　　　　B. 频带传输

　　C. 数字脉冲信号传输　　　　　D. 并行传输

(5) 以下有线通信介质中，通信距离最长的是 (　　)。

　　A. 无屏蔽双绞线　　　　　　　B. 屏蔽双绞线

　　C. 同轴电缆　　　　　　　　　D. 光纤

(6) (　　) 的特点是设备便宜、带宽高，但传输距离有限，易受室内空气状态影响。

　　A. UTP 双绞线　　　　　　　　B. 同轴电缆

　　C. 红外　　　　　　　　　　　D. 微波

(7) UTP 双绞线属于 (　　) 传输媒介。

　　A. 具有高抗干扰性的有线　　　B. 具有高抗干扰性的无线

　　C. 抗干扰性较差的有线　　　　D. 抗干扰性较差的无线

任务 2.3　认识计算机的网卡

了解计算机网卡

一、前导知识

网络接口卡 (Network Interface Card，NIC) 简称网卡，是 OSI/RM 模型中数据链路层的设备，其功能是处理主机访问网络媒体的操作，把来自上层的数据包封装成帧，经过编码后发送到网络上，或者把从网络上接收到的信号解码成为位，再组合成帧，送往 OSI/RM 模型的上层设备处理。封装是 OSI/RM 模型中第二层的主要功能，而将比特位变成光和电信号是属于 OSI/RM 模型中第一层的工作，因此网卡同时具有 OSI/RM 模型中第一层和第二层的功能，但通常被视为第二层设备。世界上每个网卡都有一个独一无二的编码名称，叫作 MAC 地址 (也称硬件地址或物理地址)，用来在网络通信时识别主机。

二、任务目标

本任务要求完成台式计算机网卡的 MAC 地址信息查询，并理解网络通信过程中 MAC 地址的作用。

1. 德育目标

在学习计算机网卡知识的过程中，学会利用第三方工具软件进行设备关键信息查询。

2. 知识目标

(1) 理解并能够复述网卡将比特流组合成数据帧的过程。

(2) 理解并能够复述数据链路层的 LLC 层和 MAC 层两个子层的功能。

(3) 理解并能够复述以太网工作原理和 CSMA/CD 的工作过程。

(4) 理解并熟悉以太网的帧结构，以及能够复述数据链路层的功能。

3. 技能目标

(1) 通过网卡信息查询，能够通过 MAC 地址前 3 段 (24 位) 信息判断两块网卡是否属于同一个公司。

(2) 熟练使用 DOS(磁盘操作系统) 命令进行 MAC 地址的查询，并会使用命令参数。

三、任务准备

(1) 为任务小组成员安排环形座位。

(2) 任务小组成员人均一台安装有 Windows 操作系统和 PT 仿真模拟器的计算机。

(3) 教师机屏幕广播软件能覆盖每一台计算机。

(4) 教师携带一块硬件网卡。

四、任务步骤

1. 熟悉网卡功能

计算机的网卡同时工作在物理层和数据链路层。其提供的服务主要有三种：一是对数据的封装与解封，即在数据发送时将上一层传递来的数据加上首部和尾部，成为以太网数据帧，接收时将以太网的帧剥去首部和尾部，然后送交上一层；二是进行通信链路管理，主要是通过 CSMA/CD(Carrier Sense Multiple Access with Collision Detection, 带冲突检测的载波监听多路访问) 协议来实现局域网中多台计算机对通信信道的争用；三是进行数字数据的编码与译码，如进行曼彻斯特编码与译码。

数据链路层包括 LLC(逻辑链路控制) 层和 MAC(媒体访问控制) 层两个子层。其中 LLC(逻辑链路控制) 层主要负责链路的连接、维持和释放，提供多种不同网络层协议，可以共用同一个数据链路的复用，控制数据帧的发送和接收流量，对错误帧进行标记以及对确认和重传机制进行选择，增加数据传输的可靠性，常见协议有 HDLC 等；MAC(媒体访问控制) 层定义了在共享介质网络中如何访问和控制物理介质的方法，常见的 MAC 协议包括 CSMA/CD(载波监听多点接入 / 碰撞检测)、CSMA/CA(载波监听多点接入 / 碰撞避免) 等。

2. 认识以太网网卡

一块以太网网卡主要由 PCB 线路板、主芯片、数据汞、金手指 (总线插槽接口)、BOOTROM、EEPROM、晶振、RJ45 接口、指示灯、固定片等组成，其实物图如图 2-10 所示。

图 2-10　以太网网卡实物图

3. 通过网卡 MAC 地址查询网卡的基本信息

每块网卡都有一个唯一的网络节点地址，它是网卡生产厂家在生产时烧入 ROM(只读存储芯片) 中的，通常把它叫作 MAC 地址 (物理地址)。

1) 查询本机网卡的 MAC 地址

在计算机中点击"开始"→"运行"命令，首先在运行窗口内输入"CMD"，然后在命令行窗口中输入命令：

ipconfig /all

得到该计算机的 MAC 地址 (硬件地址或者物理地址) 如图 2-11 所示。该计算机包含两个物理地址，其中一个是以太网卡的物理地址，为 54-E1-AD-4E-70-E9，另一个是无线网卡的物理地址，为 0C-54-15-CF-4E-9C。

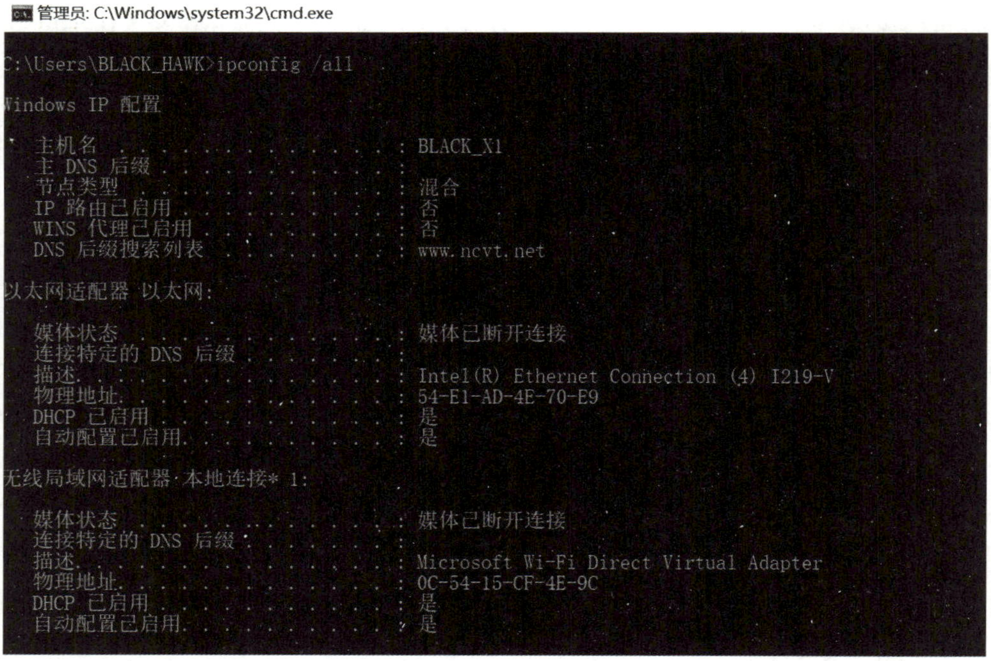

图 2-11　查询本机网卡 MAC 地址结果

2) 通过互联网查询网卡的基本信息

通过 https://mac.bmcx.com 等在线网卡信息查询网址，可以快速查询到该网卡的基本信息，查询到的网卡信息如图 2-12 所示，由图可知该网卡生产厂家为安徽合肥的联宝 (合肥) 电子科技有限公司。

MAC地址	54-E1-AD-4E-70-E9
组织名称	LCFC(HeFei) Electronics Technology co., ltd
国家/地区	CN
省份(州)	Anhui
城市	Hefei
街道	YunGu Road 3188-1
邮编	230000

图 2-12　在线网卡信息查询结果

4. 网卡 MAC 地址信息解析

MAC(Medium/Media Access Control) 地址用来表示互联网上每一个节点的标识符，采用十六进制数表示，共 6 个字节 (48 位)。其中，前 3 个字节是由 IEEE 的注册管理机构 RA 负责给不同厂家分配的代码 (高位 24 位)，也称为"编制上唯一的标识符"(Organizationally Unique Identifier)，后 3 个字节 (低位 24 位) 是由各厂家自行指派给其生产的适配器接口，称为扩展标识符 (唯一性)。MAC 地址实际上就是适配器地址或适配器标识符 EUI-48。

5. 网卡在局域网通信中的作用

网卡是局域网中最基本的部件之一，是连接计算机与网络的硬件设备，无论计算机是采用双绞线连接、同轴电缆连接还是光纤连接，都必须借助于网卡才能实现数据的通信。同时网卡也是局域网中连接计算机和传输介质的接口，不仅能实现与局域网传输介质之间物理连接和电信号匹配，还涉及帧的发送和接收、帧的封装和拆帧、介质的访问控制、数据的编码解码、数据缓存 (因为网卡两端连接的设备速率不同，加入缓存，可以实现速率匹配) 等。发送数据时，计算机把要传输的数据并行写到网卡的缓存，网卡对要传输的数据进行编码 (10 M 以太网使用曼彻斯特码、100 M 以太网使用差分曼彻斯特码)，然后串行发送到传输介质上。接收数据时，则相反。

五、效果检测

查询自己使用的计算机的网卡或者网络适配器的 MAC 地址，填写网卡信息表 (如表 2-2 所示)。

表 2-2　网卡信息表

查询项目	网卡信息内容
网卡的 MAC 地址	
3 字节长的厂商代码和名称	
3 字节长的序列号 (SN)	

六、拓展知识

1. 物理层的主要功能

物理层主要负责三个功能：一是各类物理硬件标准，即包括网卡、接口和连接器、电缆材料以及电缆设计等硬件组件均按照物理层的相关标准进行规定；二是编码，即将比特流转换为网络路径中下一台设备可识别的格式，编码方法主要包括曼彻斯特、4B/5B 和 8B/10B 等；三是信令，即比特流中每个比特值"1"和"0"在物理介质上的表示方式，信令表示方式会依赖于所使用的介质类型而有所不同，如在双绞线中用电平的高低表示，在光纤中用光信号表示。

2. 以太网的概念

以太网是最早使用的局域网，也是目前使用最广泛的网络产品。以太网有 10 Mb/s、100 Mb/s、1000 Mb/s、10 Gb/s 等多种速率。以太网比较常用的传输介质包括同轴电缆、双绞线和光纤 3 种。IEEE 802.3 委员会习惯用类似于"10Base-T"的方式对以太网进行命名，这种命名方式由以下 3 个部分组成：

①10：表示速率，单位是 Mb/s。

②Base：表示传输机制，Base 代表基带，Broad 代表宽带。

③T：传输介质，T 表示双绞线，F 表示光纤，数字代表铜缆的最大段长。

3. 以太网数据帧的结构

以太网是局域网应用最广泛的一种网络，其数据帧的结构（表 2-3 所示）由 6 个字段组成，其中前序为 8 B(Byte，字节)，目的地址和源地址因 MAC 地址都是 48 b(bit，位)，所以均为 6 B，帧的类型标识为 2 B，数据最短为 46 B，最长为 1500 B，校验位 FCS 共 4 B。

表 2-3　以太网数据帧的结构

前序	目的地址	源地址	类型	数据	FCS
8 B	6 B	6 B	2 B	46～1500 B	4 B

4. 为何以太网数据帧中的数据最小为 46 B，最长为 1500 B

10 Mb/s 以太网中规定，最大连接距离是 2500 m，一帧的传输时间 = 传输时延 + 工作站发送时间，按照 CSMA/CD 的信道共享机制，10 Mb/s 以太网规定一帧的最小发送时间为 51.2 μs，则最小帧长度 = 10 Mb/s × 51.2 μs = 512 b = 64 B，数据帧中目的地址、源地址、类型和 FCS 共占用了 18 B，所以最小数据部分长度为 46 B。

由于信道是所有主机共享的，为避免单一主机占用信道时间过长，因此规定了以太网帧的最大帧长 (MTU) 为 1500 B。

七、自我测试

(1) 每块网卡都有的唯一的网络节点地址是 (　　)。

A. ROM 地址　　　　　　　　　　B. MAC 地址

C. RAM 地址　　　　　　　　　　D. BIOS 地址

(2) 计算机网卡提供的 48 位地址又被称为 (　　)。

A. IP 地址　　　　　　　　　　　B. MAC 地址

C. RAM 地址　　　　　　　　　　D. BIOS 地址

(3) 网卡的 MAC 地址又被称为 (　　)。(多选题)

A. IP 地址　　　　　　　　　　　B. 物理地址

C. 硬件地址　　　　　　　　　　D. BIOS 地址

(4) 网卡的 MAC 地址前 24 位是 (　　)。

A. 厂商信息　　　　　　　　　　B. 序号信息

C. 计算机信息　　　　　　　　　D. 软件信息

● 任务 2.4　查询交换机的 MAC 地址表

一、前导知识

通过前述任务学习，知道了每一块网卡都有唯一的一个 MAC 地址。以太网交换机是一种基于 MAC 地址识别来完成以太网数据帧转发的网络设备，可以按照内部建立的 MAC 地址表进行快速的数据转发。交换机在收到数据帧后，学习数据帧内的源 MAC 地址，然后查询交换机内部的 MAC 地址表是否存在目的 MAC 地址，如果有，就将数据帧从对应的端口转发出去。如果交换机刚通电，内部没有目的计算机的 MAC 地址信息，这时交换机内部的 MAC 地址表是如何建立起来的呢？这就是本任务的主要学习内容。

┃ 微课堂

IP 地址和 MAC 地址分工与协作

计算机有两类地址，分别是 IP 地址 (逻辑地址) 和 MAC 地址 (物理地址)，两者之间既分工明确，又默契合作。这是由网络通信的过程决定的。计算机之间通信前，首先要判断目标 IP 地址和自己的 IP 地址是否在一个网段。在整个通信的过程中，IP 地址专注于网络层 (网络层次模型的第三层)，网络层设备根据 IP 地址，将数据包从一个网络传输转发到另外一个网络上；而 MAC 地址专注于数据链路层 (网络层次模型的第二层)，数据链路层设备(如交换机)根据 MAC 地址，将一个数据帧从一个节点传输到相同链路的另一个节点上。数据包的目标 IP 地址决定了数据包最终到达哪一个计算机，而目标 MAC 地址决定了该数据包下一跳由哪个设备接收，不一定是终点。IP 地址和 MAC 地址这种映射关系由 ARP(Address Resolution Protocol，地址解析协议)协议完成，ARP 根据目的 IP 地址，找到中间节点的 MAC 地址，数据包通过中间节点传输，从而最终到达目的网络。

引自 https://blog.csdn.net/HNGS04290724/article/details/121597773

二、任务目标

本任务要求查询交换机的 MAC 地址表，并理解交换机中 MAC 地址表的建立过程。

1. 德育目标

在学习交换机工作原理的过程中，思考交换机建立 MAC 地址表的目的是什么；在小组讨论时，学会倾听，尊重他人；在理解广播域、冲突域这些概念的过程中，培养追求细致、探究真相的工作作风。

2. 知识目标

(1) 能够根据给出的网络拓扑图得到广播域和冲突域数量。

(2) 能够利用交换机等二层网络设备隔离广播域和冲突域。

(3) 能够理解并复述交换机 MAC 地址表的建立过程及数据快速转发原理。

3. 技能目标

(1) 熟练掌握交换机的 3 种工作模式，并能通过指令进入这 3 种模式，同时能够进行交换机的 MAC 地址表的查询和删除。

(2) 熟练使用 PT 仿真模拟器进行数据包关键信息的查看与分析。

三、任务准备

(1) 为任务小组成员安排环形座位。

(2) 任务小组成员人均一台安装有 Windows 操作系统和 PT 仿真模拟器的计算机。

(3) 教师机屏幕广播软件能覆盖每一台计算机。

四、任务步骤

(1) 仿真搭建一个网络拓扑图如图 2-13 所示，PC0 连接交换机的 F0/1 接口，PC1 连接交换机的 F0/2 接口，PC2 连接交换机的 F0/3 接口，并在网络拓扑图中标注 PC0～PC2 网卡的 MAC 地址。计算机的 MAC 地址信息可以通过鼠标悬停在计算机图标上查看。

IP:192.168.1.1
Submask:255.255.255.0
MAC:0030.A349.3100

PC0

IP:192.168.1.3
Submask:255.255.255.0
MAC:00D0.BCE5.AA57

Switch0

PC2

PC1

IP:192.168.1.2
Submask:255.255.255.0
MAC:00D0.BC54.E162

图 2-13 网络拓扑图

(2) 点击交换机 Switch0 图标，切换至交换机的"CLI"标签界面，在交换机命令提示符下输入以下指令，即

| Switch>enable | 进入交换机的特权模式 |
| Switch#show mac-address-table | 查询交换机的 MAC 地址表 |

未进行通信前交换机的 MAC 地址表如图 2-14 所示，可以看出，当计算机没有任何通信时，交换机 Switch0 中没有任何的 MAC 地址记录信息，即 MAC 地址表为空。

```
interfaces          Interface status and configuration
ip                  IP information
lldp                LLDP information
logging             Show the contents of logging buffers
mac                 MAC configuration
mac-address-table   MAC forwarding table
mls                 Show MultiLayer Switching information
monitor             SPAN information and configuration
ntp                 Network time protocol
port-security       Show secure port information

Switch#show mac-address-table
          Mac Address Table
-------------------------------------------

Vlan    Mac Address      Type        Ports
----    -----------      --------    -----

Switch#
```

图 2-14 未进行通信前交换机的 MAC 地址表

(3) 进入 PC0 的命令窗口，使用"ping 192.168.1.2"命令，进行 PC0 与 PC1 的连通性测试。将交换机当前实时 (Realtime) 模式切换至模拟 (Simulation) 模式，计算机 PC0 与 PC1 模拟通信过程事件列表如图 2-15 所示。

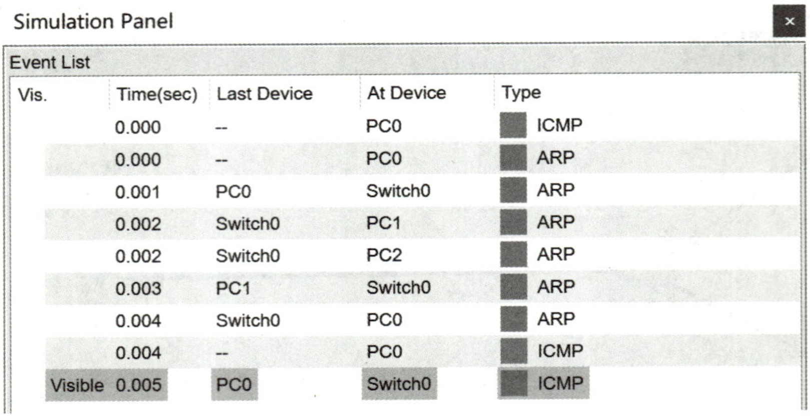
Simulation Panel

Event List

Vis.	Time(sec)	Last Device	At Device	Type
	0.000	--	PC0	ICMP
	0.000	--	PC0	ARP
	0.001	PC0	Switch0	ARP
	0.002	Switch0	PC1	ARP
	0.002	Switch0	PC2	ARP
	0.003	PC1	Switch0	ARP
	0.004	Switch0	PC0	ARP
	0.004	--	PC0	ICMP
Visible	0.005	PC0	Switch0	ICMP

图 2-15　计算机 PC0 与 PC1 模拟通信过程事件列表

下面以事件列表的时间顺序逐一分析 MAC 地址表的建立过程。

步骤 1：PC0 发出测试命令 (Time = 0.000 时的第 1 个 ICMP 数据包)，PC0 查找自己的 ARP 缓存表 (计算机高速缓存中保存的 IP 地址和 MAC 地址的对应记录表) 中是否包含目的计算机 PC1 对应的 MAC 地址信息，此时发现没有 (因为计算机刚通电，缓存中 MAC 地址表没有建立起来)。

步骤 2：PC0 启动 ARP(地址解析协议) 协议，生成一个 ARP 查询数据包 (Time = 0.000 时的第 1 个 ARP 数据包)，内容是“我的 IP 地址是 192.168.1.1，MAC 地址是 0030.A349.3100，PC1 的 MAC 地址是？(简要理解为 Who is PC1？)”，然后将该 ARP 查询数据包发给交换机 (Time = 0.001 时的第 2 个 ARP 数据包)，交换机 Switch0 将 PC0 发给它的 ARP 查询数据包中的源 MAC 地址信息提取出来存入交换机的 MAC 地址表，保存形式为“PC0 的 MAC 地址 - 计算机 PC0 与交换机的连接口 Fa0/1”。这里特别注意，交换机提取并保存源 MAC 地址的动作也被称为“源 MAC 地址学习”，交换机具有学习功能说法由此而来。

步骤 3：交换机 Switch0 收到 ARP 查询数据包 (Who is PC1？) 后，向除了 PC0 以外的全网计算机同时广播该 ARP 查询数据包 (Who is PC1？)(Time = 0.002 时的时间相同的第 3 和第 4 个 ARP 数据包)。

步骤 4：所有计算机收到 ARP 查询数据包 (Who is PC1？) 后，会对比自己的 IP 地址是否与 PC0 发出的查询信息 (192.168.1.2) 一致。这里 PC1 会做两项工作：一是 PC1 将 PC0 的 IP 地址和对应 MAC 地址信息存入自己的 ARP 缓存，其余 IP 地址不对应的计算机则丢弃查询包；二是 PC1 将自己的 MAC 地址信息放在 ARP 应答数据包中发给交换机 Switch0 (Time = 0.003 时的第 5 个 ARP 数据包)。

步骤 5：交换机 Switch0 在收到 PC1 发来的 ARP 应答数据包后，执行两个操作：一是交换机 Switch0 将 PC1 的 MAC 地址信息提取出来存入 MAC 地址表，保存形式为“PC1 的 MAC 地址 - 对应连接该计算机的交换机接口 Fa0/2”；二是由于步骤 2 中交换机 Switch0 的 MAC 地址表中已经有了 PC0 的物理地址，因此交换机直接将 ARP 应答数据包以单播方式直接转发给计算机 PC0(Time = 0.004 时的第 6 个 ARP 数据包)(这里应特别注意交换机单播转发方式是通过查询目的 MAC 地址对应的端口进行的，这种直接查表转发的动作也被称为"基于目的地址转发"）。

步骤 6：PC0 收到交换机 Switch0 转发的 ARP 应答数据包后，将 ARP 数据包中 PC1 的 MAC 地址信息提取出来存入自己缓存的 ARP 映射表，形成与 PC1 相关的 IP 地址和 MAC 地址记录。

步骤 7：进入 PC0 的命令窗口，使用"ping 192.168.1.3"命令，进行 PC0 与 PC2 的连通性测试。

再次点击交换机 Switch0 图标，切换至交换机的"CLI"标签界面，在交换机命令提示符下输入以下指令，即

Switch#show mac-address-table 　　　　　查询交换机的 MAC 地址表

通信后交换机的 MAC 地址表如图 2-16 所示。从表中可以看出，当计算机之间进行通信后，交换机 Switch0 将通过提取进入交换机的数据包中的源 MAC 地址信息，逐步形成包含整个网络所有计算机的 MAC 地址记录。这些地址记录也被称为 MAC 地址表。这个 MAC 地址表可以为交换机的直通交换 (Cut-Through) 提供服务。若读者想更详细地了解交换机的直通交换相关知识，可以参照本任务的"拓展知识"部分内容。

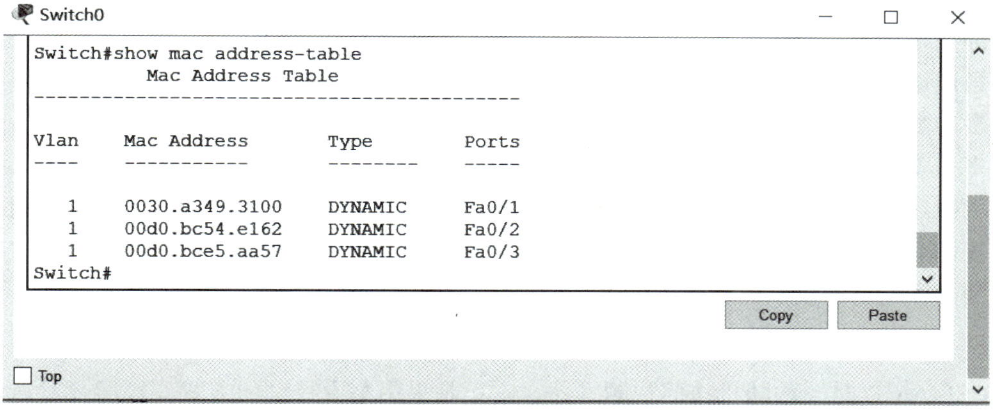

```
Switch0                                             —    □    ×

 Switch#show mac address-table
           Mac Address Table
 -------------------------------------------

 Vlan    Mac Address      Type         Ports
 ----    -----------      --------     -----

   1     0030.a349.3100   DYNAMIC      Fa0/1
   1     00d0.bc54.e162   DYNAMIC      Fa0/2
   1     00d0.bce5.aa57   DYNAMIC      Fa0/3
 Switch#

                                        Copy      Paste
 □ Top
```

图 2-16　通信后交换机的 MAC 地址表

(4) MAC 地址表建立过程总结。MAC 地址表为交换机高效数据转发提供服务，当交换机收到数据时，会检查数据帧中的目的 MAC 地址，然后根据 MAC 地址表中对应的信息把数据从目的主机所在的接口转发出去。交换机之所以能实现这一功能，是因为交换机通过动态学习后生成 MAC 地址表，MAC 地址表记录了网络中所有计算机的 MAC 地址与该交换机连接端口的对应信息。为快速转发报文，以太网交换机需要建立和维护 MAC 地址表。以下是关于 MAC 地址表的几个重要结论：

① 交换机为初始状态 (刚上电或重启) 时，交换机 MAC 地址表为空。

② 交换机所有端口利用源 MAC 地址学习的方法，在 MAC 地址表中不断添加新的 MAC 地址与端口号的对应信息，直到 MAC 地址表添加完整为止。

③ 为了保证 MAC 地址表中的信息能够实时地反映网络情况，交换机每个学习到的记录都有一个老化时间，老化时间通常为 300 s，并且可以通过命令进行调整，如果在老化

时间内收到地址信息则刷新地址表中的记录，对没有收到的相应地址信息则进行删除。

五、效果检测

(1) 使用 MAC 地址表查询命令查询交换机的相关 MAC 地址表建立过程。

(2) 如果想要清除交换机中的 MAC 地址表信息，需要在交换机中的 CLI 模式下使用"clear mac-address-table"命令，清除 MAC 地址表。

六、拓展知识

1. 广播域和冲突域

如果一个数据报文的目标地址是这个网段的广播地址或者目标计算机的 MAC 地址是 FF-FF-FF-FF-FF-FF，那么这个数据报文就会被这个网段的所有计算机接收并响应，这就叫作广播。这种广播所能覆盖的范围就叫作广播域。通常广播用来进行 ARP 寻址等，但是广播域无法控制会对网络健康带来严重影响 (主要是带宽和网络延迟)。二层交换机是转发广播的，所以不能分割广播域，而路由器一般不转发广播，所以可以分割或定义广播域。

冲突域指的是会产生冲突的最小范围。当计算机和计算机通过网络设备互联时，会建立一条通道，如果这条通道在某一瞬间只允许一个数据报文通过，那么在此时如果有两个或更多的数据报文想从这里通过时就会出现冲突了。冲突域的大小可以衡量网络设备的性能，多口 Hub 的冲突域只有一个，即所有的端口上的数据报文都要排队等待通过。而交换机就明显的缩小了冲突域的大小，使每一个端口都是一个冲突域，即一个或多个端口的高速传输不会影响其他端口的传输，这是因为所有的数据报文在不同端口都按次序通过，而只是到同一端口的数据报文才要排队。

2. CSMA/CD 机制

CSMA/CD 是一种随机访问控制方法，它不是采用集中控制的方式安排用户发送信息的顺序而是各用户根据自己的需要随机发送信息，通过竞争获得发送权。CSMA/CD 的工作原理可以概述为"先听后发，边听边发，冲突停发，随机重发"。这不仅体现在以太网的数据发送过程中，而且也体现在数据的接收过程中。CSMA/CD 的工作过程概括如下：

(1) 先监听信道，如果信道空闲则发送信息。

(2) 如果信道忙，则继续监听，一旦信道空闲立即发送信息。

(3) 发送信息后进行冲突检测，如发生冲突立即停止发送信息，冲突计数器加 1，并向总线发出一串阻塞信号 (连续几个字节全为 1)，通知总线各站点冲突已发生，使各站点重新开始监听与竞争。

(4) 已发出信息的各站点收到阻塞信号后进行延时处理，等待一段随机时间，如果冲突次数小于 16，则重新进入监听发送阶段，否则放弃发送信息。

3. 交换机的主要功能

(1) 学习。以太网交换机了解每一端口相连设备的 MAC 地址，并将该 MAC 地址同相应的端口映射起来存放在交换机缓存中的 MAC 地址表中。

(2) 转发 / 过滤。当一个数据帧的目的地址在 MAC 地址表中有映射时，它被转发到连接目的节点的端口而不是所有端口 (如该数据帧为广播 / 组播帧，则转发至所有端口)。

(3) 消除回路。当交换机包括一个冗余回路时，以太网交换机通过生成树协议避免回路的产生，同时允许存在后备路径。

4. 交换机的工作特性

(1) 交换机的每一个端口所连接的网段都是一个独立的冲突域。

(2) 交换机所连接的设备在同一个广播域内，也就是说，交换机不隔绝广播 (唯一的例外是在配有 VLAN 的环境中)。

(3) 交换机依据帧头的信息进行转发，因此说交换机是工作在数据链路层的网络设备 (此处所述交换机仅指传统的二层交换设备)。

5. 交换机的工作方式

交换机学习源地址，基于目的地址转发。数据帧进入交换机时，交换机学习接收数据帧的源 MAC 地址，并将此地址添加到 MAC 地址表中，或刷新已存在的 MAC 地址表项的老化寄存器，后续报文如果去往该 MAC 地址，则可以根据此表项转发。转发数据帧时，交换机检查目的 MAC 地址并与 MAC 地址表中的地址进行比较。如果目的 MAC 地址在表中，则转发至表中与 MAC 地址相对应的端口。如果没有在表中找到目的 MAC 地址，则交换机会转发到除了进入端口以外的所有端口泛洪 (Flooding)。在有多个互连交换机的网络中，MAC 地址表对于一个连接至其他交换机的端口记录多个 MAC 地址。

交换机转发数据的方式主要有两种。一是存储转发交换 (Store-and-Forward)，即运行在存储转发模式下的交换机在发送数据前要把整帧数据读入内存并检查其正确性。尽管采用这种方式比采用直通方式更花时间，但采用这种方式可以存储转发数据，从而保证数据转发的准确性。由于运行在存储转发模式下的交换机不传播错误数据，因而更适合大型局域网。二是直通交换 (Cut-Through)，其优势是比存储转发技术更为快速。采用直通交换的交换机在接收完整个数据帧之前就读取帧头，并决定把数据发往哪个端口，不用缓存数据也不用检查数据的完整性。

6. 二层交换机和三层交换机

这里的二层交换机和三层交换机的区别主要在于是否具有路由功能。二层交换机只关心 MAC 地址 (工作在数据链路层)，不关心 IP 地址或更高层中的任何东西。三层交换机或多层交换机同时拥有 MAC 地址表和 IP 路由表，可以完成二层交换机的所有工作，同时还具备路由功能。

在实际场景中，该如何选择二层交换机和三层交换机呢？这就涉及网络的总体规划问题。网络层次的规划，在网络设计工作中是十分重要的，因为一个合理的层次架构，可以让所设计的网络减少故障，节约成本。典型的网络架构为核心层、汇聚层、接入层 3 层级结构。

(1) 接入层：用来连接计算机或者终端设备，为用户提供了在本地网段访问应用系统的能力，解决相邻用户之间的互访需求，用普通交换机或者二层交换机即可满足要求。

（2）汇聚层：是网络接入层和核心层的"中介"，具有实施策略、安全、工作组接入、虚拟局域网 (VLAN) 之间的路由、源地址或目的地址过滤等多种功能，用二层或普通三层交换机即可满足要求。

（3）核心层：主要目的在于通过高速转发速率，提供快速、可靠的骨干数据交换，用三层交换机即可满足要求。

七、自我测试

（1）物理层定义了通信设备的 (　　) 的、电气的、功能的、(　　) 的特性。

A. 外观　　　　　　B. 机械　　　　　　C. 模具　　　　　　D. 物理

E. 规程　　　　　　F. 协议　　　　　　G. 通信　　　　　　H. 规则

（2）以太网交换机根据 (　　) 转发数据包。

A. IP 地址　　　　　　　　　　　B. MAC 地

C. LLC 地址　　　　　　　　　　D. Port 地址

（3）访问交换机的方式有多种，配置一台新的交换机时可以 (　　) 进行访问。

A. 通过计算机的串口连接交换机的控制台端口

B. 通过 Telnet 程序远程访问交换机

C. 通过浏览器访问指定 IP 地址的交换机

D. 通过运行 SNMP 协议的网管软件访问交换机

（4）在默认配置的情况下，交换机的所有端口 (　　)。

A. 处于直通状态　　　　　　　　B. 属于同一 VLAN

C. 属于不同 VLAN　　　　　　　D. 地址都相同

（5）图 2-13 中的网络配置，总共有 (　　) 个广播域，(　　) 个冲突域。

A. 1　　　　　　　B. 2　　　　　　　C. 3　　　　　　　D. 4

E. 5　　　　　　　F. 6

（6）二层以太网交换机根据端口所接收到报文的 (　　) 生成 MAC 地址表选项。

A. 源 MAC 地址　　　　　　　　B. 目的 MAC 地址

C. 源 IP 地址　　　　　　　　　D. 目的 IP 地址

（7）一台交换机有 8 个端口，单播帧进入该交换机，但交换机在 MAC 地址表中查不到关于该帧的目的 MAC 地址表项，那么交换机对该帧进行的转发操作是 (　　)。

A. 丢弃　　　　　　　　B. 泛洪　　　　　　　　C. 点对点转发

任务 2.5　防范 ARP 攻击

ARP 表建立过程

一、前导知识

ARP 攻击是局域网最常见的一种网络攻击方式，因为 TCP/IP 协议存在的一些漏洞给 ARP 病毒有了进行欺骗攻击的机会。当局域网内的计算机遭到 ARP 的攻击时，ARP 会持续地向局域网内所有的计算机及网络通信设备发送大量的 ARP 欺骗数据包，如果不及时处理，便会造成网络通道阻塞、网络设备的承载过重、网络的通信质量不佳等情况。

ARP 协议是 "Address Resolution Protocol"（地址解析协议）的缩写，该协议的功能是在数据帧发送前，将数据帧中目标 IP 地址转换成目标 MAC 地址。在以太网中，一台计算机想要和另一台计算机进行通信，除了要知道对方的 IP 地址，还必须要知道目标主机的 MAC 地址。那么网络中为什么同时需要 IP 地址和 MAC 地址，以及在不同的网段中 IP 地址和 MAC 地址是否有变化就值得深入探讨。

微课堂

网络安全警钟长鸣

【破坏计算机信息系统罪；网络服务渎职罪】违反国家规定，对计算机信息系统功能进行删除、修改、增加、干扰，造成计算机信息系统不能正常运行，后果严重的，处五年以下有期徒刑或者拘役；后果特别严重的，处五年以上有期徒刑。违反国家规定，对计算机信息系统中存储、处理或者传输的数据和应用程序进行删除、修改、增加的操作，后果严重的，依照前款的规定处罚。故意制作、传播计算机病毒等破坏性程序，影响计算机系统正常运行，后果严重的，依照第一款的规定处罚。未犯前三款罪的，对单位判处罚金，并对其直接负责的主管人员和其他直接责任人员，依照第一款的规定处罚。

引自《中华人民共和国刑法》第二百八十六条（根据《刑法修正案（十二）》修正）

二、任务目标

本任务要求熟悉 ARP 协议工作原理，并针对出现的 ARP 网络漏洞，防范 ARP 攻击。

1. 德育目标

在学习 ARP 协议工作原理的过程中，深入探究 ARP 攻击的原理；在小组讨论时，学会倾听，尊重他人；在防范 ARP 网络攻击的安全部署过程中，培养一丝不苟的学习态度。

2. 知识目标

(1) 能够熟练复述 MAC 地址基础知识。

(2) 能够复述交换机 MAC 地址表的建立过程。

(3) 能够理解并复述 ARP 协议工作的原理。

(4) 能够理解并复述 ARP 攻击的基本手段和防御的基本方法。

3. 技能目标

(1) 熟练使用 ARP 命令查询计算机高速缓存中的 ARP 地址表。

(2) 能够根据 ARP 攻击方式，部署个人计算机，防范 APR 攻击。

三、任务准备

(1) 为任务小组成员安排环形座位。

(2) 任务小组成员人均一台安装有 Windows 操作系统和 PT 仿真模拟器的计算机。

(3) 教师机屏幕广播软件能覆盖每一台计算机。

四、任务步骤

1. 查询 ARP 的地址映射表

(1) 点击计算机"开始"→"运行"命令，并在弹出的窗口中输入"CMD"命令，打开命令窗口。

(2) 在命令提示符下，输入"arp -a"命令，查询该计算机的 IP 地址对应的 MAC 地址，查询得到的计算机的 ARP 地址映射表如图 2-17 所示。

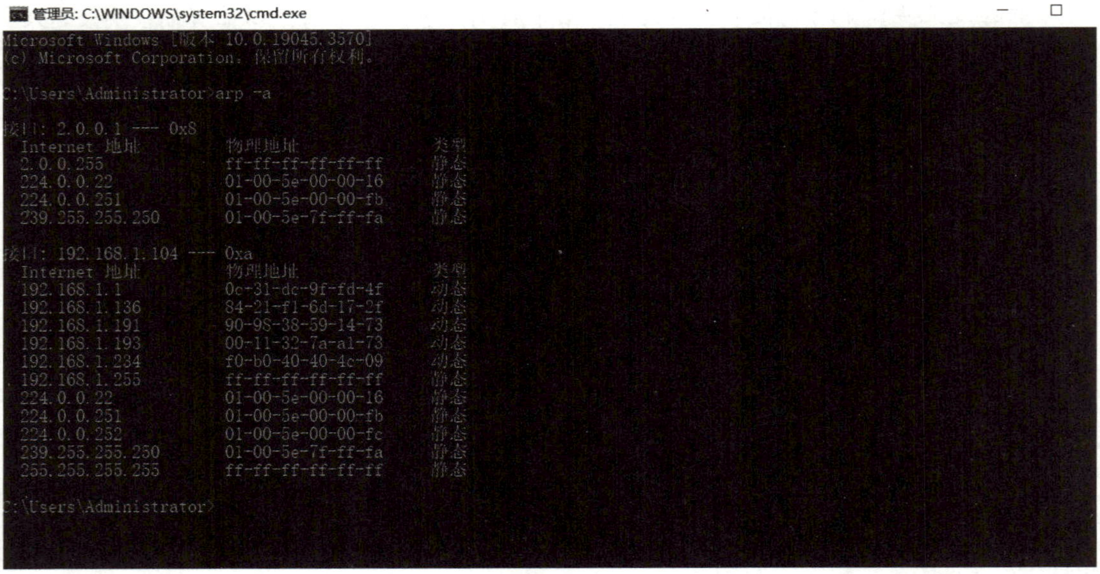

图 2-17　计算机的 ARP 地址映射表

(3) 在命令提示符下如果想要清除该 ARP 列表，可以输入"arp -d"命令来完成。

2. ARP 协议的工作过程分析

根据"任务 2.4 查询交换机的 MAC 地址表"的内容可知，MAC 地址表的建立过程需要 ARP 协议的参与。通过查询个人计算机的 ARP 地址表得知，ARP 地址表的建立同样需要 ARP 协议。下面通过理论分析来加深对 ARP 协议工作过程的理解。假设主机 A 和 B 在同一个网段，主机 A 要向主机 B 发送信息，ARP 协议工作过程的解析如图 2-18 所示。

(a) 广播方式发送 ARP 请求报文

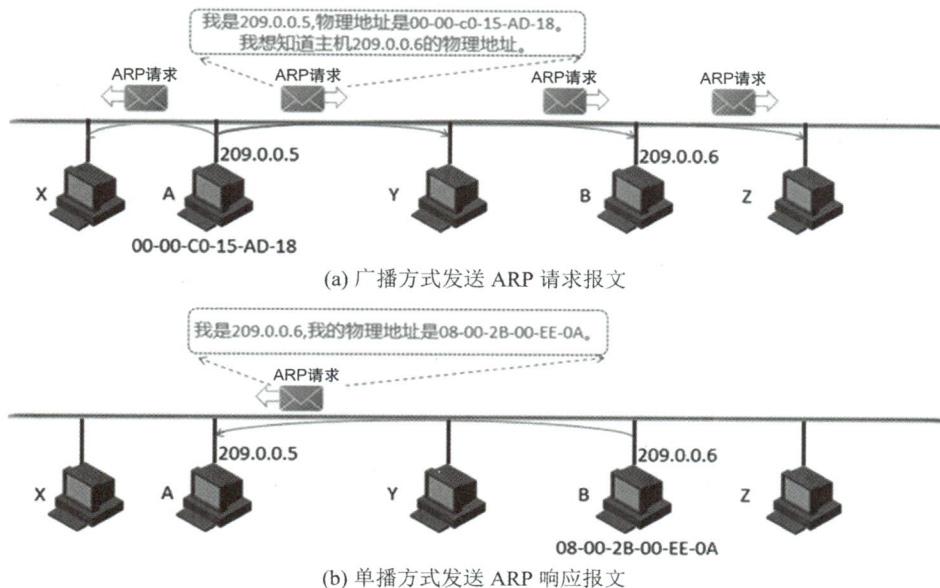

(b) 单播方式发送 ARP 响应报文

图 2-18 ARP 协议工作过程的解析

(1) 主机 A 首先查看自己的 ARP 表，确定其中是否包含有主机 B 对应的 ARP 表项。如果在 ARP 表项中找到了对应的 MAC 地址，则主机 A 直接利用 ARP 表中的 MAC 地址，对 IP 数据包进行帧封装，并将数据包发送给主机 B。

(2) 如果主机 A 在 ARP 表中找不到对应的 MAC 地址，则将缓存该数据报文，然后以广播方式发送一个 ARP 请求报文 (图 2-18(a) 所示)。在 ARP 请求报文中，发送端 IP 地址、发送端 MAC 地址分别为主机 A 的 IP 地址和 MAC 地址，目标 IP 地址、目标 MAC 地址分别为主机 B 的 IP 地址和全 0 的 MAC 地址 (这里全 0 的 MAC 地址表是 ARP 数据包)。由于 ARP 请求报文以广播方式发送，因此该网段上的所有主机都可以接收到该请求，但只有被请求的主机 (即主机 B) 会对该请求进行处理。

(3) 主机 B 比较自己的 IP 地址和 ARP 请求报文中的目标 IP 地址，当两者相同时进行如下处理：将 ARP 请求报文中的发送端 (即主机 A) 的 IP 地址和 MAC 地址存入自己的 ARP 表中，之后以单播方式发送 ARP 响应报文给主机 A，其中包含了自己的 MAC 地址 (图 2-18(b) 所示)。

(4) 主机 A 收到 ARP 响应报文后，将主机 B 的 MAC 地址加入到自己的 ARP 表中以用于后续报文的转发，同时将 IP 数据包进行封装后发送出去。

3. ARP 攻击的基本形式

ARP 攻击有以下 3 种基本形式：

(1) 欺骗攻击。MAC 地址虽然是网卡生产厂家固化在网卡内独一无二的地址，但是可以通过数据捕获等软件工具修改数据包中的 MAC 地址信息。攻击者可通过发送伪造的 ARP 数据包来欺骗路由表和源主机，让源主机认为这是一个合法的主机。这种欺骗多发生在同一网段内，因为路由表不会把本网段的数据包向外转发。如果想要完成不同网段的攻击也有途径，这里不作讨论。

(2) 针对 ARP 的拒绝服务攻击 (Denial of Service，DoS)。DoS 攻击又称拒绝服务攻击，即当大量的连接请求被发送到一台主机时，因为主机的处理性能有限，不能为正常用户提供服务，所以主机便拒绝服务。这个过程中假如攻击者运用 ARP 来隐藏自己，在被攻击主机的日志上就不会呈现真实的 IP 攻击，也不会影响到攻击者的本机。

(3) 网络嗅探。小型局域网是一个广播域，每个包都会经过网内的每台主机，运用数据抓包软件，就能够嗅探到全部局域网的数据。当 ARP 攻击时，攻击者可以将自己的主机伪装，形成一个中心转发站来监听两台主机之间的通信。

4. ARP 攻击的防御

静态绑定 ARP，即通过 IP 地址和 MAC 地址的绑定，可以有效防止地址信息被篡改。这里需要在主机和网关设备上进行双向绑定，具体操作如下：

(1) 查看本机网卡的 ID，点击"开始"→"运行"命令，在运行窗口中输入"cmd"命令，弹出命令行窗口，在该窗口中输入显示网卡接口 ID 号的命令，即

```
netsh interface ipv4 show interface
```

当前计算机的所有网卡的 ID 号如图 2-19 所示，图中"Idx"对应的数字即为网卡 ID 号。

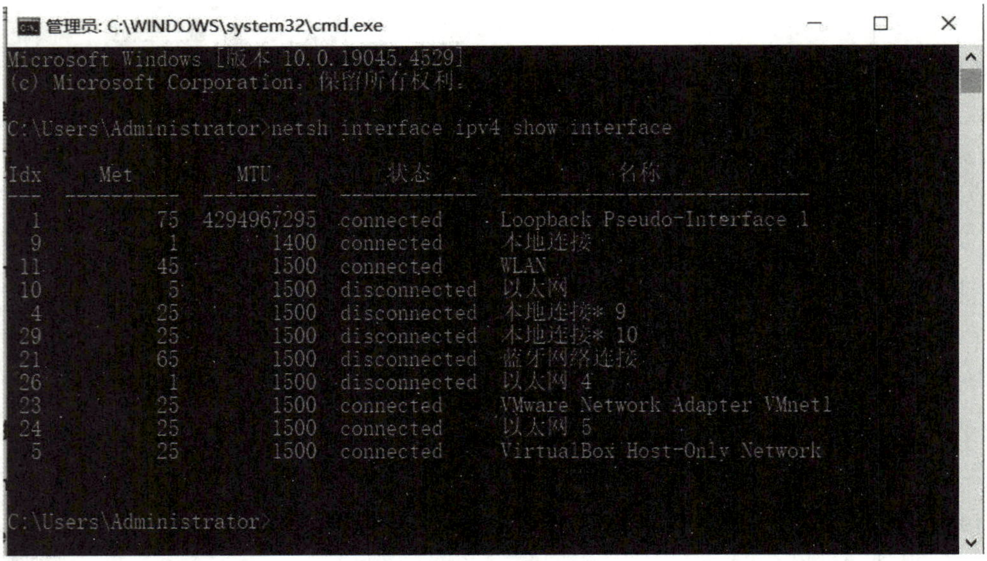

图 2-19　计算机的所有网卡的 ID 号

(2) 在计算机上完成 IP 地址和 MAC 地址的静态绑定，点击"开始"→"运行"命令，在运行窗口中输入"cmd"命令，弹出命令行窗口，在该窗口中输入 IP 地址和 MAC 地址的绑定命令，即

```
语法：netsh interface ipv4 set neighbors 网卡 ID  目标主机 IP 地址  目标主机 MAC 地址
示例：netsh interface ipv4 set neighbors  24 10.0.0.178 00-1a-e2-df-07-41
```

5. 在局域网内部署 ARP 防火墙

上面的 ARP 防护方案需要操作人员具有比较专业的网络安全知识和动手能力，而简单直接的方式是在局域网中安装 ARP 防火墙，进行对应的 ARP 防火墙部署就能够阻挡绝大部分 ARP 攻击。常见的 ARP 防火墙有火绒安全卫士、瑞星防火墙、360 安全卫士等。

五、效果检测

(1) 使用 ARP 查看命令查看 ARP 高速缓存。

(2) 进行 MAC 地址与 IP 地址的静态绑定。

(3) 安装局域网 ARP 防火墙软件。

六、拓展知识

1. ARP 简介

ARP 协议全称为"Address Resolution Protocol"（地址解析协议），属于网络层协议，与 IP 协议为同一层。在以太网环境中，数据的传输所依赖的是 MAC 地址而非 IP 地址，而 ARP 协议的主要功能就是将 IP 地址转换为 MAC 地址（发送的数据从网络层到数据链路层时进行）。

数据在传输过程中，会先从高层传到底层，然后在通信链路上传输。TCP 报文在网络层会被封装成 IP 数据报，在网络层使用的是 IP 地址，在数据链路层使用的是 MAC 地址，然后在通信链路中传输。MAC 帧在传送时的源地址和目的地址使用的都是 MAC 地址，在通信链路上的主机或路由器也都是根据 MAC 帧首部的 MAC 地址接收 MAC 帧。并且在数据链路层是看不到 IP 地址的，只有当数据传到网络层时去掉 MAC 帧的首部和尾部时才能在 IP 数据报的首部中找到源 IP 地址与目的地址。

在局域网中，网络中实际传输的是"帧"，帧里面有目标主机的 MAC 地址。在以太网中，一个主机和另一个主机进行直接通信，必须要知道目标主机的 MAC 地址。但这个目标 MAC 地址是如何获得的呢？它是通过地址解析协议获得的。所谓"地址解析"，就是主机在发送帧前将目标 IP 地址转换成目标 MAC 地址的过程。ARP 协议的基本功能就是通过目标设备的 IP 地址，查询目标设备的 MAC 地址，以保证通信的顺利进行。

2. IP 地址和 MAC 地址

简单来说，标识网络中的一台计算机，比较常用的就是 IP 地址和 MAC 地址。但计算机的 IP 地址（逻辑地址）属于三层地址，可由用户自行更改，可以工作在不同的网段。而 MAC 地址（物理地址）属于二层地址，不可更改，只能工作在同一个网段。计算机想要在同网段和不同网段同时通信，需要把 IP 地址和 MAC 地址组合起来使用。

3. IP 地址和 MAC 地址在不同网络中的变化

IP 地址和 MAC 地址在 3 个不同的局域网中变化示意图如图 2-20 所示。图中以主机 H1 访问主机 H2 为例，介绍 IP 地址和 MAC 在通信

IP 地址与 MAC 地址在不同网络中的变化

过程中的变化。路由器 R1 和路由器 R2 将一个大的网络分隔为 3 个不同的局域网 (局域网 1～局域网 3)，在数据传递过程中，处于网络层次模型第三层的 IP 地址可以在不同的 3 个网段中使用，而处于网络层次模型第二层的数据链路层的 MAC 地址只能在某一个具体的网段内有效。

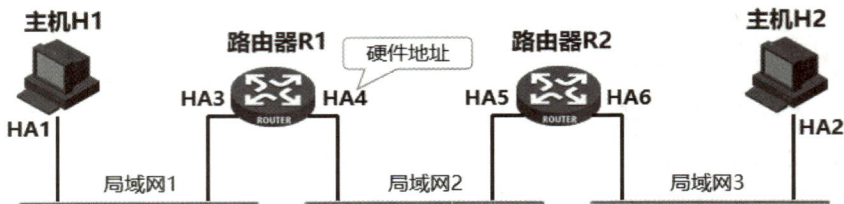

图 2-20　IP 地址和 MAC 地址在 3 个不同的局域网中变化示意图

(1) 主机 H1 将数据包先发送给路由器 R1，也就是主机 H1 的默认网关，由于 MAC 地址只在本地有效，此时源 MAC 地址是 HA1，目的 MAC 地址是 R1 与主机 H1 同在局域网 1 中的 MAC 地址 HA3。

(2) R1 接收到来自主机 H1 的数据包后，对数据进行解封装，根据 IP 数据包头中的目标主机 H2 的 IP 地址信息，查路由表得到从路由器 R1 发往主机 H2 的下一跳接口，为路由器 R2 左侧局域网 2 的 MAC 地址为 HA5 的接口，数据经过重新封装后由 R1 路由器右边接口将数据包转发给路由器 R2 的左边接口 (一个路由器有多个 MAC 地址，每个端口单独一个)，此时发出的数据包中，源 MAC 地址是 R1 的 MAC 地址 HA4，目的 MAC 地址是 R2 的 MAC 地址 HA5。

(3) R2 收到来自路由器 R1 的数据包后，对数据进行解封装，根据 IP 数据包头中的目标主机 H2 的 IP 地址信息，查路由表得到从 R2 发往主机 H2 的下一条接口在 R2 的右侧接口，数据经过重新封装，从路由器 R2 右侧接口发出，进而将数据转发给主机 H2，此时发出的数据包中，源 MAC 地址是路由器 R2 的 MAC 地址 HA6，目的 MAC 地址为主机 H2 的 MAC 地址 HA2。

可见，在主机 H1 和 H2 通信的过程中，主机 IP 地址在所有的局域网中一直有效，不发生改变，而主机的 MAC 地址只在本局域网段内有效，随着数据包从一个局域网进入另一个不同的局域网，目的 MAC 地址有点像接力赛一样不断发生变化。

七、自我测试

(1) 在 Windows 操作系统中，(　　) 命令能够显示 ARP 表项信息。

A. display Arp
B. Arp -a
C. Arp -d
D. show Arp

(2) 地址解析协议 ARP 是用来解析 (　　)。

A. IP 地址与 MAC 地址的对应关系

B. MAC 地址与端口号的对应关系

C. IP 地址与端口号的对应关系

D. 端口号与主机名的对应关系

(3) 对地址转换协议 ARP 描述正确的是 (　　)。

A. ARP 封装在 IP 数据报的数据部分

B. 发送 ARP 包需要知道对方的 MAC 地址

C. ARP 用于 IP 地址到域名的转换

D. ARP 是采用广播方式发送的

(4) 地址解析协议 ARP 是用于获得已知 (　　) 地址的主机 (　　) 地址的。

A. MAC、MAC　　　　　　　　　　B. MAC、IP

C. IP、IP　　　　　　　　　　　　 D. IP、MAC

(5) 当一个主机要获取通信目标的 MAC 地址时，执行的操作是 (　　)。

A. 广播发送 ARP 请求　　　　　　B. 与对方主机建立 TCP 连接

C. 单播 ARP 请求到默认网关　　　D. 转发 IP 数据报到邻居节点

(6) ARP 应答报文属于 (　　)。

A. 单播　　　　　　　　　　　　　B. 广播

C. 多播　　　　　　　　　　　　　D. 组播

(7) 当主机 A 需要发送数据给计算机 B(两台计算机在同一个网络中)，但是 A 计算机中没有对方计算机的 MAC 地址时，计算机 A 要进行的操作是 (　　)。

A. 发送数据帧　　　　　　　　　　B. 广播 ARP 查询包

C. 单播确认帧　　　　　　　　　　D. 组播 ARP 包

(8) ARP 查询包内包含的主要信息包括 (　　)。

A. 对方 IP 地址　　　　　　　　　B. 对方 MAC 地址

C. 对方域名

● 任务 2.6　分析 IP 数据包

Wireshark 分析
IP 数据包结构

一、前导知识

由任务 2.5 可以看出，三层网络协议的 IP 地址在数据传递过程中，在不同的网段中数据包中的 IP 地址是保持不变的，因此 IP(Intemet Protocol) 协议运行在网络层上，可实现异构的网络之间的互联互通。IP 是一种不可靠、无连接的协议。IPv4 的协议定义了在整个 TCP/IP 互联网上数据传输所用的基本单元 (由于采用的是无连接的分组交换，因此也称为数据报)，规定了在互联网上传输数据的确切格式，以及完成路由选择的功能即选择一个数据发送的路径，另外还包括一组不可靠分组传送规则。这些规则指明了主机和路由器应如何处理分组、何时及如何发出错误信息以及在什么情况下可以放弃分组。IP 协议是

TCP/IP 互联网设计中最基本的协议。

微课堂

IPv4 地址耗尽与网络规划的前瞻性

近几十年来，随着智能手机、个人电脑、物联网设备的爆发性增长，已经消耗了近 43 亿个 IPv4 地址。这使得负责英国、欧洲、中东和部分中亚地区互联网资源分配的欧洲网络协调中心 (RIPE NCC) 在 2019 年无奈宣布：截至 2019 年 11 月 25 日，所有的 IPv4 地址会消耗殆尽。但是业内科研工作者已经提前部署，形成了 IPv6 的技术方案。由此可知，科技发展的前瞻性非常重要，往往对于社会发展、人类命运具有决定性的意义。

二、任务目标

本任务要求使用 Wireshark 软件捕获 IP 数据包，并分析网络层 IP 数据包的结构。

1. 德育目标

在学习过程中，通过 IP 地址的计算，了解 IP 地址耗尽的原因，增强资源环保意识。

2. 知识目标

(1) 了解 IP 数据包的格式。

(2) 根据给定的 IP 地址分辨出 IP 地址的类型。

(3) 理解并复述 IP 数据包为什么分片、如何进行分片和重新装配过程。

(4) 理解子网掩码的作用。

3. 技能目标

(1) 熟练使用 Wireshark 软件捕获局域网数据包和提取 IP 数据包头信息。

(2) 独立完成根据给定的 IP 地址和子网掩码计算网络地址与广播地址。

三、任务准备

(1) 为任务小组成员安排环形座位。

(2) 任务小组成员人均一台安装有 Windows 操作系统和 Wireshark 软件的计算机。

(3) 教师机屏幕广播软件能覆盖每一台计算机。

四、任务步骤

(1) 打开 Wireshark 软件 (即 Wireshark 网络协议分析器软件，这里使用 2.0.1 版本)，选择计算机活动网卡 (有明显数据流量波动)，这里选择 WLAN(无线网络) 网卡，鼠标双击 WLAN 网络，或者点击快捷菜单中类似鲨鱼鳍的图标 (软件快捷菜单左边第一个)，启动局域网数据捕获操作，则活动网卡数据捕获界面如图 2-21 所示。

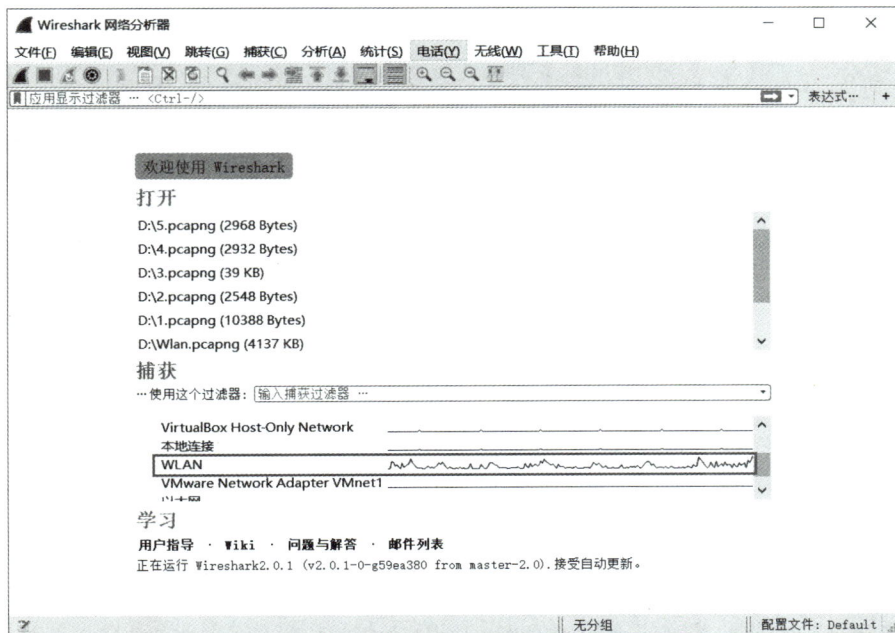

图 2-21　活动网卡数据捕获界面

(2) 点击停止抓包按钮 (软件快捷菜单左边第二个)，将捕获后的数据包信息另存为"Wlan.pcapng"文件，保存后的文件可以随时使用 Wireshark 软件再次打开，进行查看和分析。在抓取的大量数据包中，根据 Protocol 协议信息，可以查找 TCP 数据包或者 UDP 数据包等带有 IP 协议封装的数据包 (Internet Protocol Version 4)。这里以捕获的 TCP 数据包为例，抓取的 TCP 数据包信息如图 2-22 所示。

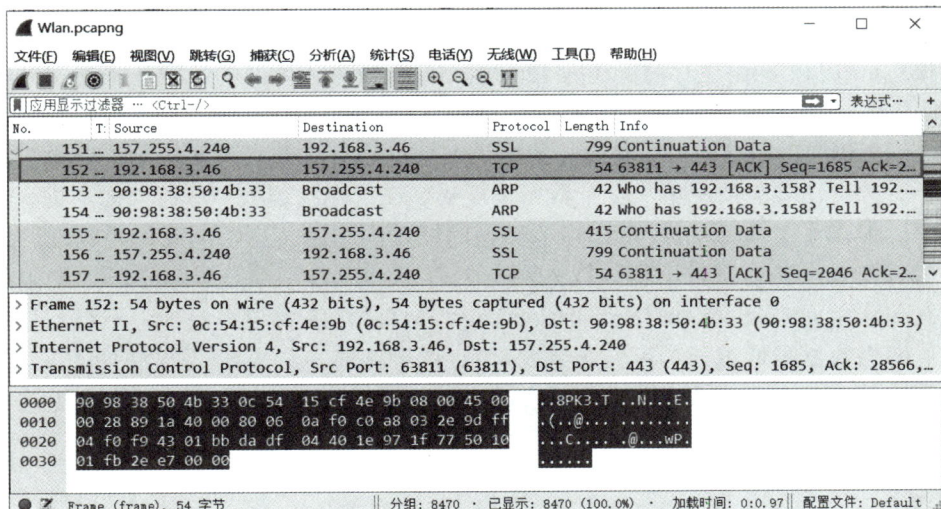

图 2-22　抓取的 TCP 数据包信息

(3) 展开 TCP 数据包中"Internet Protocol Version 4" (IPv4 协议) 左边的">"号，IP 数据包头部的整体结构如图 2-23 所示。

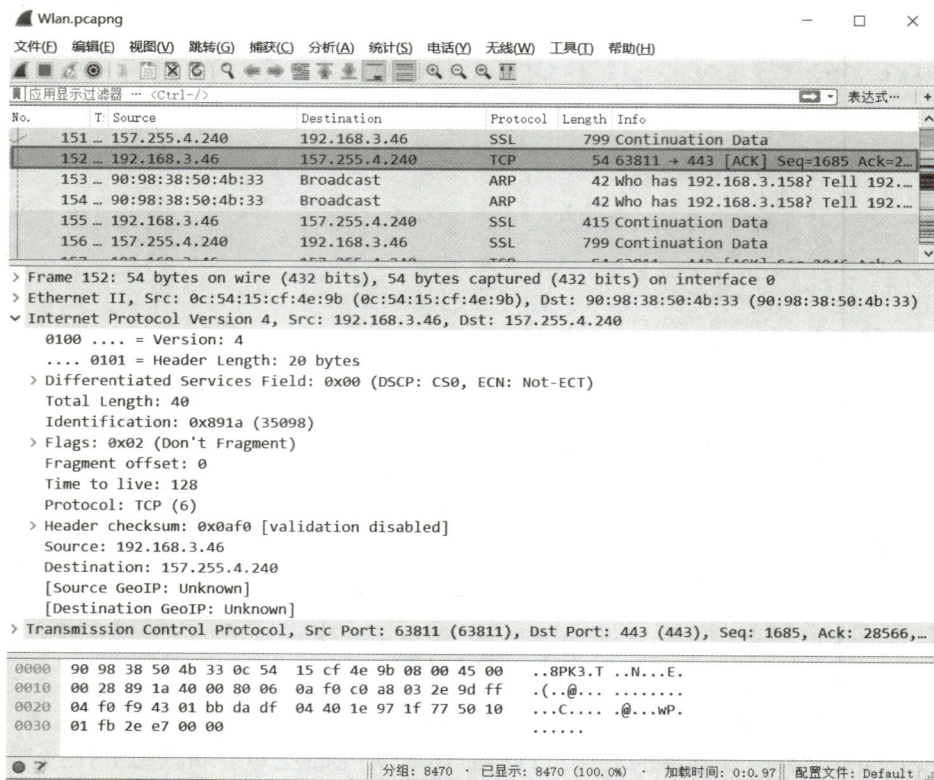

图 2-23   IP 数据包头部的整体结构

(4) 从图 2-23 可以看出，该 IP 数据包的版本号 (Version) 为 4，头部长度 (Header Length) 为 20 B，总 IP 数据包长度 (Total Length) 为 40 B(这里 B 为 Bytes(字节) 的简称，下同)，该数据包标志位 (Identification) 编号为 35098(由计数器自动产生)，不分片 (Don't Fragment)，同时该数据包的 TTL(网络生存时间) 为 128 跳，该 IP 数据包内部的数据是 TCP 数据 (协议号是 6)。

(5) 从 IP 数据包的结构可以看出，数据包中包含分片信息。下面来了解 IP 数据包为什么要进行分片。在理想情况下，整个数据报被封装在一个物理帧中，可以提高物理网络传输的效率。但由于 IP 数据包经常在许多类型的物理网络上传送，因此每种物理网络所能够传送的帧的长度是有限的。例如以太网是 1500 B，FDD 网络是 4470 B，这个限制称为网络最大传送单元 (Maximum Transmission Unit，MTU)。IP 协议在设计上不得不处理这样的矛盾，即当数据报通过一个可传送更大 MTU 的网络时，如果数据报大小限制为最小的 MTU，就会浪费网络带宽资源，但如果数据报大于最小的 MTU，就可能出现无法封装的问题。为了有效地解决这个问题，IP 协议采用了分片和重装配机制。

① 分片：IP 协议遇到 MTU 更小的网络时需要分片。

② 重装配：重装配工作在目的主机上进行，遇到 MTU 更大的网络时并不马上重装配，而是保持小分组直到目的主机接收完整后再一次性重装配。

一般用 4 个字段来处理分片和重装配问题：第一个字段是报文 ID 字段，它唯一标识了某个站某个协议层发出的数据；第二个字段是数据长度，即字节数；第三个字段是偏移值，即分片在原来数据报中的位置除以 8 B 的倍数；第四个是 M 标志，用来标识是否为最后一个分片。

③ IP 数据包分片过程：这里以一个总长度是 3820 B(固定首部) 的数据报在以太网中传输为例，由于每个片的长度不能超过 1420 B(字节限制原因可参考任务 2.3 中关于以太网数据帧中的拓展知识部分)，因此 IP 数据包分片过程如图 2-24 所示。

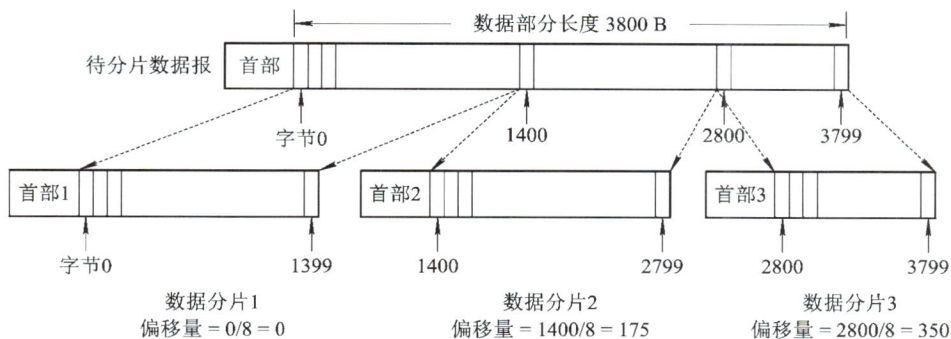

图 2-24　IP 数据包分片过程

待分片的数据报总长度为 3820 B，由 IP 数据包结构得知，IP 数据包的固定首部长度为 20 B，那么该 IP 数据包的实际数据总长度则为 3800 B，每个片长度为 1420 B，其中每个片内首部固定长度为 20 B，数据长度为 1400 B。3800 B 的数据部分需要分成以下 3 个片：

数据分片 1：字节为 0～1399 B(长度 1400 B)，加上固定首部长度 20 B，总长度为 1420 B，因为数据分片 1 为第一个分片，所以偏移值为 0。

数据分片 2：字节为 1400～2799 B(长度 1400 B)，加上固定首部长度 20 B，总长度为 1420 B，因为数据分片 2 偏移相对于数据分片 1 经过了 1400 B 的长度，所以偏移值为 1400/8 = 175。

数据分片 3：字节为 2800～3799 B(长度 1000 B)，加上固定首部长度 20 B，总长度为 1020 B，因为数据分片 3 偏移相对于数据分片 1 经过了 2800 B 的长度，所以偏移值为 2800/8 = 350。

这里假设该 IP 数据包的标识 ID 为 122123，数据报经过分片处理后，数据报分片状态标志位如表 2-4 所示。

表 2-4　数据报分片状态标志位表

类　别	总长度 /B	标　识	MF	DF	片偏移量
原始报文	3820	122123	0	0	0
数据分片 1	1420	122123	1	0	0
数据分片 2	1420	122123	1	0	175
数据分片 3	1020	122123	0	0	350

表 2-4 中，标识字段表示数据包编号标识，由于所有分片均来自同一个原始报文，所以分片后都使用同一个标识，与原始报文一致，这保证了到达目的地后的重装配；MF(More Fragment) 为多片标志位，其中 MF = 0 代表当前数据包没有后续分片，MF = 1 表示当前数据包还有后续分片；DF(Don't Fragment) 为不分片标志位，其中 DF = 0 表示当前数据包可

以分片，DF = 1 表示当前数据包不用分片。

(6) 熟悉 IP 地址的分类。IP 协议给每一台主机分配一个逻辑地址 (IP 地址)，IP 地址的长度为 32 B，其结构如图 2-25 所示。IP 地址结构分为网络号 (Net-id) 和主机号 (Host-id) 两个部分，其中网络号用于标识一个网络，一般由互联网络信息中心 (InterNIC) 统一分配，主机号用来标识网络中的一个具体主机，一般由网络中的管理员具体分配。IP 地址中的网络号位数的多少直接决定了可以分配的网络数量 (计算方法是网络数量 $= 2^{\text{IP 地址中网络位数}}$)；主机号位数决定了网络中最大的主机数 (计算方法 $= 2^{\text{主机位数}} - 2$)，这里最大主机数减去 2 是因为每个网络中全 0 的主机代表了网络号地址，全 1 的主机代表了该网络的广播地址。

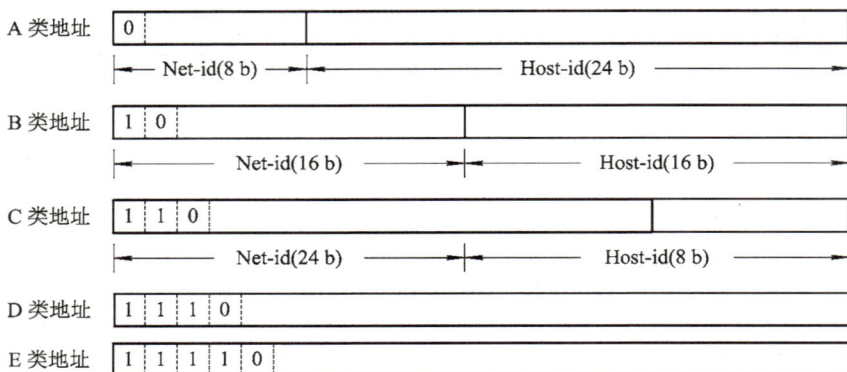

图 2-25　IP 地址结构图

由每一类 IP 地址对应的网络号和主机号分布，可以算出对应的 IP 地址的范围如表 2-5 所示 (这里图 2-25 和表 2-5 中单位 b 表示比特 (bit) 位)。

表 2-5　IP 地址范围

网络类型	网络号	地 址 范 围	网络位	主机位
A 类	以 0 开头	1.0.0.0～127.255.255.255	8 b	24 b
B 类	以 10 开头	128.0.0.0～191.255.255.255	16 b	16 b
C 类	以 110 开头	192.0.0.0～223.255.255.255	24 b	8 b
D 类	前 4 位固定为 1110，后面为多播地址，所以 D 类地址为多播地址			
E 类	前 5 位固定为 11110，后面保留为今后使用			

(7) 网络号和主机号计算。在一个完整的 IP 地址中，如何区分该 IP 地址中的网络号和主机号到底有多少位呢？这就需要看 IP 地址对应的子网掩码。比如一个主机的 IP 地址为 192.168.10.222，子网掩码为 255.255.255.0，要得到该 IP 地址的网络位数，其实只要将子网掩码中的所有十进制数全部转换为二进制数，得到 11111111.11111111.11111111.00000000，则子网掩码中有 24 个 1，代表了该 IP 地址中网络号有 24 位，子网掩码中有 8 个 0，代表该 IP 地址中主机号有 8 位。该 IP 地址和子

网络号和广播
地址计算

网掩码的写法也可以直接写成 192.168.10.222/24，其中的"/24"就代表了该 IP 地址的网络位有 24 位，它的作用和 255.255.255.0 等效。如何快速地计算一个 IP 地址对应的网络号和主机号可以使用以下方法：

① 网络号 = IP 地址 (AND) 子网掩码 (逻辑与)。

② 主机号 = IP 地址 (XOR) 网络号 (异或)。

在计算方法①中，逻辑与 (AND) 运算法则如表 2-6 所示。

表 2-6　逻辑与 (AND) 运算法则

第 1 个二进制数	逻辑与	第 2 个二进制数	与运算结果
0	AND	0	0
0	AND	1	0
1	AND	0	0
1	AND	1	1

在计算方法②中，逻辑异或的运算法则如表 2-7 所示。

表 2-7　逻辑异或运算法则

第 1 个二进制数	逻辑异或	第 2 个二进制数	异或运算结果
0	XOR	0	0
0	XOR	1	1
1	XOR	0	1
1	XOR	1	1

五、效果检测

(1) 使用 Wireshark 软件捕获网络内的任意一个 TCP、UDP 或 ICMP 数据包，并点击数据包中的 Internet Protocol Version 4 信息前的 ">" 号，展开 IP 协议数据包的结构，根据显示信息填写表 2-8 所示 IP 数据包结构信息。

表 2-8　IP 数据包结构信息

序号	IP 数据包字段名称	值	备　注
1	版本号		
2	头部长度		
3	服务类型		
4	报文总长度		
5	标识符		
6	标志字段		
7	分片偏移量		
8	TTL		
9	协议字段		
10	首部校验和		
11	源 IP 地址		
12	目标 IP 地址		

(2) 该捕获的数据包是否进行了分片？如果分片，分了几片？每一片的偏移量是多少？

六、拓展知识

1. 局域网数据捕获

数据包的捕获过程分为三个步骤。一是数据收集，即数据包嗅探器从网络线缆上收集原始二进制数据。通常情况下，通过将选定的网卡设置成混杂模式来完成抓包。在这种模式下，网卡将抓取一个网段上所有局域网的数据包，而不仅是发往它的数据包。二是转换，即将捕获的二进制数据转换成可读形式。高级的命令行数据包嗅探器就支持到这一步骤。在这步，网络上的数据包将以一种非常基础的解析方式进行显示，而将大部分的分析工作留给最终用户。三是分析，即对捕获和转换后的数据进行真正的深入分析。数据包嗅探器以捕获的网络数据作为输入，识别和验证它们的协议，然后开始分析每个协议特定的属性。

2. 路由与路由表

"路由"就是路径选择的意思，即网络设备将信息正确传输到目的地的方式，可以根据目标网络选择"最优"的路径来决定下一跳跳向哪个路由器。下面以图 2-26 为例介绍路由器的工作过程。

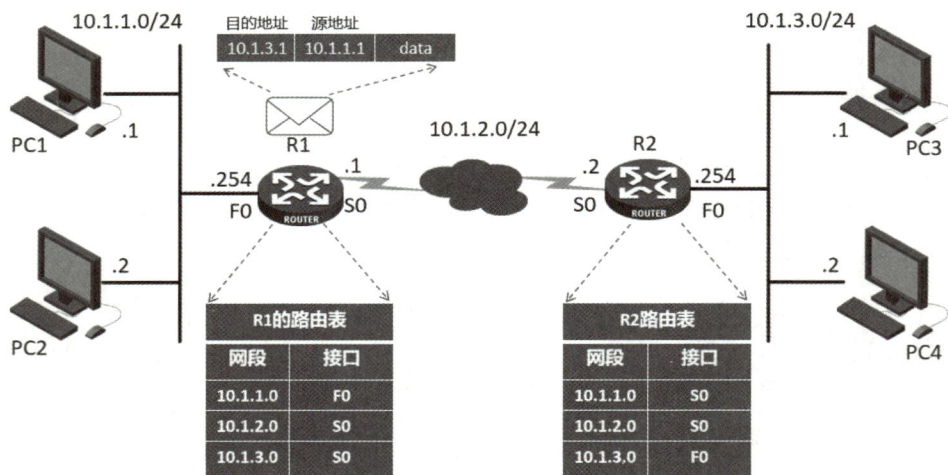

图 2-26   路由器的工作过程

图 2-26 中路由器工作过程为：

(1) PC1(IP 地址为 10.1.1.1/24) 要给 PC3(10.1.3.1/24) 发送数据，因为 IP 地址不在同一个网段，PC1 会将数据包发送给本网段的网关 (路由器 R1 的 F0 接口)。

(2) 路由器 R1 接收到数据包后，先查看数据包 IP 头部中目的地址是 10.1.3.1，再查询自己路由表，发现到达 10.1.3.0/24 网段需要从自己的 S0 接口发出去，于是路由器 R1 将数据包发送到自己的 S0 接口，并由此接口将数据发出。

(3) 路由器 R2 收到来自 R1 的数据包后，同样先查看 IP 头部包中的目的地址是 10.1.3.1，再查询自己路由表，发现 10.1.3.0/24 网段在自己的 F0 接口下，于是路由器 R2 将数据包再转发到自己的 F0 接口，并由此接口发送到 PC3 上，到此路由器的工作过程结束。

下面以数据在广域网中通信过程为例，介绍数据在不同网络间的流转过程，其过程如图 2-27 所示。这里假设广域网间的连接使用 PPP 协议通信。具体通信过程如下：发送方所在局域网计算机通过传输介质（如双绞线）将数据包将发至发送方路由器接口，该路由器执行解封装操作（比特流还原为以太网数据帧，去掉帧头帧尾，还原为数据包），并查询路由表，发现下一跳接口为广域网接口，于是该路由器对数据进行重新封装变成 PPP 协议数据帧，并向下层进行封装转换为比特流通过广域网发往接收方路由器。接收方路由器收到数据后，经过再次解封装操作，还原为 IP 数据包，查询路由表，发现目标网络为以太网，则再次封装为以太网帧发往接收方。

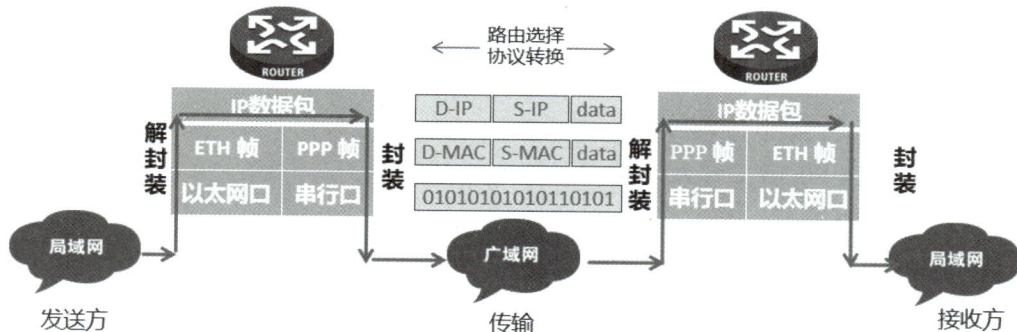

图 2-27 数据在不同网络间的流转过程

3. MAC 地址表、路由表以及 ARP 地址表的区别

从前面若干个任务可以看出，计算机在网络通信中经常使用到 MAC 地址表、路由表和 ARP 地址表，这些表之间既有联系又有区别。下面从这三类表的内容、表所在的位置、主要作用及形成过程进行区分。

（1）MAC 地址表。MAC 地址表的内容是 MAC 地址和对应接口的映射关系，主要作用是使用 MAC 地址表进行局域网内部寻址和定位，实现数据帧的快速转发。MAC 地址表存储于交换机内部的缓存中，形成过程为对进入交换机端口的数据帧，学习源 MAC 地址，映射源 MAC 地址与计算机所连接端口。

（2）路由表。路由表的内容是目的 IP 网段和去往目的 IP 网段的下一跳地址或者对端路由器接口的关系，主要作用是在不同网络间进行寻址和定位，实现数据包的最优路径转发。路由表存储于路由器的缓存中，形成过程为可以人工配置（静态路由），或者路由器自己学习（如动态路由协议中的 RIP、OSPF 等）获得。

（3）ARP 地址表。ARP 地址表的内容是 IP 地址和 MAC 地址的映射关系，主要作用是根据已有的 IP 地址查询对应设备的 MAC 地址，然后利用查询到的目的计算机 MAC 地址构造数据帧。ARP 地址表存储在计算机或者网络设备（如交换机和路由器）的缓存中，形成过程为发送信息时先查找自己缓存中是否有对方的 MAC 地址，如果有，则直接构造数据帧转发，如果没有，就通过 ARP 广播查询得到（具体过程参照任务 2.5）。

七、自我测试

(1) 以下 IP 地址有错误的项是 (   )。

A. 10.1.1.1   B. 192.168.1.24

C. 172.16.1.256   D. 202.103.224.68

(2) IP 层使用 (   ) 数据单位实现数据传输。

A. 数据包   B. 比特

C. 数据段   D. 数据帧

(3) 一个 C 类的 IP 地址的标准子网掩码是 (   )。

A. 255.255.255.0   B. 255.255.255.255

C. 255.255.0.0   D. 255.0.0.0

(4) 以下 IP 地址中，为私有地址的是 (   )。

A. 192.168.0.2   B. 127.0.0.1

C. 255.255.255.255   D. 169.254.10.10

(5) IPv4 地址是由 (   ) 位二进制组成的。

A. 8   B. 16

C. 24   D. 32

(6) 检查网络连通性的命令是 (   )。

A. ipconfig   B. route

C. telnet   D. ping

(7) 以下 IP 地址哪个不是私有地址 (   )。

A. 10.254.1.1   B. 192.168.1.24

C. 172.16.1.256   D. 167.103.224.68

任务 2.7   FLSM 子网划分

FLSM 子网划分

一、前导知识

　　IPv4 地址分配方案中，对于一些特定的场合，如一个机房有 50 台计算机，这时使用标准 C 类地址 (254 台可用机器) 还是显得有点浪费，这时就需要对这个 C 类"大网络"进行子网划分，将它分成更小的网络。比如，当一组 IP 地址指定给一个公司时，公司可能将该网络"分割成"小的网络，每个部门一个。这样，技术部门和管理部门都可以有属于他们的小网络。通过划分子网，可以按照需要将网络分割成小网络，有助于降低网络流量和隐藏网络的复杂性。

微课堂

提升和优化网络性能

在 IPv4 地址耗尽的情况下，如何更好地在现有 IP 地址数量范围内，提升和优化网络的性能成了网络管理者重要的工作之一。

(1) 通过子网划分，将一个大的网络划分成不同子网，每个子网形成更小的广播域，可缩减网络流量、优化网络性能。

(2) 子网划分减少了广播域的范围，减轻了网络拥塞和冲突，提高了数据传输效率。

(3) 在子网划分的基础上，配合防火墙和访问控制列表等安全措施，可以限制不同子网之间的通信，从而提高网络的安全性。

二、任务目标

本任务要求为：某网络公司申请到一个 C 类地址 192.168.10.0/24，公司有 5 个部门，分别是财务部、人事部、工程部、市场部、后勤部，每个部门有 30 台计算机，如何将这个申请的地址分配到 5 个部门，且保证每个部门的计算机数量足够，假如你是网络管理员，请将每个子网的子网号，子网掩码、可用地址和广播地址计算出来，并用 PT 仿真模拟器进行模拟。

1. 德育目标

在子网划分学习的过程中，学会倾听，尊重他人；在网络拓扑搭建和网络部署过程中，培养一丝不苟的工作作风。

2. 知识目标

(1) 学习子网划分的基本原理。

(2) 学习 FLSM(Fixed Length Subnet Mask，定长子网掩码) 的划分技术。

3. 技能目标

(1) 熟练进行子网的划分。

(2) 熟练进行子网划分后子网掩码、子网号、子网可用地址范围和子网广播地址的计算。

三、任务准备

(1) 为任务小组成员安排环形座位。

(2) 任务小组成员人均一台安装有 Windows 操作系统、PT 仿真模拟器、Office 的计算机。

(3) 教师机屏幕广播软件能覆盖每一台计算机。

四、任务步骤

1. 子网划分核心思想

子网划分是指"借用"主机号位数来"制造"新的"网络"，具体的思路如下：

(1) 所选择的子网掩码将会产生多少个子网 (这里假设全 0 与全 1 子网可用)？

2 的 x 次方 (x 代表被借走的主机号位数)。

(2) 每个子网能有多少主机？

2 的 y 次方 − 2(y 代表被借走之后剩余的主机号位数)。

(3) 有效子网是什么？

有效子网号 = 256 − 十进制的子网掩码 (子网也叫作 Block Size)。

(4) 每个子网的广播地址是什么？

广播地址 = 下个子网号 − 1。

(5) 每个子网的有效主机地址分别是什么？

忽略子网内全为 0 和全为 1 的地址剩下的就是有效主机地址。最后 1 个有效主机地址 = 下一个子网号 − 2(即广播地址 − 1)。

2. 子网计算实例

针对 5 个部门需要的 C 类地址，需要划分 5 个子网。划分 5 个子网，需要提取主机号位数的 3 位 (C 类地址标准子网掩码中主机号位数共有 8 位)，这是因为 $2^3 = 8 > 5$。在 192.168.10.0/24 网段的地址中，主机号位数被提取了 3 位后，还剩余 5 位主机位，所以每个子网中的主机数量为 $2^5 = 32$，去除每个子网内全为 0 和全为 1 的地址剩下的就是有效主机地址，即有 30 个，满足网络需求。得到的最终子网划分 IP 地址分配表如表 2-9 所示。

表 2-9   最终子网划分 IP 地址分配表

子网名称	子网号	第一个可用 IP	最后可用 IP	广播地址
子网 1	192.168.10.0	192.168.10.1	192.168.10.30	192.168.10.31
子网 2	192.168.10.32	192.168.10.33	192.168.10.62	192.168.10.63
子网 3	192.168.10.64	192.168.10.65	192.168.10.94	192.168.10.95
子网 4	192.168.10.96	192.168.10.97	192.168.10.126	192.168.10.127
子网 5	192.168.10.128	192.168.10.129	192.168.10.158	192.168.10.159
子网 6	192.168.10.160	192.168.10.161	192.168.10.190	192.168.10.191
子网 7	192.168.10.192	192.168.10.193	192.168.10.222	192.168.10.223
子网 8	192.168.10.224	192.168.10.225	192.168.10.254	192.168.10.255

3. FLSM 划分

在 FLSM 的划分过程中，可以发现所有子网都是经过提取了 3 位主机号位数得来的，且所有的子网掩码都是 255.255.255.224。所以这种子网的划分方法 (子网位提取位数一致) 被称为固定长度子网掩码 (简称定长子网掩码) 子网划分技术。

4. 验证正确性

在 PT 仿真模拟软件中，搭建网络拓扑图，验证子网划分的正确性。即同子网能够互相通信，不同子网之间不能进行通信。

五、效果检测

(1) 这里以任务中的其中 3 个部门为例。使用 PT 仿真模拟器搭建 3 个部门 (市场部、工程部、后勤部) 交换式网络拓扑图如图 2-28 所示，并按照计算出的 IP 地址规划表中的可用 IP 地给拓扑图中的部门计算机配置 IP 地址，并测试计算机之间的连通性。

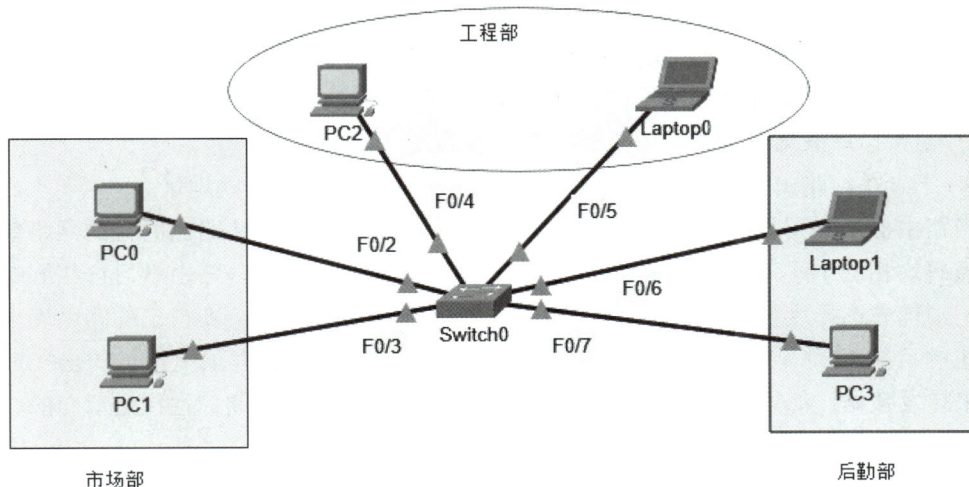

图 2-28　3 个部门交换式网络拓扑图

(2) 拓扑图中的同部门的计算机是否能够通信？不同部门之间的计算机是否能够通信？如果不能通信，原因是什么呢？

六、拓展知识

1. 网络的保留地址

在计算机的网络中，有部分的网络地址属于保留地址，保留地址只能在局域网内使用。网络保留地址范围如表 2-10 所示。

表 2-10　网络保留地址范围

网络类别	IP 地址范围	网络号	网络数量
A	10.0.0.1～10.255.255.255	10	1
B	172.16.0.1～172.31.255.255	172.16～172.31	16
C	192.168.0.1～192.168.255.255	122.168.0～192.168.255	255

计算机之间是否能够通信主要取决于这两个计算机是否属于同一个网络，判断的依据就是将各自计算机的 IP 地址与子网掩码按位进行逻辑与运算，如果一致就可以通信，如果不一致，说明两台计算机属于不同的计算机网络，不能进行通信。

2. 不同网段 IP 通信

IP 地址唯一标识了网络中的一个节点，每个 IP 地址都拥有自己的网段，各个网段可能分布在网络的不同区域。为实现 IP 寻址，分布在不同区域的网段之间要能够相互通信。路由是指报文转发的路径信息，通过路由可以确认转发 IP 报文的路径。路由设备是依据路由转发报文到目的网段的网络设备，最常见的路由设备是路由器。路由设备维护着一张路由表，保存着路由信息。每条路由信息中包含了以下 4 个基本的信息，这些信息标识了目的网段和明确了转发 IP 报文的路径。

(1) 目的网络：标识目的网段。

(2) 掩码：与目的地址共同标识一个网段。

(3) 出接口：数据包被路由后离开本路由器的接口。

(4) 下一跳：路由器转发到达目的网段的数据包所使用的下一跳地址。

当路由器从不同的途径获知到达同一个目的网段的路由 (这些路由的目的网络地址及网络掩码均相同) 时，会选择路由优先级值最小的路由。如果这些路由学习自相同的路由协议，则优先选择度量值最优的。当路由器收到一个数据包时，会在自己的路由表中查询数据包的目的 IP 地址。如果能够找到匹配的路由表项，则依据表项所指示的出接口及下一跳来转发数据；如果没有匹配的表项，则丢弃该数据包。数据通信往往是双向的，因此要关注流量的往返路径 (往返路由)。

3. CIDR

CIDR(Classless Inter Domain Routing，无类别域间路由) 采用 IP 地址加掩码长度来标识网络和子网，而不是按照传统 A、B、C 等类型对网络地址进行划分。CIDR 容许任意长度的子网掩码长度，将 IP 地址看成连续的地址空间，可以使用任意长度的前缀分配，多个连续的前缀可以聚合成一个网络，该特性可以有效减少路由表条目数量。CIDR 路由汇聚示意图如图 2-29 所示，图中 192.168.12.0/22、192.168.10.0/23、192.168.9.0/21 和 192.168.14.0/23 4 条路由经过汇总后，形成一条路由 192.168.8.0/21，替代原有的 4 条路由，有效减少了路由总量。

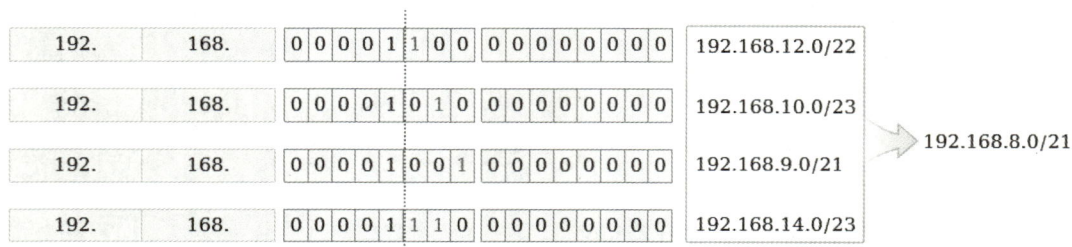

图 2-29   CIDR 路由汇聚示意图

七、自我测试

(1) 11111111.11111111.11111111.11100000 对应的子网掩码应当是 (   )。

A. 255.255.255.0 B. 255.255.255.32

C. 255.255.255.64 D. 255.255.255.224

(2) 十进制 240 用二进制表示是 (   )。

A. 11110000 B. 11100000

C. 11010110 D. 11100110

(3) 一个网段的网络地址为 198.90.10.0，子网掩码是 255.255.255.224，最多可以分成 (   ) 个子网，而每个子网最多具有 (   ) 个有效的 IP 地址。

A. 8，30 B. 4，62

C. 16，14 D. 4，30

(4) 若某台计算机的 IP 地址为 132.121.100.1，那么它属于 (   ) 网。

A. A 类 B. B 类

C. C 类 D. D 类

(5) 某公司申请到一个 C 类 IP 地址，现需要建立 16 个子网供子公司使用，最好的子网掩码应为 (   )。

A. 255.255.255.0 B. 255.255.255.128

C. 255.255.255.240 D. 255.255.255.224

(6) 假设一个主机的 IP 地址为 192.168.5.121，而子网掩码为 255.255.255.248，那么该主机的网络号是 (   )。

A. 192.168.5.112 B. 192.168.5.121

C. 192.168.5.120 D. 192.168.5.32

(7) 对于 IP 地址为 202.101.208.17 的主机来说，其网络号为 (   )。

A. 255.255.0.0 B. 255.255.255.0

C. 202.101.0.0 D. 202.101.208.0

(8) 将网络 192.168.100.0/24 划分为 7 个子网，请计算出每个子网的子网掩码、每个子网的子网地址和广播地址，以及每个子网中第一个可用地址和最后一个可用地址是多少？

● 任务 2.8　VLSM 子网划分

VLSM 子网划分

一、前导知识

FLSM 子网划分时，每个子网中的可用计算机数量应一致，这种子网划分的方案适合子网中计算机数量基本一致的情况。现实中，不同的公司中每个部门的计算机数量可能存在较大的差别，如何解决这些子网中计算机数量有较大变化的问题，就不能再沿用 FLSM 的子网划分方法，这就引出了 VLSM(Variable Length Subnet Masks，可变长度子网掩码) 子网划分技术。

二、任务目标

本任务要求为：某公司申请到一个 C 类地址，需要在公司内部部门之间进行 IP 地址分配，需求为市场部 91 人，总经办 7 人，工程部 34 人，财务部 4 人，后勤部 22 人，人事处 3 人，请给出合理的 IP 地址分配方案，以及给出每个部门子网的子网地址和子网掩码，满足所有部门的需求并尽量节约 IP 地址资源，并用 PT 仿真模拟器进行模拟。

1. 德育目标

在学习子网划分的过程中，学会倾听，尊重他人；在网络拓扑搭建和网络部署过程中，培养一丝不苟的工作作风。

2. 知识目标

(1) 学习子网划分的基本原理。

(2) 学习 VLSM 子网划分技术。

3. 技能目标

(1) 熟练进行子网的划分。

(2) 熟练进行子网划分后子网掩码、子网号、可用地址范围和子网广播地址的计算。

三、任务准备

(1) 为任务小组成员安排环形座位。

(2) 任务小组成员人均一台安装有 Windows 操作系统、PT 仿真模拟器、Office 的计算机。

(3) 教师机屏幕广播软件能覆盖每一台计算机。

四、任务步骤

(1) 从任务目标中可以看出，部门有 6 个，如果采用定长子网掩码的子网划分方法，就会出现市场部和工程部的计算机数量不足的情况。为了解决这个问题，网络中引入了 VLSM 子网划分，使用可变长度的地址块来满足不同部门的需要。各部门所需要的计算机数量的总量为 91 + 7 + 34 + 4 + 22 + 3 = 161 < 255，C 类地址是能够满足需求的。为了避免分配时地址重复，一个简单的从大到小进行 IP 地址块的分配方案如下：

① 市场部：91 人，提取主机号位数中的 1 位，得到 IP 地址块大小为 128(0～127)。

② 工程部：34 人，在①主机号位数的基础上再提取 1 位，得到 IP 地址块大小为 64 (128～191)。

③ 后勤部：22 人，在②主机号位数的基础上再提取 1 位，IP 地址块大小为 32 (192～223)。

④ 总经办：7 人，在③主机号位数的基础上再提取 1 位，IP 地址块大小为 16 (224～239)。

⑤ 财务部：4 人，在④主机号位数的基础上再提取 1 位，IP 地址块大小为 8 (240～247)。

⑥ 人事部：3 人，剩余 IP 地址块大小为 8(248～255)。

各部门对应的 IP 地址块分配如图 2-30 所示。

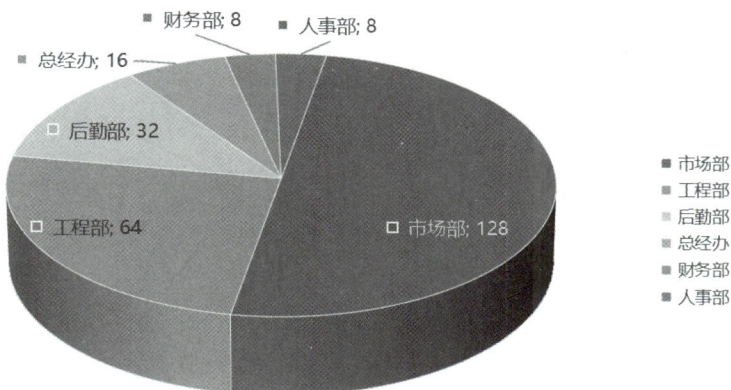

图 2-30 公司各部门对应的 IP 地址块分配

(2) VLSM 子网划分后的 IP 地址规划表如表 2-11 所示。

表 2-11 VLSM 子网划分 IP 地址规划表

部门	IP 地址	子网号	子网掩码	备注
市场部	第一个地址：192.168.1.1 最后一个地址：192.168.1.126 广播地址：192.168.1.127	192.168.1.0	255.255.255.128	91
工程部	第一个地址：192.168.1.129 最后一个地址：192.168.1.190 广播地址：192.168.1.191	192.168.1.128	255.255.255.192	34
后勤部	第一个地址：192.168.1.193 最后一个地址：192.168.1.222 广播地址：192.168.1.223	192.168.1.192	255.255.255.224	22
总经办	第一个地址：192.168.1.225 最后一个地址：192.168.1.238 广播地址：192.168.1.239	192.168.1.224	255.255.255.240	7
财务部	第一个地址：192.168.1.241 最后一个地址：192.168.1.246 广播地址：192.168.1.247	192.168.1.240	255.255.255.248	4
人事部	第一个地址：192.168.1.249 最后一个地址：192.168.1.254 广播地址：192.168.1.255	192.168.1.248	255.255.255.248	3

五、效果检测

(1) 使用 PT 仿真模拟器搭建图 2-31 所示的网络拓扑，并按照计算出的 IP 地址规划表中的可用 IP 地址给拓扑图中的部门计算机配置 IP 地址，并测试计算机之间的连通性。

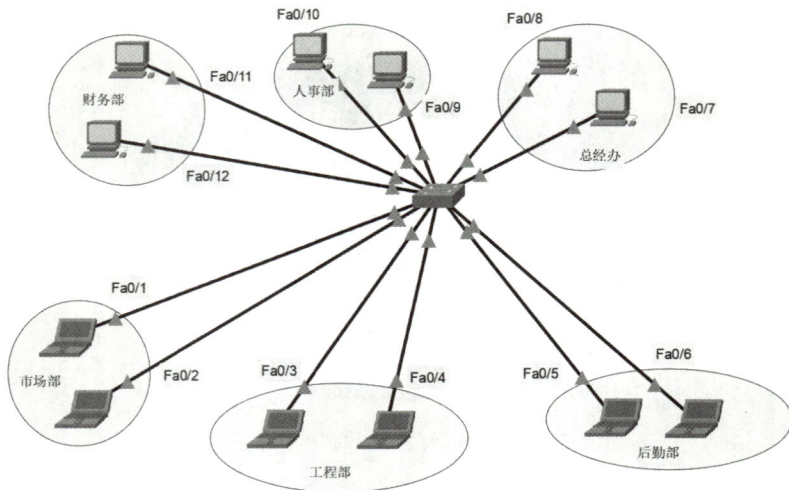

图 2-31   网络拓扑

(2) 拓扑图中的同部门的计算机是否能够通信？不同部门之间是否能够进行通信？如果不能通信，原因是什么呢？

六、拓展知识

VLSM 解决了地址空间浪费的问题，但同时也带来了新的问题，即路由表中的路由条目数量增加了。为减少路由条目数量可以使用路由汇总。路由汇总将一组具有相同前缀的路由汇聚成一条路由，从而达到减小路由表规模以及优化设备资源利用率的目的。汇聚之前的这组路由称为精细路由或明细路由，把汇聚之后的这条路由称为汇总路由或聚合路由。

基于一系列连续的、有规律的 IP 网段，如果需计算相应的汇总路由，且确保得出的汇总路由刚好囊括上述 IP 网段，则需保证汇总路由的掩码长度尽可能长。诀窍在于：将明细路由的目的网络地址都换算成二进制，然后排列起来，找出所有目的网络地址中相同的比特位 (如图 2-32 所示)。

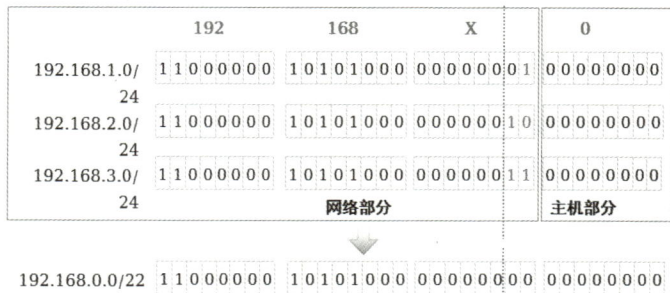

图 2-32   路由汇总示意图

七、自我测试

(1) 对于 C 类 IP 地址，子网掩码为 255.255.255.248，则能提供子网数为 (   )。

A. 16 B. 32

C. 30 D. 128

(2) 3 个网段 192.168.1.0/24、192.168.2.0/24、192.168.3.0/24 能够汇聚成网段 (　　)。

A. 192.168.1.0/22 B. 192.168.2.0/22

C. 192.168.3.0/22 D. 192.168.0.0/22

(3) 使用 CIDR 技术把 4 个 C 类网络 192.24.12.0/24、192.24.13.0/24、192.24.14.0/24 和 192.24.15.0/24 汇聚成一个超网，得到的地址是 (　　)。

A. 192.24.8.0/22 B. 192.24.12.0/22

C. 192.24.8.0/21 D. 192.24.12.0/21

● 任务 2.9　实现网络可靠传输

一、前导知识

TCP(传输控制协议) 是网络传输层 (模型中的第四层) 的一个协议，特点是面向连接、可靠传输、面向字节流。面向连接是指数据发送前先通过三次握手建立连接，数据发送结束后通过四次挥手断开连接；可靠传输是指在网络没有问题的情况下，保证每个数据都要到达对端；面向字节流是指 TCP 把应用程序看成是一连串的无结构的字节流，会维护发送缓冲区和接收缓冲区来存放这些数据，再根据协议要求打包分装发送。TCP 实现可靠传输的主要手段是差错确认 (确认机制)、流量控制 (滑动窗口协议保证) 以及拥塞控制 (由控制窗口结合一系列的控制算法) 等。

微课堂

TCP 可靠机制组成

可靠即可以信赖依靠，真实可信。TCP 的下层网络层只提供最大可能交付的不可靠的传输，数据在网络中传输会出现数据包丢失、出错、重复、分片、到达乱序等问题。因此 TCP 协议必须采取措施解决这些底层交付的数据包，即采取哪些措施来使两个网络层之间的通信变得可靠。规则与制度是保障网络与社会正常秩序的基本条件，因而要求我们要树立正确的世界观、人生观和价值观，具有人文社会科学素养、社会责任感、健康的身体和良好的心理素质。

二、任务目标

本任务要求使用 Wireshark 软件分析 TCP 数据包头部，理解 TCP 可靠传输的机制。

1. 德育目标

在小组讨论时，学会倾听，尊重他人。

2. 知识目标

(1) 通过 TCP 报文结构和字段类型学习可靠传输的实现方式。

(2) 理解和掌握 TCP 报文中是如何应用这些可靠传输的方式实现报文的可靠到达的。

(3) 理解端口在传输层的作用。

3. 技能目标

(1) 熟练进行 TCP 报文的捕获操作，并能够借助 Wireshark 软件进行报文分析。

(2) 理解 TCP 滑动窗口的流量控制原理。

(3) 理解 TCP 拥塞控制的基本控制方法。

三、任务准备

(1) 为任务小组成员安排环形座位。

(2) 任务小组成员人均一台安装有 Windows 操作系统和 Wireshark 软件的计算机。

(3) 教师机屏幕广播软件能覆盖每一台计算机。

四、任务步骤

(1) 打开 Wireshark 软件 (即 Wireshark 网络协议分析器软件，这里使用 2.0.1 版本)，选择任务 2.6 中已经保存的 Wlan.pcapng 文件，在大量数据包中，根据 "Protocol" 协议信息，找到 TCP 数据包。抓取的 TCP 数据包信息如图 2-33 所示。

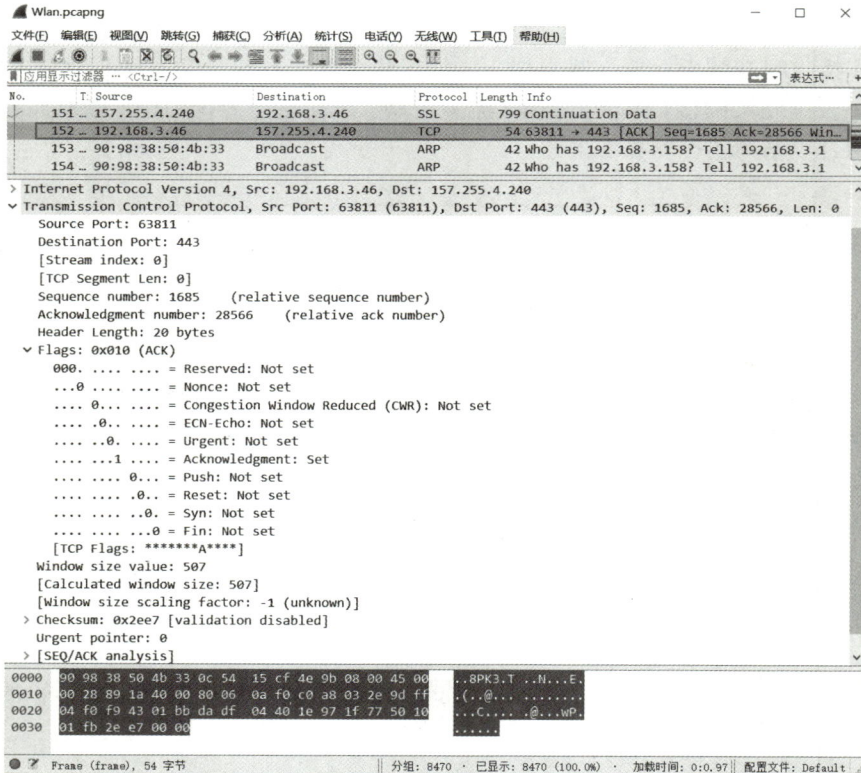

图 2-33   抓取的 TCP 数据包信息

(2) 观察 TCP 报文的报文结构，可以看出，TCP 报文头部的结构主要包括源端口、目的端口、序号、确认号、数据偏移、保留、6 个标志位、窗口、检验和、紧急指针及选项 (长度可变) 和填充。其中 6 个标志位的基本含义是：URG 为紧急传输标志位；ACK 为确认标志位；PSH 为推送标志位，报文到达后直接交付给应用程序，不用进缓冲区排队；RST 为复位标志位，处理错误连接的复位；SYN 为同步标志位，表示 TCP 连接同步标志，通常与 ACK 确认标志位联合使用，用来建立 TCP 连接；FIN 为结束标志位，该标志的发送表示 TCP 连接结束。通常情况下，TCP 报文的首部长度为固定的 20 B，特殊情况下，可以通过选项和填充进行扩展，最大长度为 60 B。TCP 报文首部格式如图 2-34 所示。

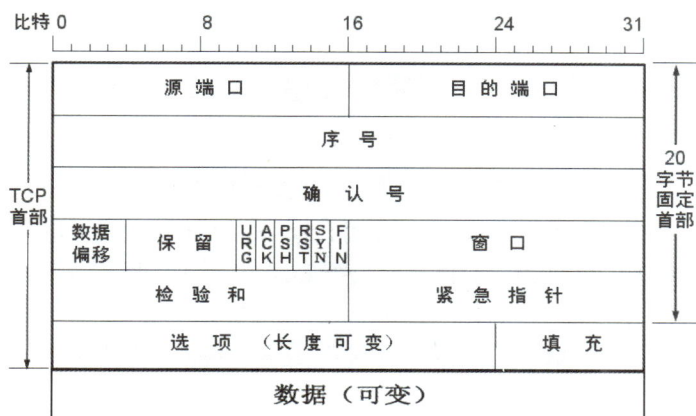

图 2-34　TCP 报文首部格式

(3) 实现网络可靠传输的目标是将应用程序交付的数据无差错地传输到目的端，其可靠性主要通过 TCP 协议的连接管理 (三次握手和四次挥手) 机制、差错控制 (确认和重传) 机制、流量控制 (滑动窗口) 机制、拥塞控制机制实现。为了便于区分图 2-34 中相关标志位的英文 (如图 2-34 中的 ACK 标志位) 和相关机制中部分报文序号 (如图 2-35 中的 ack = x + 1) 的英文，以 ACK 标志位和 ack 为例进行说明如下：

图 2-34 中 TCP 报文首部中的 ACK 表示确认标志位信息，ACK = 1 时该报文段为确认报文段。而图 2-35 中的 ack = x + 1 表示对序号为 x 的报文进行确认 (希望收到对方发送序号为 x + 1 的报文)。

① TCP 协议的连接管理机制 (三次握手和四次挥手机制)。TCP 连接建立的三次握手机制如图 2-35 所示，客户端 (Host) 和服务器 (Server) 经过三次交互，在此过程中需要 TCP 协议中的标志位参与建立连接，在三次握手没问题的前提下，就可以确定当前网络满足可靠传输的基本条件。其具体过程如下：

TCP 连接建立的三次握手

步骤 1：客户端 (Host) 设置同步标志位 SYN = 1，同时将序列号为 x (seq = x) 的同步连接报文发送给服务器 Server，其中 TCP 数据报文中的 SYN = 1 标志就是建立连接的信号，希望建立连接。

步骤 2：服务器 Server 收到该报文后，如果同意连接，就发送一个确认报文，确认报文中含有确认标志 ACK = 1、同步标志 SYN = 1，序号信息 seq = y，同时还有确认收到序号为 x 的信息 (ack = x + 1，即希望收到序号为 x + 1 的报文)，注意这里 ACK 是标志位，ack

为具体的报文编号。

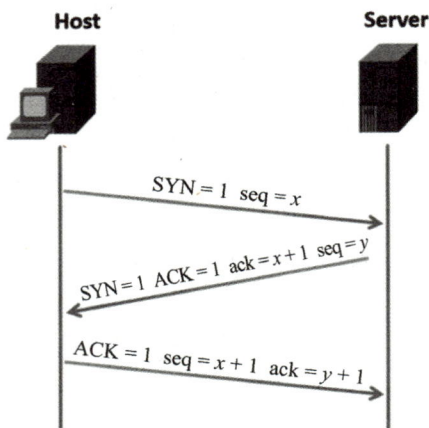

图 2-35　TCP 连接建立的三次握手机制

步骤 3：客户端收到该确认信息后，再次发送一个序号为 $x+1(seq=x+1)$ 的确认报文，确认由服务器发来的序号为 y 的报文已收到 $(ack=y+1$，即希望收到序号为 $y+1$ 的报文)。至此，通信双方建立起可靠连接。这里，为什么采用三次握手而不是两次或者四次握手，读者可参考本任务"拓展知识"部分内容。

TCP 连接释放的四次挥手机制如图 2-36 所示，客户端 (Host) 和服务器 (Server) 经过四次交互，在四次挥手没问题的情况下，就可以释放当前连接。其具体过程如下：

TCP 连接释放的
四次挥手

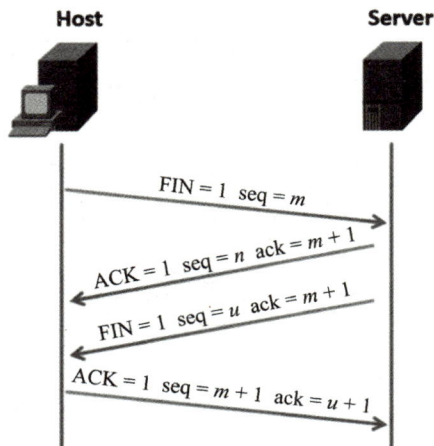

图 2-36　TCP 连接释放的四次挥手机制

步骤 1：客户端 (Host) 设置连接结束标志位 FIN=1，发送序号为 $m(seq=m)$ 的报文给服务器 (Server)，TCP 数据报文中的 FIN 标志位 (结束位) 就是释放连接的信号，希望释放连接。

步骤 2：服务器 (Server) 收到希望释放连接的报文后，如果同意释放连接，就发送一个确认报文，确认报文中含有确认标志 ACK=1、序号 $seq=n$，同时还有确认收到序号为

m 的信息 ($ack = m + 1$，即希望收到序号为 $m + 1$ 的报文)，注意这里 ACK 是标志位，ack 为具体的报文编号。

步骤 3：服务器 (Server) 设置连接结束标志位 FIN = 1，再次发送一个序号为 $u(seq = u)$ 的连接结束报文，由于 Host 还没有发新的报文，所以服务器 Server 仍然确认收到序号为 m 的信息 ($ack = m + 1$，即希望收到序号为 $m + 1$ 的报文)。

步骤 4：客户端 (Host) 收到连接结束的报文后，发送一个序号为 $m + 1$ 的确认释放连接报文 ($seq = m + 1$)，同时确认由服务器 (Server) 发来的序号为 u 的报文 ($ack = u + 1$) 已收到。至此，通信双方连接断开。

② 差错控制机制。TCP 协议的差错控制依靠确认和重传机制实现，TCP 协议提供面向字节流的传输服务。TCP 报文确认和重传机制如图 2-37 所示。HostA 发送数据给 HostB，假设 TCP 协议要传若干字节的报文，每个 TCP 报文段携带 1024 B($len = 1024$) 信息，第一个报文的序号从 1 开始 ($seq = 1$)。那么下一个 TCP 报文段的字节序号就是 1025($seq = 1025$，第一个序号加上第一个报文段的长度)，以此类推。TCP 协议采用差错控制机制，一般情况下，接收方使用 ACK 报文确认每一个收到的报文，但是这样效率太低，发送方可以发送多个报文，接收方对最后一个进行确认，TCP 报文的确认序号字段指出下一个希望接收到的字节，实际上就是对已经收到的所有字节的确认。TCP 报文确认和重传机制过程如下：

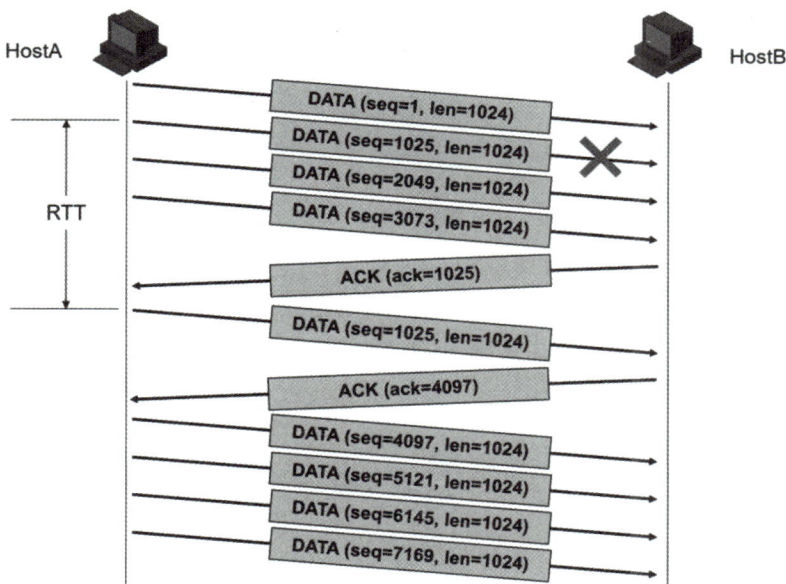

图 2-37 TCP 报文确认和重传机制

步骤 1：主机 HostA 连续发送四个报文给 HostB，第一个数据报文发送成功，第二个报文在传输中丢失 (图中标记叉号)，第三个和第四个报文成功到达。

步骤 2：主机 HostB 发送一个确认信息 ack($ack = 1025$)，表示希望收到序号为 1025 的数据报文，同时也预示着第二个报文已经丢了，这时主机 HostA 重传第二个报文 ($seq = 1025$)，并成功到达。

步骤 3：主机 HostB 发送一个确认信息 ack($ack = 4097$)，表示前四个报文都正确收到了，希望收到序号为 4097 的报文 (这种采用一次发送多个数据报文，对最后一个报文确认的机制就是所谓的"累计确认")。

那么如何解决数据报文在传输过程中丢失或者由于网络延迟造成报文收不到的问题呢？发送方 TCP 协议为了恢复丢失或者损坏的报文段，必须对丢失或者损坏的 TCP 报文段进行重传。通常情况下，发送方 TCP 协议每发送一个 TCP 报文段，就启动一个重传定时器，如果在规定的时间之内 (通常是 RTT，即数据报文从发出到收到确认的时间间隔) 没有收到接收方 TCP 协议返回的确认报文，重传定时器超时，于是发送方重发该 TCP 报文。影响超时重传最关键的因素是重传定时器的定时宽度，但确定合适的宽度是一件相当困难的事情。因为在因特网环境下，不同主机上的应用进程之间的通信可能在一个局域网上进行，也可能要穿越多个不同的网络，端到端传输延迟的变化幅度相当大，发送方很难把握从发送数据到接收确认的往返时间 (Round Trip Time，RTT)。

③ 流量控制机制 (滑动窗口机制)。TCP 的两端都有发送 / 接收缓存和发送 / 接收窗口，发送和接收方都会维护一个数据报文的序列，这个序列被称作窗口。发送方的窗口大小由接收方确定，目的在于控制发送速度，以免接收方的缓存不够大而导致溢出，同时控制流量也可以避免网络拥塞，所以发送窗口根据接收窗口大小的值动态变化。下面以图 2-38 为例来说明 TCP 滑动窗口对流量的控制原理。

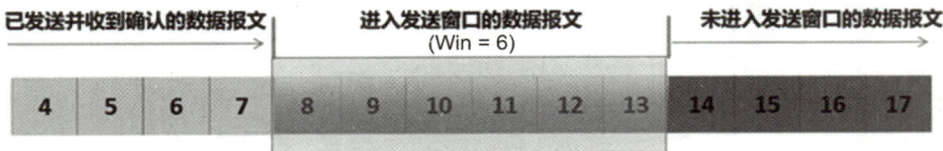

TCP 滑动窗口与超时重传

图 2-38　TCP 滑动窗口对流量的控制原理

如图 2-38 所示，4、5、6、7 表示已经被发出数据报文，同时收到了确认信息。接收方根据自身缓存大小确定窗口大小为 6(Win = 6)，这时发送方的窗口大小维持 6 个报文大小，8、9、10、11、12、13 号报文落在发送窗口内。这里假设 8、9、10 号报文已发出，11、12、13 号报文准备发出。14、15、16、17 号报文则是在发送窗口外等待发送的报文。

这时收到 ack(ack = 10，Win = 6) 信息，该信息表示 9 号及前面的报文都已经收到，窗口继续维持 6 个报文长度。此时发送方将窗口向右滑动 2 个报文长度，报文 14、15 将落入发送窗口，而 8、9 号报文自动移出发送窗口，看起来窗口从左向右滑动了 2 个报文的长度，如图 2-39 所示。接收方可以在确认信息中捎带窗口大小的信息，如果将窗口大小变小，则进入网络的数据报文数量也将减小，从而起到了流量控制的作用。

图 2-39　TCP 滑动窗口示意图

④ 拥塞控制机制。因特网是一种无连接、尽力服务的分组交换网,这种网络结构和服务模型与网络拥塞现象的发生密切相关。与电路交换技术相比,因特网采用的分组交换技术通过统计复用提高了链路的利用率,但是很难保证用户的服务质量。另外,因特网端节点在发送数据前无需建立连接,这种方式简化了网络设计,使得网络的中间节点无需保存状态信息。但是,这种无连接方式难以控制用户发送到网络中的报文数量,当用户发送网络的报文数量大于网络容量时,网络将会发生拥塞,导致网络性能下降。

目前的拥塞控制机制主要在网络的传输层实现,最典型的是 TCP 中的拥塞控制机制。实际上,最初的 TCP 协议只有流量控制机制而没有拥塞控制机制,接收方在应答报文中将自己能够接收的报文数目通知发送方,以限制发送窗口的大小。这种机制仅仅考虑了接收方的接收能力,而没有考虑网络的传输能力,因此会导致网络拥塞崩溃 (Congestion Collapse)。拥塞控制是计算机网络研究领域的热点问题,因为它是计算机网络运行过程中经常发生的一种现象。

那么如何控制拥塞的发生呢?一般采用闭环控制的方式,主要是根据网络状况检测拥塞是否发生,并将拥塞信息反馈到拥塞控制点,拥塞控制点根据拥塞信息进行调节以消除拥塞。TCP 拥塞控制主要是根据网络拥塞状况调节拥塞窗口 (Cwnd) 的大小,其机制主要有慢启动、拥塞避免、快速重传和快速恢复。

慢启动是指 TCP 刚建立连接时将拥塞窗口 (Cwnd) 设为 1 个报文大小,然后以指数方式放大拥塞窗口,直到拥塞窗口等于慢启动阈值。具体来说就是:TCP 开始将拥塞窗口设为 1 个报文大小,然后 TCP 发送 1 个报文;如果发送方 TCP 收到接收方 TCP 返回的 ACK 报文,TCP 将拥塞窗口设为 2 个报文大小,然后 TCP 发送 2 个报文;如果发送方 TCP 又收到接收方返回的 2 个 ACK 报文 (或 1 个累计确认报文),则 TCP 将拥塞窗口设为 4 个报文大小,直到拥塞窗口达到阈值,然后进入拥塞避免阶段。拥塞避免主要是指一旦进入拥塞避免状态,就将拥塞窗口 (Cwnd) 的值置 1,同时慢启动阈值设为上次慢启动阈值的一半。通用的方法是对于 TCP 发送方每收到一个新的确认,就将拥塞窗口 (Cwnd) 的值增加一个 MSS(Maximum Segment Size,最大报文长度),从而避免过多的数据包进入网络。

在 TCP 中,网络时延导致数据报文分组乱序到达示意图如图 2-40 所示,接收方 TCP 会产生一个重复 ACK 返回给发送方,发送方收到一个重复 ACK 后,还不能确定是 TCP 报文丢失还是 TCP 报文乱序。

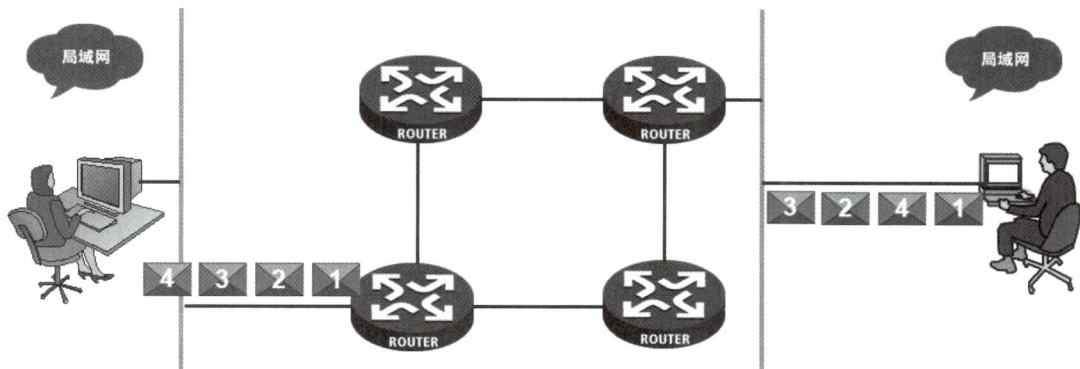

图 2-40　网络时延导致数据报文分组乱序到达示意图

但是如果发送方 TCP 收到三个重复 ACK，则意味着是某个 TCP 报文丢失了，此时发送方 TCP 不必等待该报文超时，而是立即重传该报文，这就是快速重传。同时，发送方 TCP 会将拥塞窗口减半，并将重传定时器宽度加倍。但是快速重传之后，发送方 TCP 不是进入慢启动阶段，而是进入拥塞避免阶段，理由是重复 ACK 的出现不仅意味着某个报文的丢失，而且意味着在丢失的报文之后还接收到其后的报文，即网络上仍然可以传输报文，发送方 TCP 认为网络拥塞还不是非常严重，如果这个时候进入慢启动阶段有点保守，而是应该进入拥塞避免阶段。

五、效果检测

打开捕获的数据包，TCP 报文头部的信息如表 2-12 所示，根据捕获的数据包填写该表。

表 2-12　TCP 报文头部信息表

序号	名　　称	具 体 取 值
1	源端口号	
2	目的端口号	
3	序号	
4	确认号	
5	URG 标志位	
6	PSH 标志位	
7	ACK 标志位	
8	SYN 标志位	
9	FIN 标志位	
10	RST 标志位	
11	窗口大小	

六、拓展知识

Internet 协议集支持一个无连接的传输协议，该协议称为用户数据包协议 (UDP，User Datagram Protocol)。UDP 为应用程序提供了一种无需建立连接就可以发送封装的 IP 数据包的方法。UDP 是 OSI/RM 模型中一种无连接的传输层协议，它适用于不要求分组顺序到达的传输，分组传输顺序的检查与排序由应用层完成，提供面向事务的简单不可靠信息传送服务。UDP 协议基本上是 IP 协议与上层协议的接口。UDP 协议适用端口分别运行于同一台设备上的多个应用程序。UDP 提供了无连接通信，且不对传送数据包进行可靠性保证，适合于一次传输少量数据，其传输的可靠性由应用层负责。常用的 UDP 端口号有 53(DNS)、69(TFTP)、161(SNMP)，使用 UDP 的协议包括 TFTP、SNMP、NFS、DNS、BOOTP。UDP 报文没有可靠性保证、顺序保证和流量控制字段等，可靠性较差。但是正因为 UDP 协议的控制选项较少，在数据传输过程中延迟小、数据传输效率高，适合对可靠性要求不高的应用程序，或者可以保障可靠性的应用程序，如 DNS、TFTP、SNMP 等。

七、自我测试

(1) TCP 协议被称为 (　　)，是一种可靠的传输协议。

A. 超文本标记语言　　　　　　　　B. 文件传输协议

C. 电子邮件协议　　　　　　　　　D. 传输控制协议

(2) UDP 的含义是 (　　)。

A. 统一资源定位符　　　　　　　　B. Internet 协议

C. 用户数据报协议　　　　　　　　D. 传输控制协议

(3) Ethernet 局域网采用的媒体访问控制方式为 (　　)。

A. CSMA　　　　　　　　　　　　B. CSMA/CD

C. CDMA　　　　　　　　　　　　D. CSMA/CA

(4) TCP 协议工作在 (　　)。

A. 物理层　　　　　　　　　　　　B. 数据链路层

C. 传输层　　　　　　　　　　　　D. 应用层

(5) UDP 提供面向 (　　) 的传输服务。

A. 端口　　　　　　　　　　　　　B. 地址

C. 连接　　　　　　　　　　　　　D. 无连接

(6) Internet 的协议选择是 (　　)。

A. NetBEUI　　　　　　　　　　　B. IPX/SPX

C. TCP/IP　　　　　　　　　　　　D. UDP

(7) 若两台主机在同一子网中，则两台主机的 IP 地址分别与它们的子网掩码相 "与" 的结果 (　　)。

A. 为全 0　　　　　　　　　　　　B. 为全 1

C. 相同　　　　　　　　　　　　　D. 不同

(8) 一个 C 类地址，最多能容纳的主机数目为 (　　)。

A. 64516　　　　　　　　　　　　B. 254

C. 64518　　　　　　　　　　　　D. 256

(9) IP 地址 205.140.36.88 中的 (　　) 表示主机号。

A. 205　　　　　　　　　　　　　B. 205.140

C. 88　　　　　　　　　　　　　　D. 36.88

(10) 对于 IP 地址为 202.93.120.6 的主机来说，其网络号为 (　　)。

A. 202.93.120　　　　　　　　　　B. 202.93.120.6

C. 202.93.120.0　　　　　　　　　D. 6

项目三　网络高层协议应用

项目简介

资源子网主要负责全网数据处理和向网络用户提供资源及网络服务，包括网络的数据处理资源和数据存储资源。提供资源的计算机通常以服务器的形式出现，如提供 Web 服务的网站服务器、提供资源下载的 FTP 服务器、提供电子邮件转发的邮件服务器等。

本项目包含 5 个任务，通过任务需要重点掌握的知识点包括：搭建和配置 IIS；搭建和配置 Web 服务，发布站点后用 IP 地址访问；搭建和配置 DNS 服务，发布站点后用域名地址访问；搭建和配置 FTP 服务，发布站点后用 FTP 更新站点资源；搭建和配置邮件服务，发布站点后可以正常收发电子邮件；搭建和配置 DHCP 服务，发布服务后进行测试。

项目导图

任务 3.1 搭建 Web 服务器

搭建 Web 服务器

一、前导知识

万维网是一个大规模联机式的信息储藏场所,英文简称为 Web。万维网用链接的方法能非常方便地从因特网上的一个站点访问另一个站点(也就是所谓的"链接到另一个站点"),从而主动地按需获取丰富的信息。万维网以客户/服务器方式工作。浏览器就是客户(用户)主机上的万维网客户程序,万维网文档所驻留的主机则运行服务器程序,因此这个主机也称为万维网服务器。客户程序向服务器程序发出请求,服务器程序向客户程序送回客户所要的万维网文档。在一个客户程序主窗口上显示出的万维网文档称为页面(Page),也称网页。

> **微课堂**
>
> ### Web3D 技术
>
> 在线虚拟现实技术(简称 Web3D 技术)可以基于网页运行,是下一代互联网展示技术的核心。作为一个新兴的计算机技术,在线虚拟现实技术的应用领域非常广泛,可用于数字城市建设、企业展示、产品营销、远程教育、旅游推广、文博展览、企业宣传、军事模拟、房产装修等。在线虚拟实现技术主要分三大部分,即建模技术、显示技术、三维场景中的交互技术。通过在线虚拟现实技术,可以将城市现在和未来的面貌用三维的形式呈现于互联网;通过在线虚拟现实技术,可以将企业产品三维真实还原,多角度观看或任意拆装及组合;通过在线虚拟现实技术,可以将展览馆、旅游景点以三维形式呈现并挂接于互联网上,实现"不出门,不花钱,游世界"的梦想;通过在线虚拟现实技术,可以实现远程教育的高度真实化,特别是对于那些操作要求极高的专业,如汽车修理等,能大幅度提高远程教育的教学质量。

二、任务目标

本任务要求实现 IP 地址访问 Web 站点。

1. 德育目标

在搭建 Web 服务器的过程中,体现团队精神和合作意识;在小组讨论时,学会倾听,尊重他人;在网络拓扑搭建和网络部署过程中,追求精致完美和一丝不苟的工作作风,培养工匠精神。

2. 知识目标

(1) 了解 HTTP 协议、URL、浏览器等 Web 相关知识。

(2) 了解 Web 服务器的工作模式。

3. 技能目标

(1) 掌握 Windows Server 2008 R2 中 IIS(互联网信息服务) 的安装过程。

(2) 熟练掌握 Web 静态站点的发布过程。

(3) 掌握 Web 动态站点的发布。

(4) 掌握 Web 站点的访问过程。

三、任务准备

(1) 为任务小组成员安排环形座位。

(2) 任务小组成员人均一台安装有 Windows 操作系统 (内装 Windows Server 2008 R2 企业版) 和 VMware Workstation 10.0 软件的计算机。

(3) 教师机屏幕广播软件能覆盖每一台计算机。

四、任务步骤

(1) 点击"开始"→"管理工具"→"服务器管理器",打开服务器管理器的界面,如图 3-1 所示;点击"角色",选择服务器管理器右侧的"角色摘要"中的"添加角色"蓝色文字链接,进入添加角色向导界面。

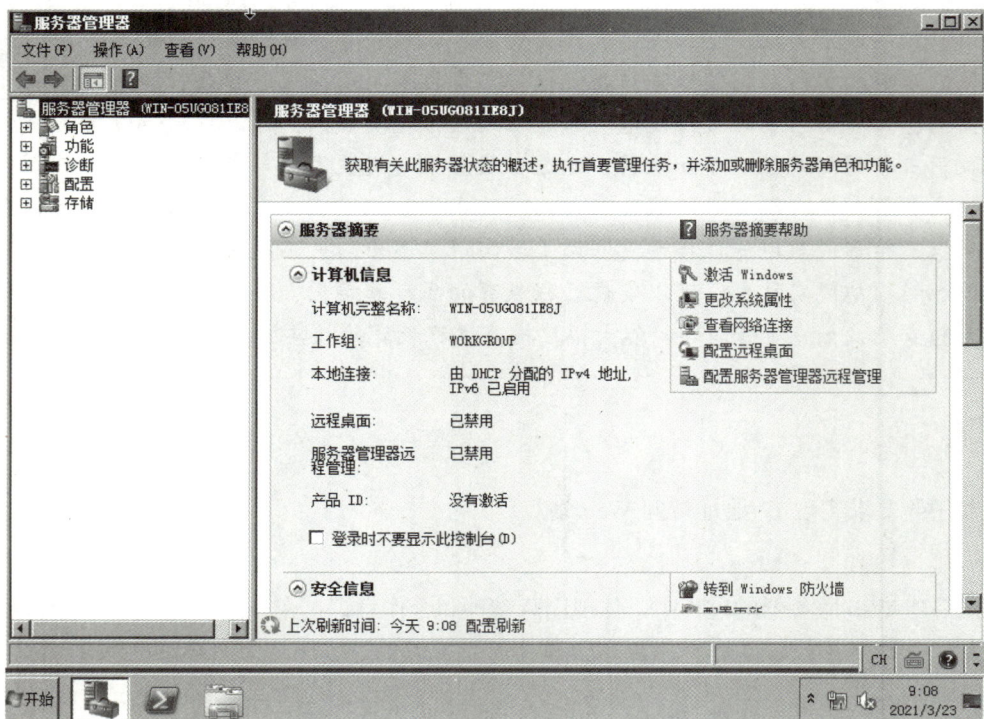

图 3-1　服务器管理器的界面

(2) 在添加角色向导界面,找到并勾选 Web 服务器 (IIS) 选项,并点击"下一步"按钮,进行 IIS 互联网信息服务的配置，如图 3-2 所示。

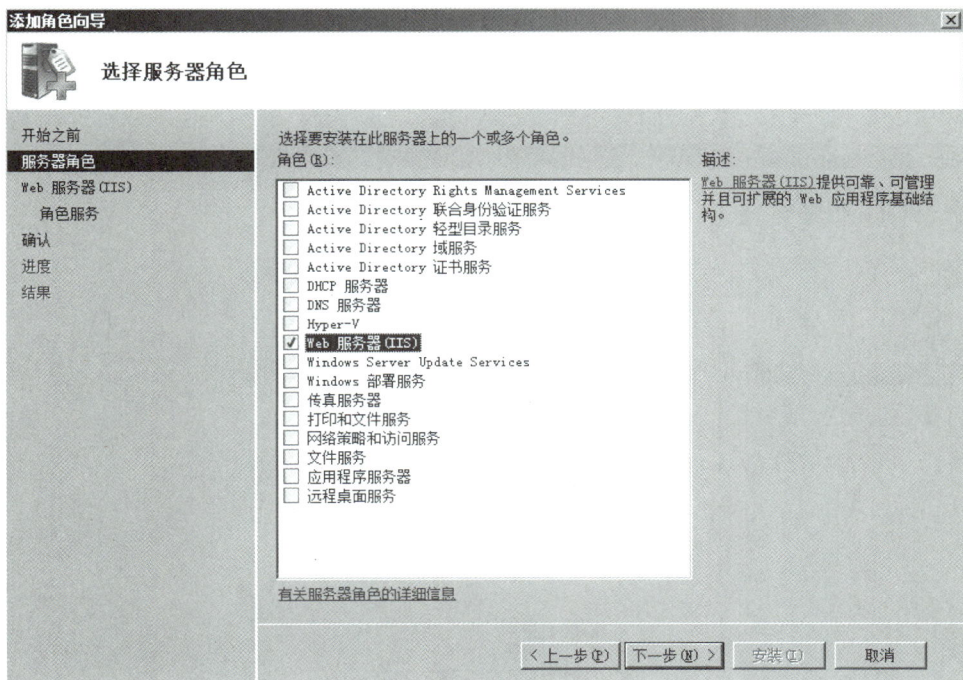

图 3-2　IIS 互联网信息服务的配置

(3) Web 服务器互联网信息服务配置界面如图 3-3 所示。

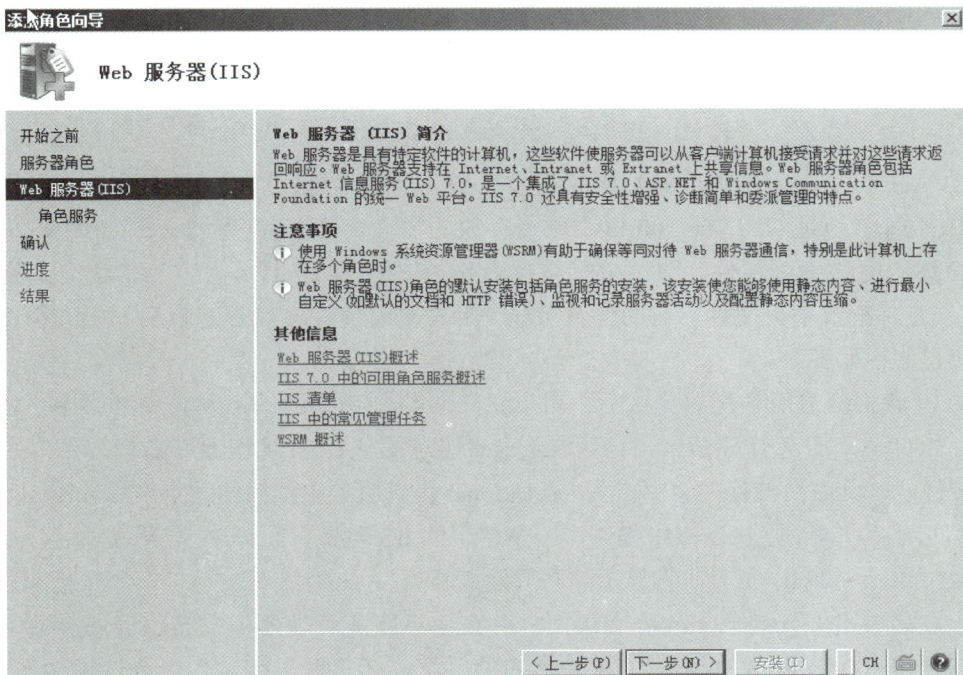

图 3-3　互联网信息服务配置界面

(4) 打开添加角色向导左侧的"Web 服务器 (IIS)"下方的"角色服务",显示出 Web 服务器角色服务的具体内容。如果只是发布静态页面的站点,则只需直接点击"下一步"按钮。这里假设需要发布 ASP(Active Server Pages) 页面,此时需要勾选"应用程序开发"中的 ASP 等扩展选项。ASP 页面 IIS 配置界面如图 3-4 所示。

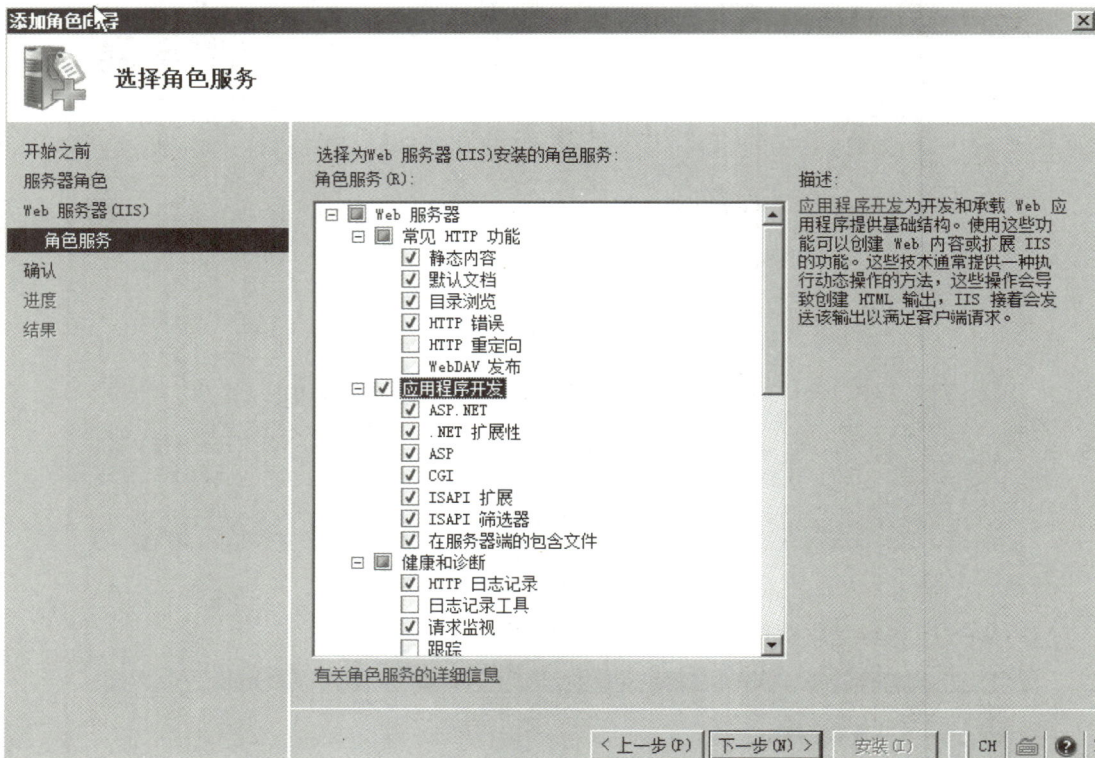

图 3-4　ASP 页面 IIS 配置界面

(5) Web 站点配置。Web 站点配置需要三个主要的步骤:一是在 IIS 环境中配置访问站点所需的 IP 地址 (192.168.100.1) 和站点存放的物理路径 (C 盘下的 web 文件夹);二是制作静态网站的主页文件,网站主页文件名称为"index.html",内容为"欢迎光临 lotus站点";三是配置主页文件所在的位置顺序,并在浏览器中测试静态页面的发布情况。具体的配置流程如下:

① 互联网信息服务配置完成后,可以进一步将制作好的站点发布到网络中,依次点击"开始"→"服务管理器",打开"Internet 信息服务 (IIS) 管理器"窗口,展开窗口左侧连接栏的"网站"图标的"+"号,则 Internet 信息服务中默认的站点 (Default Web Site)如图 3-5 所示。这个默认站点中提供了一个自带的 IIS 静态页面,IIS 配置成功后,在浏览器中输入 http://127.0.0.1 时,将显示静态页面。

② 提前制作好 index.html 静态页面,并在信息服务管理器中发布该静态页面。以鼠标右键点击"Default Web Site",在弹出的菜单中选择"编辑绑定"命令,界面如图 3-6所示。

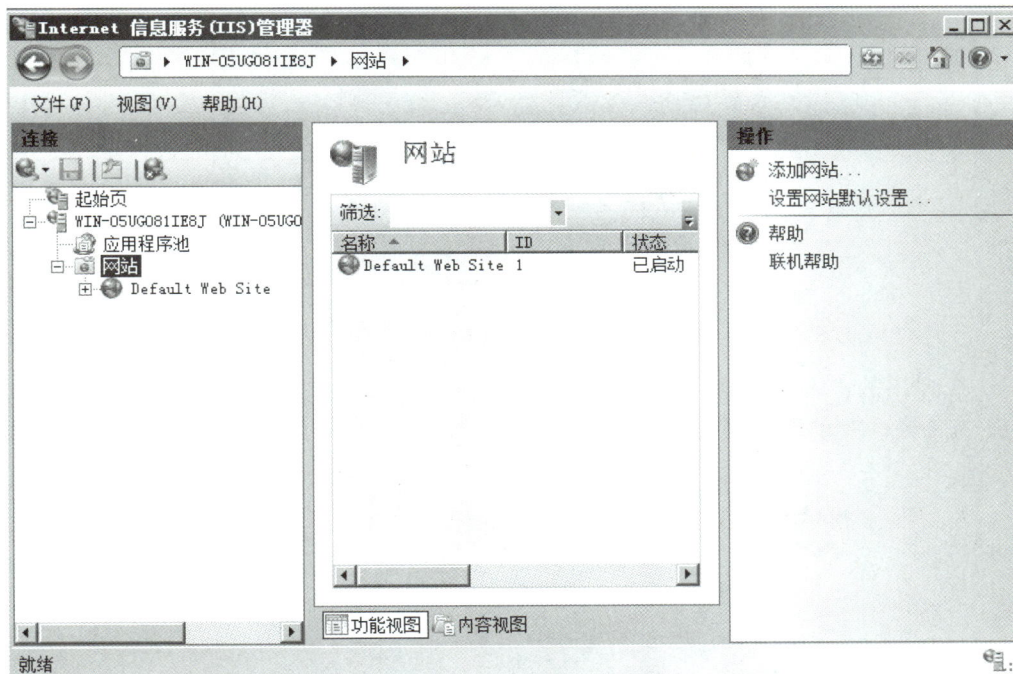

图 3-5　Internet 信息服务中默认的站点 (Default Web Site)

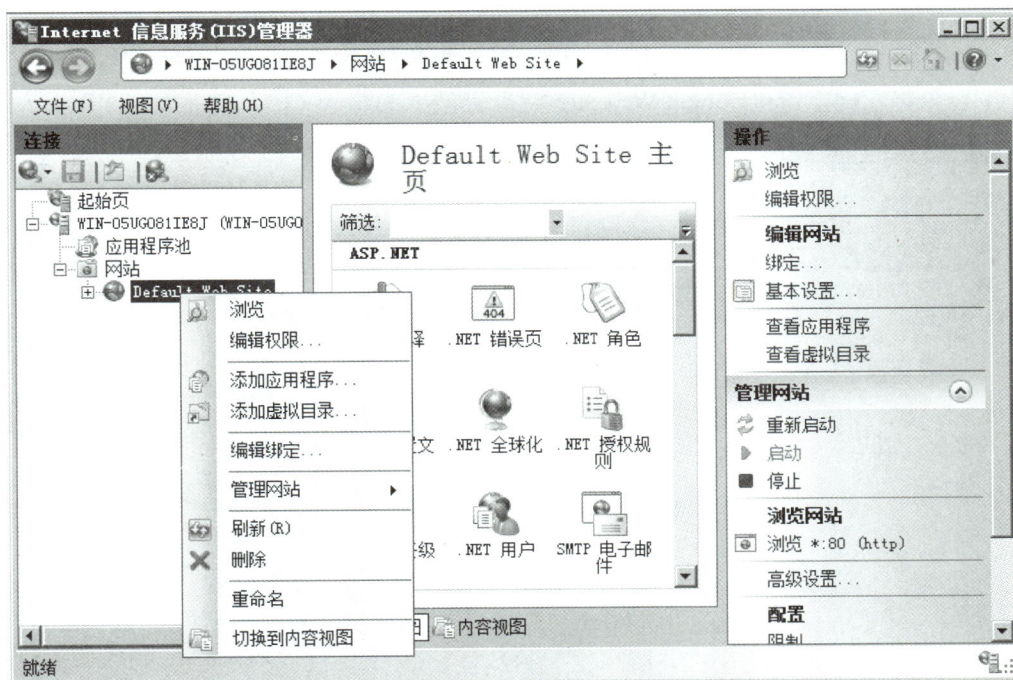

图 3-6　"编辑绑定"菜单界面

　　③ 在弹出的"添加网站绑定"界面中添加访问 Web 站点的 IP 地址 (如图 3-7 所示) 为 192.168.100.1，并单击"确定"按钮。

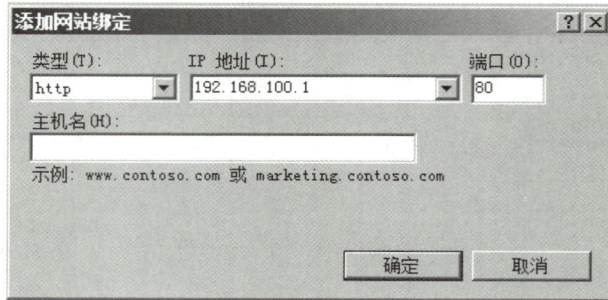

图 3-7　添加访问 Web 站点的 IP 地址

④ 在弹出的"编辑网站"界面中配置站点的目录地址，如图 3-8 所示，地址为 C 盘的 web 文件夹，并单击"确定"按钮。

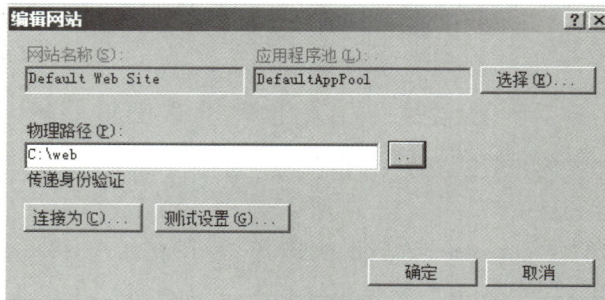

图 3-8　配置站点的目录地址

⑤ 以鼠标左键点击"Default Web Site"，配置站点的默认文档，界面如图 3-9 所示。

图 3-9　配置站点的默认文档界面

⑥ 在默认文档配置界面中，选中首页文件"index.html"，点击右侧的"上移"操作按钮，将页面移动至顶端，此时默认文档配置界面如图 3-10 所示。

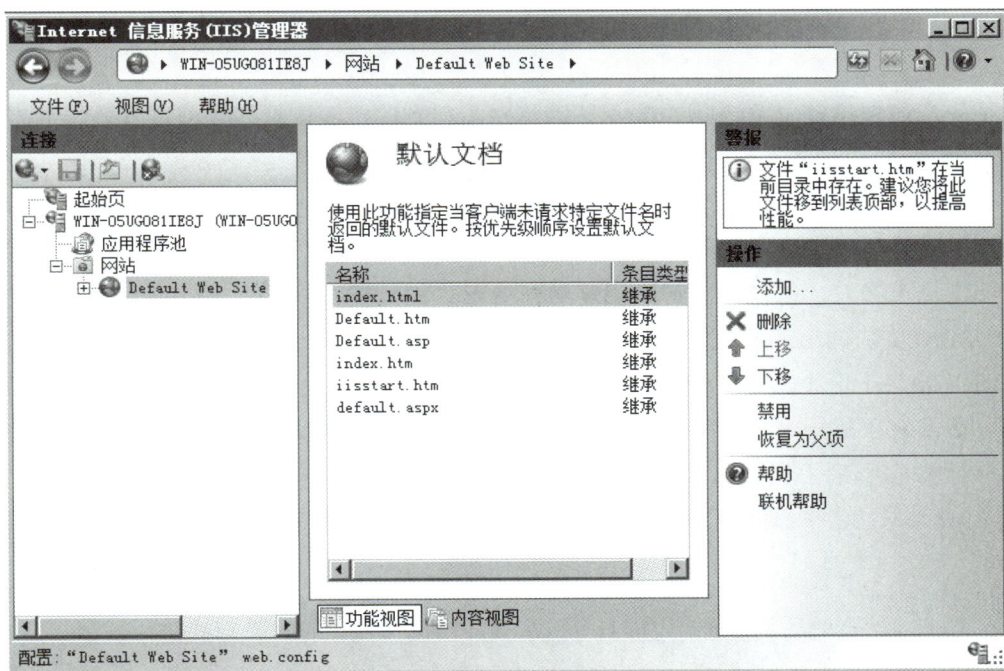

图 3-10　默认文档配置界面

⑦ 打开 IE 浏览器，在地址栏中输入 IP 地址测试静态站点，界面如图 3-11 所示。

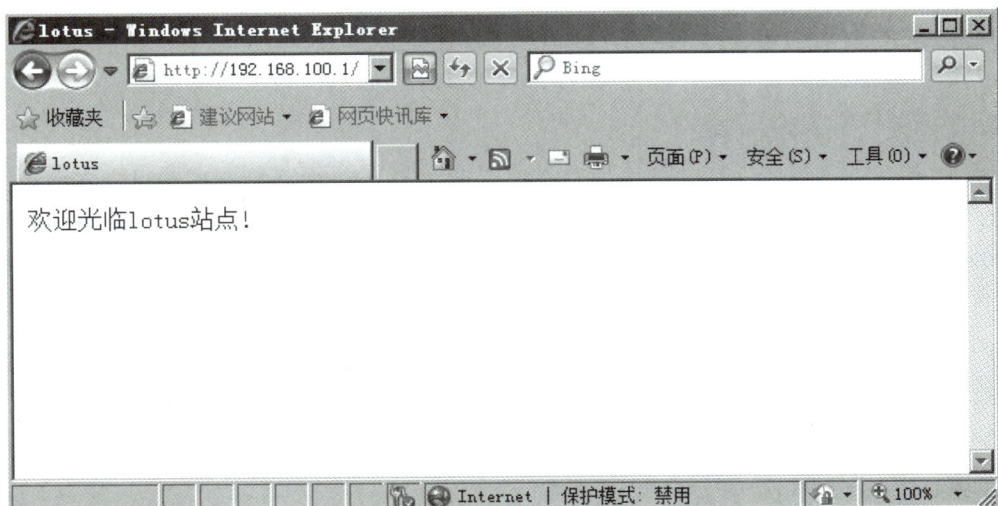

图 3-11　在地址栏中输入 IP 地址测试静态站点界面

五、效果检测

配置给定的动态 ASP 站点，完成用 IP 地址正常访问 Web 站点的任务。

六、拓展知识

1. URL 的基础知识

统一资源定位符 (URL) 用来表示从因特网上得到的资源位置和访问这些资源的方法。URL 给资源的位置提供了一种抽象的识别方法，并用这种方法给资源定位。只要能够对资源定位，就可以对资源进行各种操作，如存取、更新、替换和查找其属性等。

这里所说的"资源"是指在因特网上可以被访问的任何对象，包括文件目录、文件文档、图像、声音等，以及与因特网相连的任何形式的数据。"资源"还包括电子邮件的地址和 USENET 新闻组或 USENET 新闻组中的报文。

URL 相当于一个文件名在网络范围的扩展，因此 URL 是与因特网相连的计算机上的任何可访问对象的一个指针。由于访问不同对象所使用的协议不同，因此 URL 还指出了读某个对象时所使用的协议。URL 的一般形式由以下四个部分组成：

< 协议 >://< 主机 >:< 端口 >/< 路径 >

2. 使用 HTTP 的 URL

对万维网站点的访问要使用 HTTP 协议。HTTP 的 URL 的一般形式是：

http://< 主机 >:< 端口 >/< 路径 >

HTTP 的默认端口号是 80，通常可省略。若再省略文件的 < 路径 > 项，则 URL 就指到因特网上的某个主页 (Homepage)。主页是个很重要的概念，它可以是以下几种情况之一：

(1) 一个 WWW(World Wide Web) 服务器的最高级别的页面。

(2) 某一个组织或部门的一个定制的页面或目录。从这样的页面可链接到因特网上的与本组织或部门有关的其他站点。

(3) 由某一个人自己设计的描述他本人情况的 WWW 页面。例如，要查有关清华大学的信息，就可先进入清华大学的主页，其 URL 为 http://www.tsinghua.edu.cn，这里省略了默认的端口号 80。从清华大学的主页入手，就可以通过许多不同的链接找到所要查找的各种有关清华大学各个部门的信息。更复杂一些的路径是指向层次结构的从属页面，例如 https://www.tsinghua.edu.cn/chn/yxsz.htm 是清华大学的"院系设置"页面的 URL。注意：上面的 URL 中使用了指向文件的路径，而文件名就是最后的"yxsz.htm"，文件名后缀"htm"(有时可写为"html") 表示这是一个用超文本标记语言 HTML 编写的文件。

七、自我测试

(1) ISP 又被称为 (　　)。

A. 互联网服务提供商　　　　　　B. 国际标准化组织

C. 开放系统互联组织　　　　　　D. 域名服务器提供商

(2) 因特网 (Internet) 的起源可追溯到它的前身 (　　)。

A. ARPANET　　　　　　　　　B. DECNET

C. NSFNET　　　　　　　　　　D. Ethernet

(3) WWW 网页文件的编写语言及相应的支持协议分别为 (　　)。

A. HTML、HTPT　　　　　　　　B. HTTL、HTTP

C. HTML、HTTP　　　　　　　　D. 以上均不对

(4) Windows Server 2008 默认建立的用户账户中，默认被禁用的是 (　　)。

A. Administrator　　　　　　　　B. Guest

C. Help Assistant

(5) 为了诊断连接，使用 (　　) 命令给远程系统发送 ICMP 回显请求包。

A. ping　　　　　　　　　　　　B. ipconfig

C. fdisk　　　　　　　　　　　　D. intrtscan.exe

任务 3.2　实现域名访问 Web 站点

搭建 DNS 服务器

一、前导知识

域名系统 (Domain Name System，DNS) 是因特网使用的命名系统，用来把便于人们使用的计算机的名字转换为 IP 地址。域名系统其实就是名字系统。为什么不叫"名字"而叫"域名"呢？这是因为在因特网的命名系统中使用了许多的"域"(Domain)，而"域名系统"就很明确地指明这种系统是用在因特网中的。用户与因特网上某个主机通信时，必须要知道对方的 IP 地址。然而用户很难记住长达 32 位的二进制主机地址，即使是点分十进制 IP 地址也不太容易记住。所以应用层为了便于用户记忆各种网络应用，更多地使用了主机名字。

二、任务目标

本任务主要实现域名访问 Web 站点。

1. 德育目标

在学习域名服务器的搭建过程中，体现团队精神和合作意识；在小组讨论时，学会倾听，尊重他人；在网络拓扑搭建和网络部署过程中，追求精致完美和一丝不苟的工作作风，培养工匠精神。

2. 知识目标

(1) 学习 DNS(域名服务系统) 的相关知识。

(2) 掌握域名与 IP 地址绑定、正向查找、反向查找的基本知识和原理。

3. 技能目标

(1) 掌握域名服务器的搭建。

(2) 掌握域名与 IP 地址的绑定，实现域名服务器与 Web 服务器的配合访问。

三、任务准备

(1) 为任务小组成员安排环形座位。

(2) 任务小组成员人均一台安装有 Windows 操作系统 (Windows Server 2008 R2 企业版) 和 VMware Workstation 10.0 软件的计算机。

(3) 教师机屏幕广播软件能覆盖每一台计算机。

四、任务步骤

(1) 在服务管理器上配置"DNS 服务器"角色。首先点击"开始"→"管理工具"→"服务器管理器"→"添加角色"命令，在"添加角色向导"界面选中"DNS 服务器"，然后点击"下一步"按钮，如图 3-12 所示。

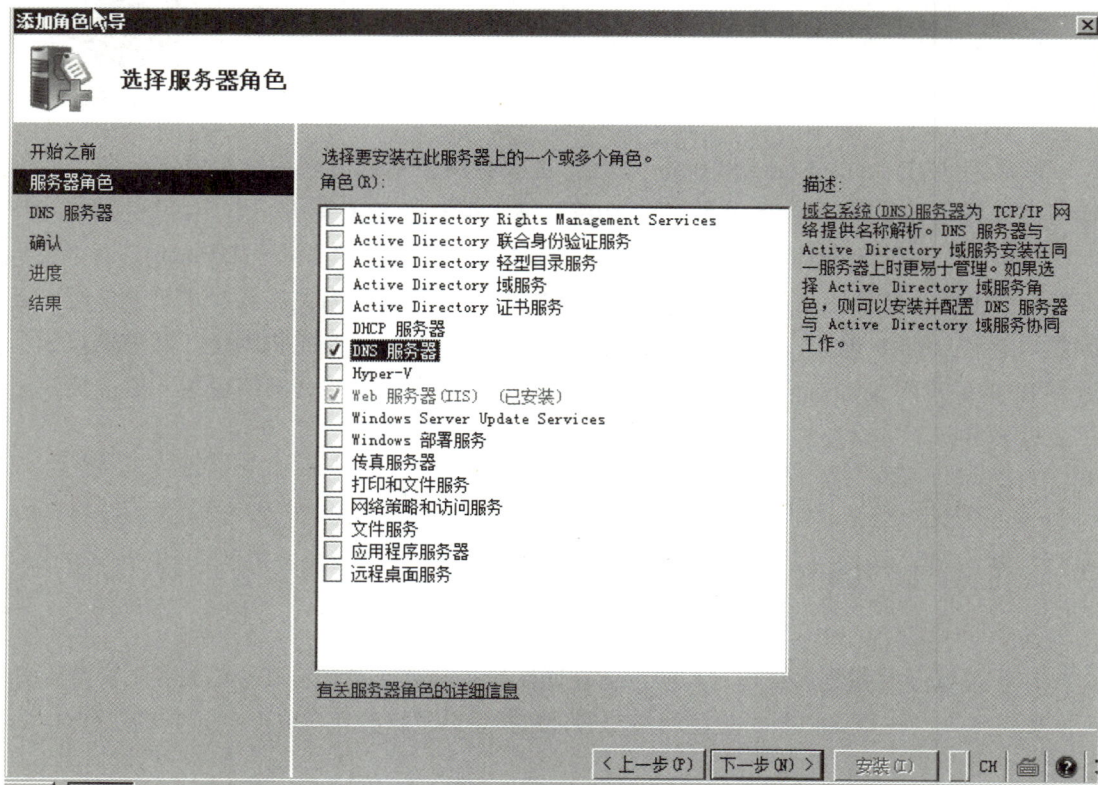

图 3-12　配置 DNS 服务角色

(2) DNS 服务器配置完成后，进入"服务器管理器"界面，点击窗口左侧的"DNS 服务器"下的"DNS"，则当前 DNS 服务器配置界面如图 3-13 所示。

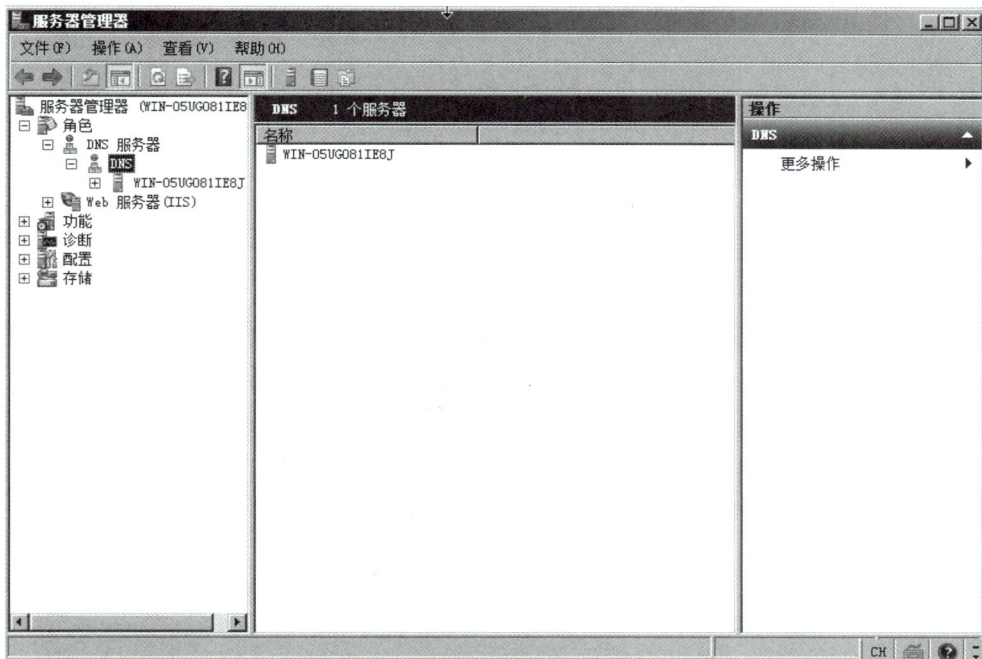

图 3-13　DNS 服务器配置界面

(3) 在"DNS 服务器"下,点击"DNS"前的"+"号,展开"DNS",鼠标右键点击"正向查找区域",在弹出的菜单中选择"新建区域",则 DNS 服务器配置正向查找区域如图 3-14 所示。

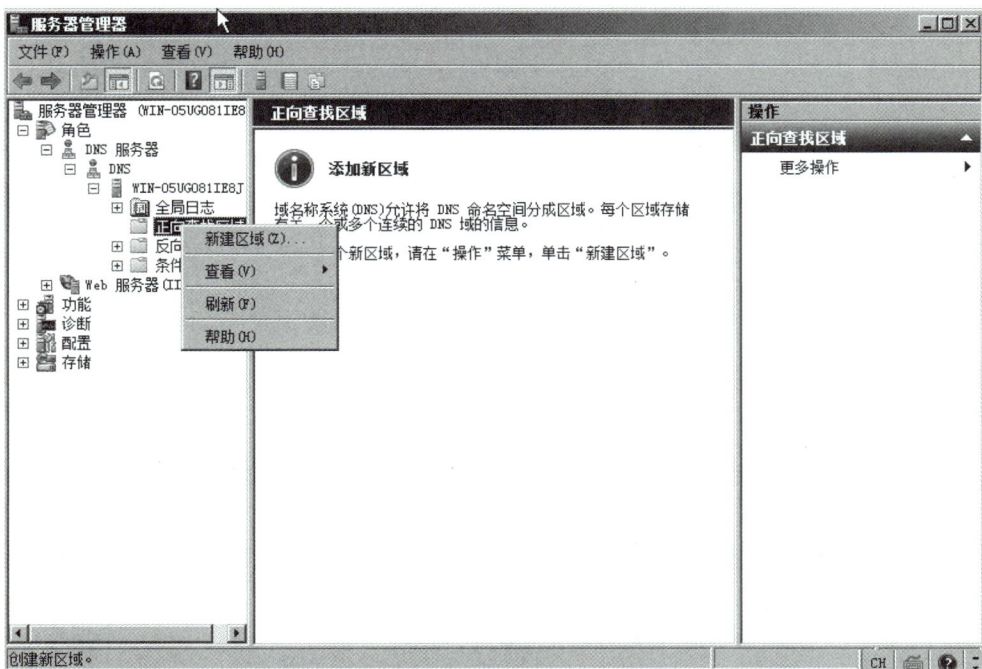

图 3-14　DNS 服务器配置正向查找区域

(4) 根据区域名称的提示,在"新建区域向导"界面中建立主区域,区域名称为"lotus. com"。新区域配置界面如图 3-15 所示。

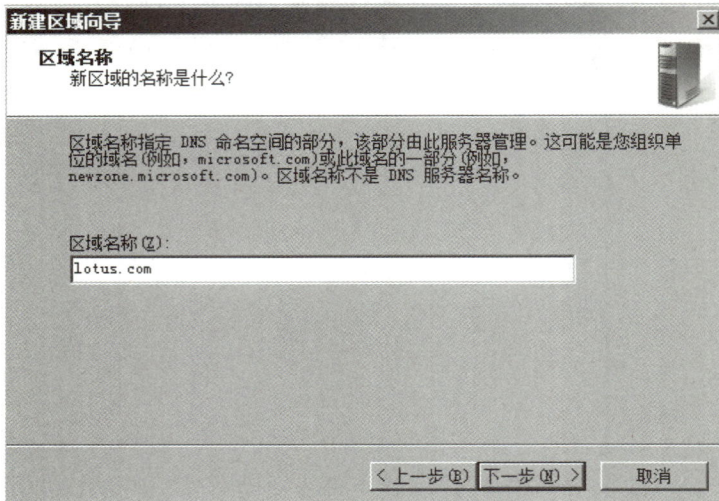

图 3-15 新区域配置界面

(5) 在新建区域中配置 DNS 域名信息。首先展开"正向查找区域",鼠标右键点击区域"lotus.com",在弹出的菜单中点击"新建主机",如图 3-16 所示,然后在"新建主机"界面的"名称"中输入"www",为 DNS 服务器配置域名。

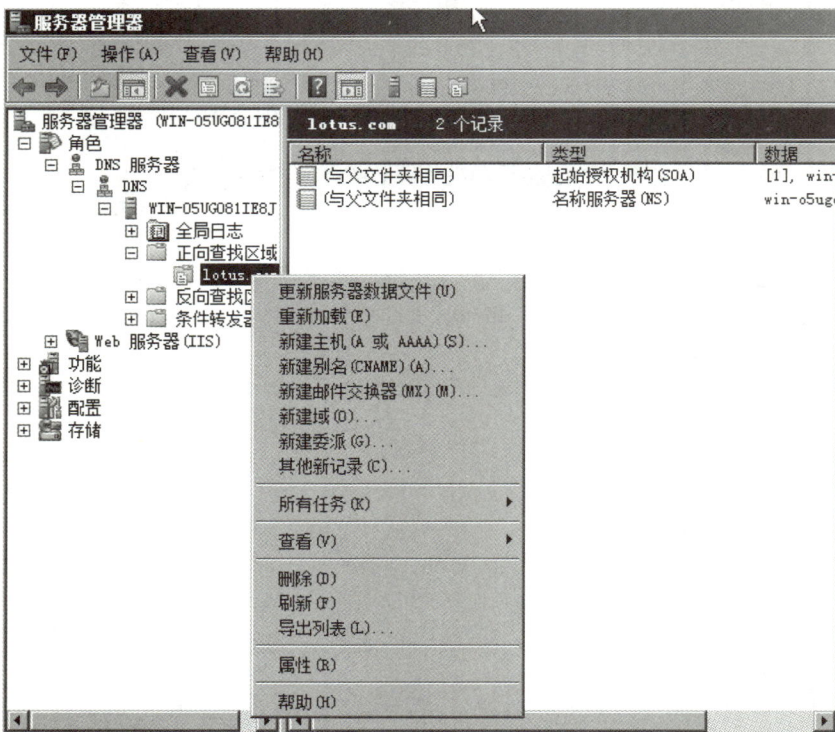

图 3-16 在 DNS 服务器中配置域名界面

(6) 将新建域名"www.lotus.com"和当前计算机的 IP 地址进行绑定。这里将当前计算机的 IP 地址设置为 192.168.100.1，IP 地址与域名绑定界面如图 3-17 所示。

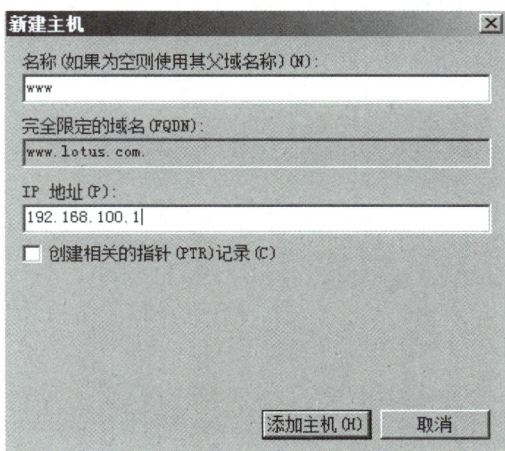

图 3-17　IP 地址与域名绑定界面

(7) 配置当前计算机 DNS 服务器的地址与 Web 服务器的地址一致。这里将当前计算机同时配置为 DNS 服务器和 Web 服务器。计算机 DNS 服务器地址配置如图 3-18 所示。

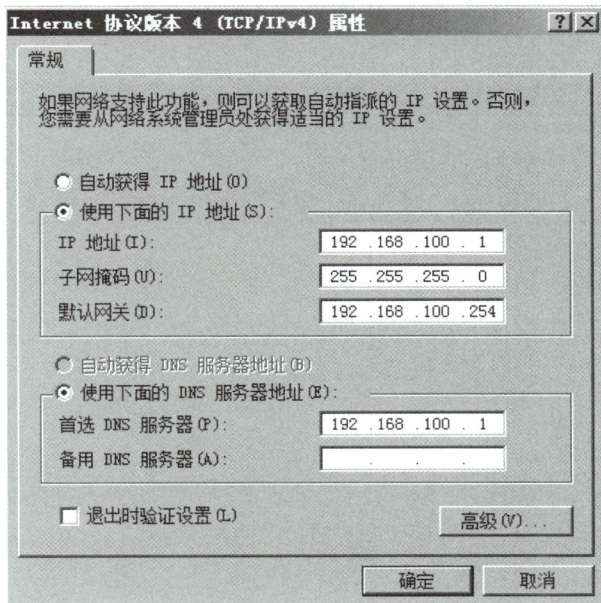

图 3-18　计算机 DNS 服务器地址配置

(8) DNS 服务器配置完成后，测试 DNS 服务器的连通性。首先点击"开始"→"运行"命令，在命令行中输入命令"cmd"，调出命令行窗口。然后在命令行中输入"ping 192.168.100.1"来进行当前计算机的测试，可以正常 ping 通时，表示当前计算机的 IP 地址配置没有问题。最后在命令行中输入"ping www.lotus.com"测试域名服务器的工作情况，如果能够 ping 通，则表示当前 DNS 服务正常，如果测试域名服务器无法访问，则需要检查域名服务器的配置是否出现错误。DNS 服务器连通性测试如图 3-19 所示。

图 3-19　DNS 服务器连通性测试

(9) 域名服务器测试没有问题后，在浏览器中输入域名访问 Web 站点，结果如图 3-20 所示。

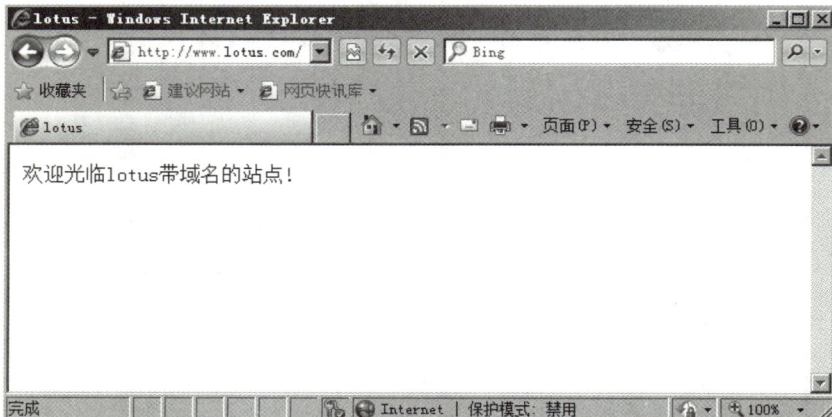

图 3-20　域名访问 Web 站点结果

五、效果检测

使用域名访问 Web 动态站点。

六、拓展知识

1. DNS

DNS 是因特网使用的命名系统，用来把便于人们使用的计算机名字转换为 IP 地址。许多应用层软件经常直接使用 DNS。虽然计算机的用户只是间接而不是直接使用 DNS，但 DNS 却为因特网的各种网络应用提供了核心服务。用户与因特网上某个主机通信时，必须要知道对方的 IP 地址。然而用户很难记住长达 32 位的二进制主机地址，即使是点分十进制 IP 地址也不太容易记住。在应用层为了便于用户记忆各种网络应用，更多的是使用主机名字。IP 地址长度是固定的 32 位 (如果是 IPv6 地址，那就是 128 位，也是定长的)，而域名的长度并不是固定的，机器处理起来比较困难。

2. 域名系统的工作模式

一旦域名服务器出现故障，整个因特网就会瘫痪。因此，早在 1983 年因特网就开始采用层次树状结构的命名方法，并使用分布式的 DNS。分布式 DNS 被设计成为一个联机分布式数据库系统，并采用客户 / 服务器方式。DNS 使大多数计算机名字都在本地进行解析 (Resolve)，仅少量计算机名字需要在因特网上解析，因此 DNS 的效率很高。由于 DNS 是分布式系统，即使单个计算机出了故障，也不会妨碍整个 DNS 的正常运行。

3. 因特网的域名结构

就像全球邮政系统和电话系统那样，后来因特网采用了层次树状结构的命名方法。采用这种命名方法，任何一个连接在因特网上的主机或路由器，都有一个唯一的层次结构的名字，即域名 (Domain Name)。这里，"域"是名字空间中一个可被管理的划分，域还可以划分为子域，而子域还可继续划分为子域的子域，这样就形成了顶级域、二级域、三级域等。

最先确定的通用顶级域名有 7 个，即 com(公司企业)、net(网络服务机构)、org(非营利性组织)、int(国际组织)、edu(美国专用的教育机构)、gov(美国的政府部门)、mil(美国的军事部门)。后来又陆续增加了 13 个通用顶级域名，即 aerlo(航空运输企业)、asia(亚太地区)、biz(公司和企业)、cat(使用加泰隆人的语言和文化的团体)、coop(合作团体)、info(各种情况)、iobs(人力资源管理者)、mobi(移动产品与服务的用户和提供者)、museum(博物馆)、name(个人)、pro(有证书的专业人员)、tel(T'elnic 股份有限公司)、travel(旅游业)。

4. 我国的域名

我国把二级域名划分为"类别域名"和"行政区域名"两大类。"类别域名"共 7 个，分别为 ac(科研机构)、com(工、商、金融等企业)、edu(中国的教育机构)、gov(中国的政府机构)、mil(中国的国防机构)、net(提供互联网络服务的机构)、org(非营利性组织)。"行政区域名"共 34 个，适用于我国的各省、自治区、直辖市，例如 bi(北京市)、is(江苏省) 等。

七、自我测试

(1) DNS 是指 (　　　)。

A. 域名服务器　　　　　　　　　B. 发信服务器

C. 收信服务器　　　　　　　　　D. 邮箱服务器

(2) DNS 提供了一个 (　　　) 命名方案。

A. 分级   B. 分层

C. 多级   D. 多层

(3) DNS 顶级域名中表示商业组织的是 (   )。

A. com   B. gov

C. mil   D. org

(4) 常用的 DNS 测试的命令包括 (   )。

A. Nslookup   B. hosts

C. debug   D. trace

任务 3.3   更新自己的网站资源

搭建 FTP 服务器

一、前导知识

文件传送协议 (File Transfer Protocol，FTP) 是因特网上使用得最广泛的文件传送协议。FTP 提供交互式的访问，并允许文件具有存取权限 (如访问文件的用户必须经过授权，并输入有效的口令)。FTP 屏蔽了各计算机系统的细节，因而适合于在异构网络中任意计算机之间传送文件。在因特网发展的早期阶段，用 FTP 传送文件约占整个因特网通信量的三分之一，而由电子邮件和域名系统所产生的通信量小于 FTP 所产生的通信量。只是到了 1995 年，WWW 的通信量才首次超过了 FTP。

微课堂

FTPS 新技术

随着云计算和大数据应用的普及，越来越多的企业开始将 FTP 服务器迁移至云端，以降低成本和提高可扩展性。同时，随着网络安全问题的日益突出，FTP 服务器的安全性也受到越来越多的关注。对于安全可靠的文件传输需求不断增长，传统的 FTP 协议由于缺乏加密机制，容易受到黑客攻击和存在数据泄露的风险，因而渐渐被人们所舍弃。而 FTPS 作为一种安全、可信的传输方式，能够对传输内容进行加密和身份验证，保证数据在传输过程中的安全性。因此，随着企业和个人对数据安全性要求的提高，FTPS 在未来的发展中将继续扮演重要的角色。

引自《中国青年报》(2022 年 8 月)

二、任务目标

本任务要求完成 Web 站点的网页文件更新。

1. 德育目标

在学习 FTP 服务器的搭建过程中，体现团队精神和合作意识；在小组讨论时，学会倾听，尊重他人；在 FTP 服务器部署过程中，追求精致完美和一丝不苟的工作作风。

2. 知识目标

(1) 学习 FTP 服务器的相关知识。

(2) 掌握 Web 站点更新的基本知识。

3. 技能目标

(1) 学习 FTP 服务器的搭建。

(2) 掌握第三方 FTP 软件搭建服务器的方法，并熟悉常用 FTP 客户端软件。

三、任务准备

(1) 为任务小组成员安排环形座位。

(2) 任务小组成员人均一台安装有 Windows(Windows Server 2008 R2 企业版) 操作系统和 VMware Workstation 10.0 软件的计算机。

(3) 教师机屏幕广播软件能覆盖每一台计算机。

四、任务步骤

(1) 在服务器中添加 FTP 功能角色。首先点击"开始"→"服务器管理器"命令，在"服务器管理器"界面选择左侧的"角色"，然后点击"角色摘要"，最后在已安装 Web 服务器 (IIS) 的情况下，点击右侧的"添加角色"蓝色文字链接，添加 FTP 服务角色，如图 3-21 所示。

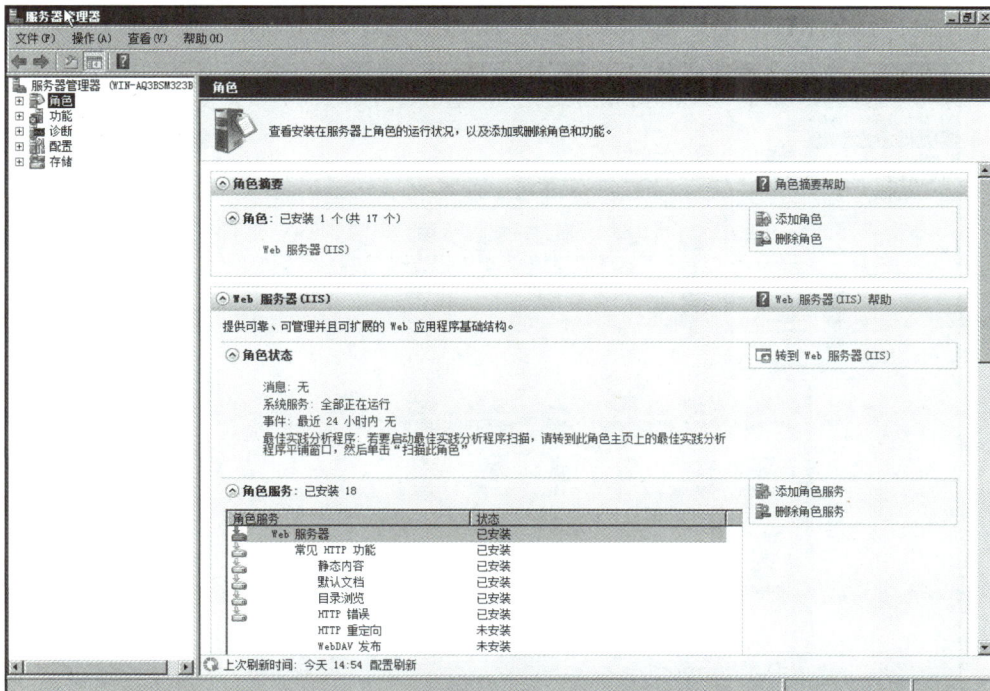

图 3-21 添加 FTP 服务角色

(2) 在"添加角色服务"界面中，拖动右侧的滚动条到底部，找到"FTP 服务器"并勾选，同时选中"FTP Service"和"FTP 扩展"。FTP 服务器功能配置如图 3-22 所示。

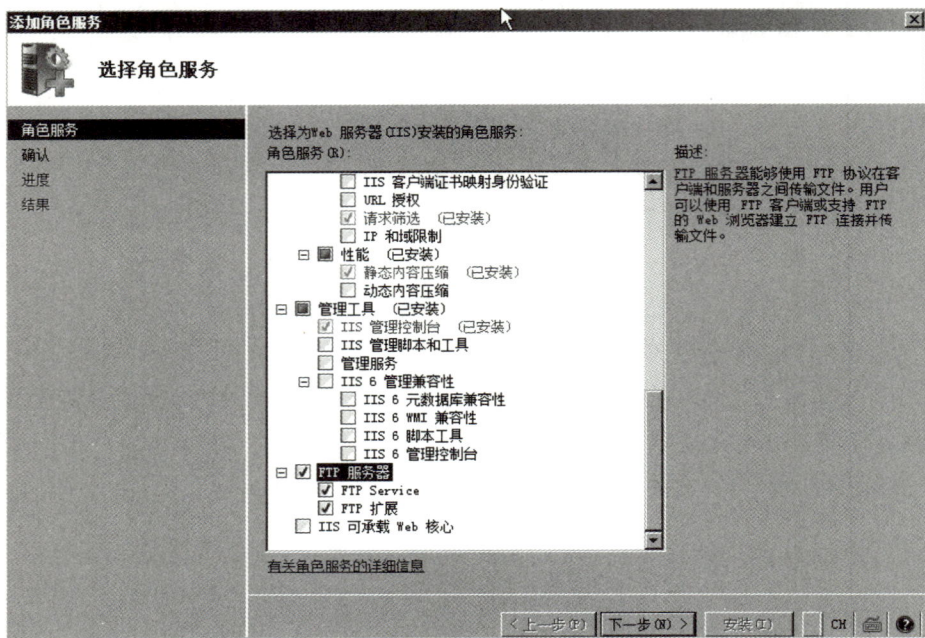

图 3-22　FTP 服务器功能配置

(3) 打开"Internet 信息服务 (IIS) 管理器"界面，鼠标右键点击服务器名称，在弹出的菜单中选择"添加 FTP 站点"选项，然后在 IIS 中添加 FTP 站点，如图 3-23 所示。

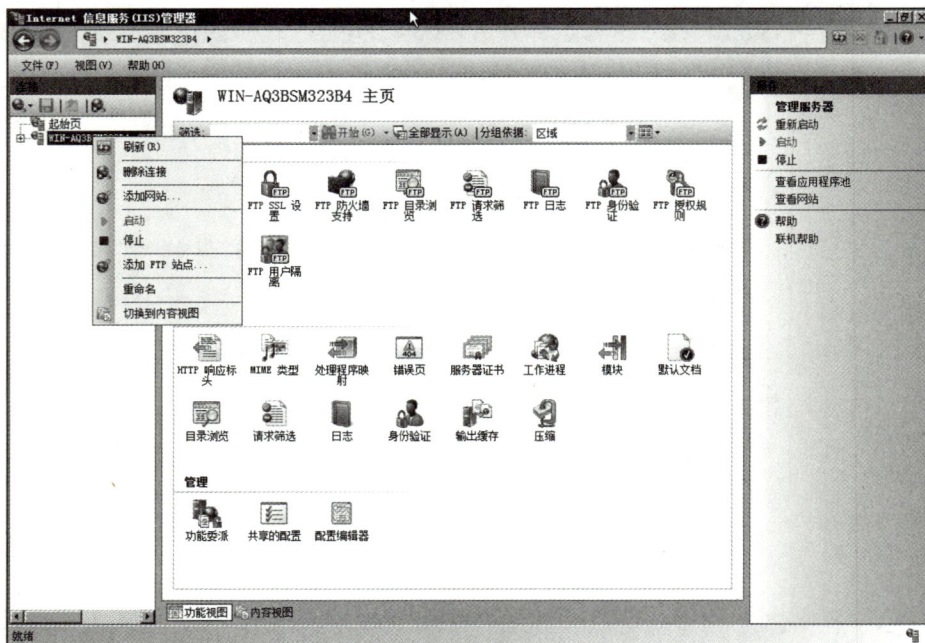

图 3-23　在 IIS 中添加 FTP 站点

(4) 在"添加 FTP 站点"界面中，配置 FTP 站点名称为"lotus 站点管理"，同时设置 FTP 所在的物理路径为 C 盘 web 文件夹下，如图 3-24 所示。

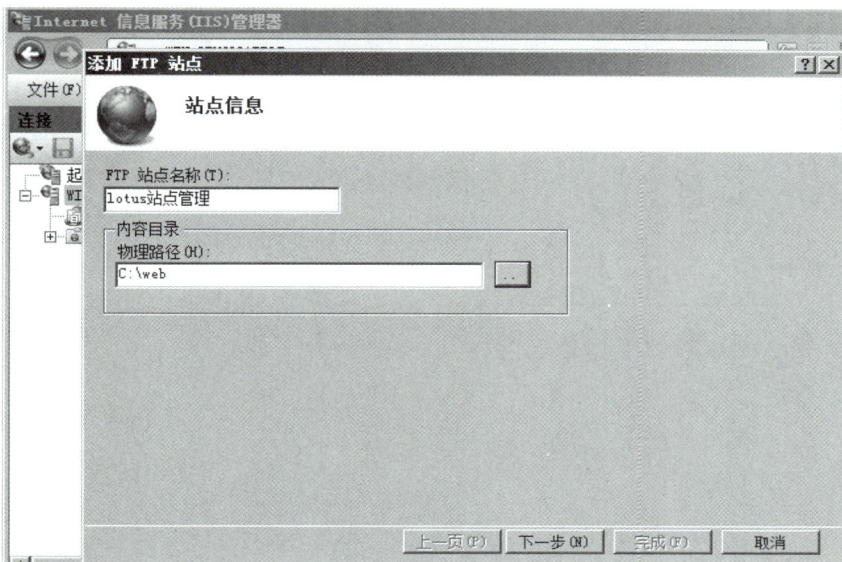

图 3-24　FTP 站点物理路径配置

(5) 点击"下一步"按钮，进入"添加 FTP 站点"界面进行 FTP 站点服务器 IP 地址配置。这里使用 192.168.100.1 作为 FTP 站点服务器的 IP 地址，默认端口号为 21，如图 3-25 所示。FTP 站点提供了 SSL(Secure Socket Layer，安全套接层) 协议服务。

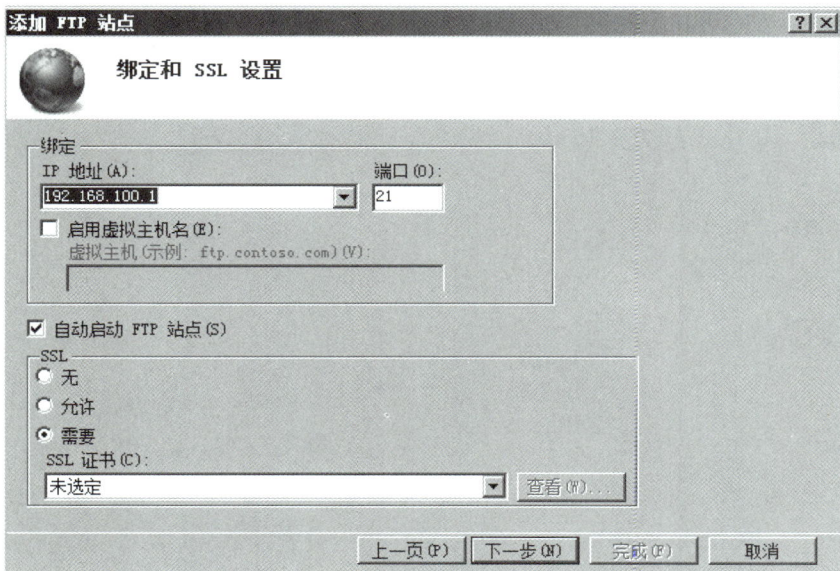

图 3-25　FTP 站点服务器 IP 地址配置

(6) FTP 站点提供身份验证服务，因而需配置身份验证方式，包括"匿名"和"基本"两类。这里配置 FTP 站点的身份验证为"基本"(本地计算机账户验证)，授权允许所有用户访问，同时允许所有用户具有读取和写入站点信息的权限。FTP 站点身份验证和授权信息配置如图 3-26 所示。

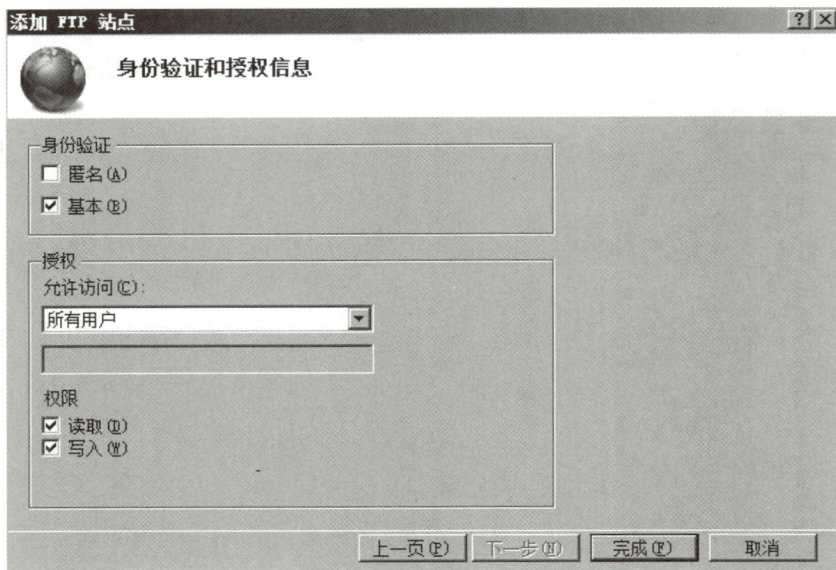

图 3-26   FTP 站点身份验证和授权信息配置

(7) 为 FTP 添加登录用户。首先点击"开始"→"计算机管理"命令，然后在"计算机管理"界面中用鼠标右键点击"本地用户和组"中的"用户"，在弹出的菜单中选择"新用户"，如图 3-27 所示。

图 3-27   添加 FTP 登录用户

(8) 进入"新用户"配置界面，配置 FTP 登录用户名为"ftpuser"，密码为"Lotus123#"。这里对密码有复杂性要求。FTP 登录用户名和密码配置如图 3-28 所示。

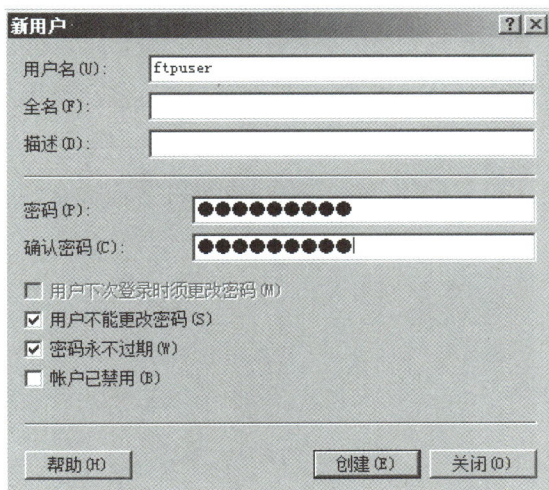

图 3-28　FTP 登录用户名和密码配置

(9) 再次进入"Internet 信息服务 (IIS) 管理器"配置界面，配置"SSL 策略"为"允许 SSL 连接"，并点击右侧的"应用"，如图 3-29 所示。

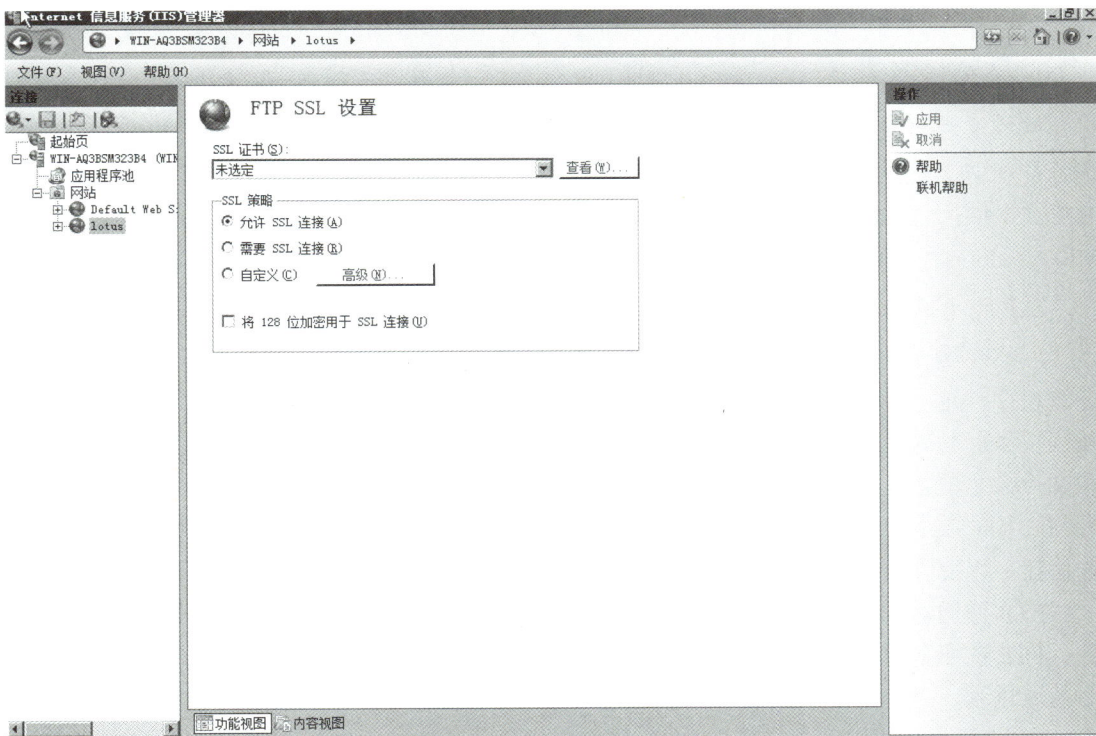

图 3-29　FTP 站点 SSL 设置

(10) 打开"我的电脑"，在地址栏内输入"ftp://192.168.100.1"，测试 FTP 登录是否能够实现。这里注意不能使用浏览器打开。FTP 站点测试如图 3-30 所示。

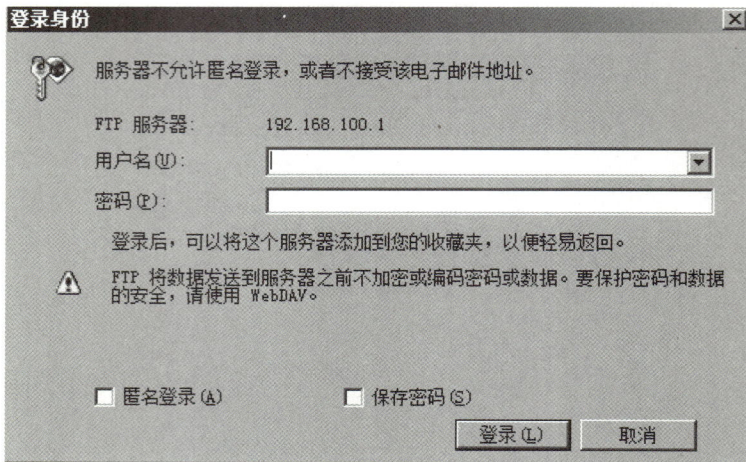

图 3-30　FTP 站点测试

五、效果检测

更新个人网站，并进行测试。

六、拓展知识

1. 网络文件系统 (Network File System，NFS)

网络文件系统 (NFS) 最初在 UNIX 操作系统环境下实现了文件和目录的共享，可使本地计算机共享远地的资源，就像这些资源在本地一样。由于 NFS 原先是美国 SUN 公司在 TCP/IP 网络上创建的，因此 NFS 主要应用在 TCP/IP 网络上，而现在 NFS 也可在 OS/2、MS-Windows、NetWare 等操作系统上运行。

2. FTP 的基本工作原理

网络环境中的一项基本应用就是将文件从一台计算机中复制到另一台可能相距很远的计算机中。这往往非常困难，原因是众多的计算机厂商研制出的文件系统多达数百种，且差别很大。传输文件时经常遇到的问题有：计算机存储数据的格式不同；文件的目录结构和文件命名的规定不同；对于相同的文件存取功能，操作系统使用的命令不同；访问控制方法不同。文件传输协议 (FTP) 只提供文件传送的一些基本的服务，它使用 TCP 作为传输协议，以提供可靠的运输服务。

FTP 使用客户 / 服务器方式，即一个 FTP 服务器进程可同时为多个客户进程提供服务。FTP 的服务器进程由两大部分组成：一个是主进程，负责接收新的请求；另外有若干个从属进程，负责处理单个请求。主进程的工作步骤如下：

(1) 打开熟知端口 (端口号为 21)，使客户进程能够连接上。

(2) 等待客户进程发出连接请求。

(3) 启动从属进程来处理客户进程发来的请求。从属进程对客户进程的请求处理完毕后即终止，但从属进程在运行期间根据需要还可能创建其他一些子进程。

(4) 回到等待状态，继续接收其他客户进程发来的请求。主进程与从属进程的处理是并发进行的。

当客户进程向服务器进程发出建立连接请求时，首先寻找连接服务器进程的熟知端口 (21)，同时还要告诉服务器进程自己的另一个端口号码，用于建立数据传送连接。接着，服务器进程用自己传送数据的熟知端口 (20) 与客户进程所提供的端口号码建立数据传送连接。

FTP 并非对所有的数据传输都是最佳的。例如，计算机 A 上运行的应用程序要在远程计算机 B 的一个很大的文件末尾添加一行信息。若使用 FTP，则应先将此文件从计算机 B 传送到计算机 A，添加上这一行信息后，再用 FTP 将此文件传送到计算机 B，来回传送这样大的文件很花时间。实际上这种传送是不必要的，因为计算机 A 并没有使用该文件的内容。而网络文件系统 (NFS) 则采用另一种思路，即允许应用进程打开一个远程文件，并能在该文件的某一个特定的位置上开始读写数据，这样，NFS 可使用户只复制一个大文件中的一个很小的片段，而不需要复制整个大文件。对于上述例子，计算机 A 中的 NFS 客户软件把要添加的数据和在文件后面写数据的请求一起发送到远程计算机 B 中的 NFS 服务器，NFS 服务器更新文件后返回应答信息，在网络上传送的只是少量的修改数据。

七、自我测试

(1) 匿名 FTP 服务需要输入用户名和密码时，一般可以用 _____ 作为用户名。(填空题)

(2) FTP 服务使用的端口是 (　　　)。

A. 21　　　　　　　　　　　　B. 23

C. 25　　　　　　　　　　　　D. 53

(3) 从 Internet 上获得软件最常采用 (　　　)。

A. WWW　　　　　　　　　　B. Telnet

C. FTP　　　　　　　　　　　D. DNS

(4) 调制解调器 (Modem) 的主要功能是 (　　　)。

A. 模拟信号的放大　　　　　　B. 数字信号的整形

C. 模拟信号与数字信号的转换　D. 数字信号的编码

(5) FTP 是 Internet 中 (　　　)。

A. 发送电子邮件的软件　　　　B. 浏览网页的工具

C. 用来传送文件的一种服务　　D. 一种聊天工具

● 任务3.4　配置邮件服务器

一、前导知识

电子邮件 (Email) 是因特网上使用最多和最受用户欢迎的一种应用。电子邮件应用可把邮件发送到收件人使用的邮件服务器，并放到其中的收件人邮箱 (Mail box) 中，收件人可在方便时上网到自己的邮件服务器读取。这相当于因特网为用户设立了存放邮件的信箱，因此 Email 有时也称为"电子信箱"。电子邮件不仅使用方便，而且还具有传递迅速和费用低廉的优点。据有的公司报道，使用电子邮件后劳动生产率可提高 30% 以上。现在电子邮件不仅可传送文字信息，而且还可传送声音和图像。

二、任务目标

本任务要求完成电子邮件服务器的配置并发送邮件进行测试。

1. 德育目标

在学习电子邮件服务器的搭建过程中，体现团队精神和合作意识；在小组讨论时，学会倾听，尊重他人；在电子邮件服务器部署过程中，追求精致完美和一丝不苟的工作作风。

2. 知识目标

(1) 学习电子邮件服务器的相关知识。

(2) 掌握电子邮件服务器的工作原理。

3. 技能目标

(1) 学习电子邮件服务器 Exchange 的搭建。

(2) 掌握第三方电子邮件服务器 Winmail 的搭建。

三、任务准备

(1) 为任务小组成员安排环形座位。

(2) 任务小组成员人均一台安装有 Windows(Windows Server 2008 R2 企业版) 操作系统、VMware Workstation 10.0 软件和虚拟机光驱的计算机。

(3) 教师机屏幕广播软件能覆盖每一台计算机。

四、任务步骤

(1) 了解电子邮件服务器的基本配置条件。

① Windows Server 2008 R2 企业版操作系统。

② 互联网信息服务 ("安全性"角色中配置"基本身份验证")。

③ DNS 服务角色。

④ 域服务器角色。

(2) 安装域服务器角色。首先点击"开始"→"运行"，在命令行中输入命令"dcpromo"，然后点击"下一步"按钮，进入域服务安装向导界面，如图 3-31 所示。

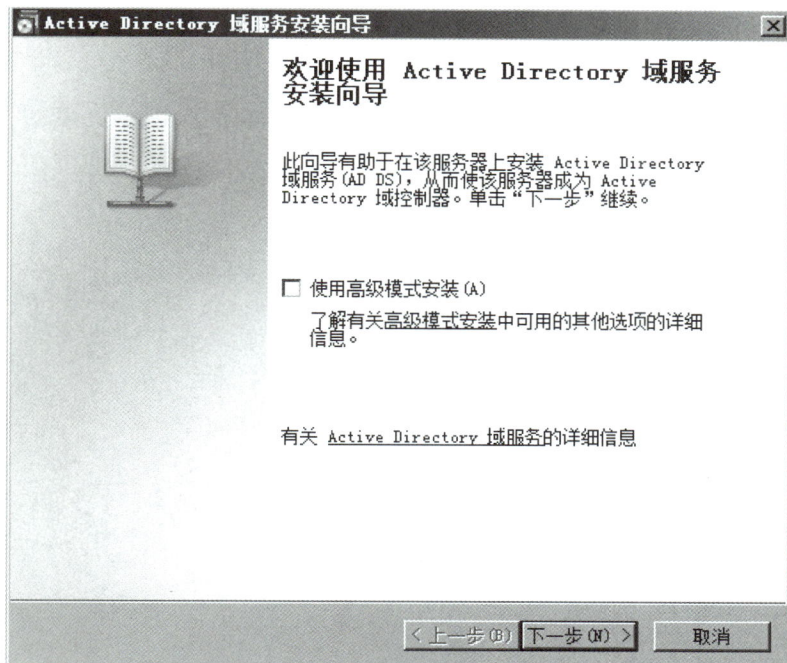

图 3-31 域服务安装向导界面

(3) 参照命名林根域的示例，在活动目录域服务器的根域中，新建"目录林根级域的 FQDN"域名，名称为"lotus.com"，如图 3-32 所示，然后点击"下一步"按钮，进入林功能级别配置界面。

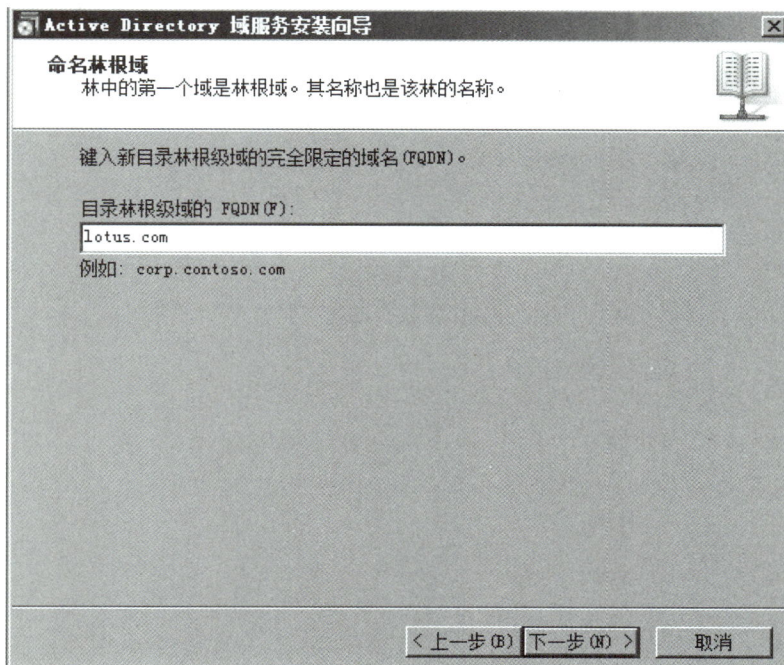

图 3-32 新建根域名

(4) 设置林功能级别为当前的服务器系统"Windows Server 2008 R2",然后点击"下一步"按钮,进入登录域的账号和密码配置界面。活动目录林功能级别配置如图 3-33 所示。

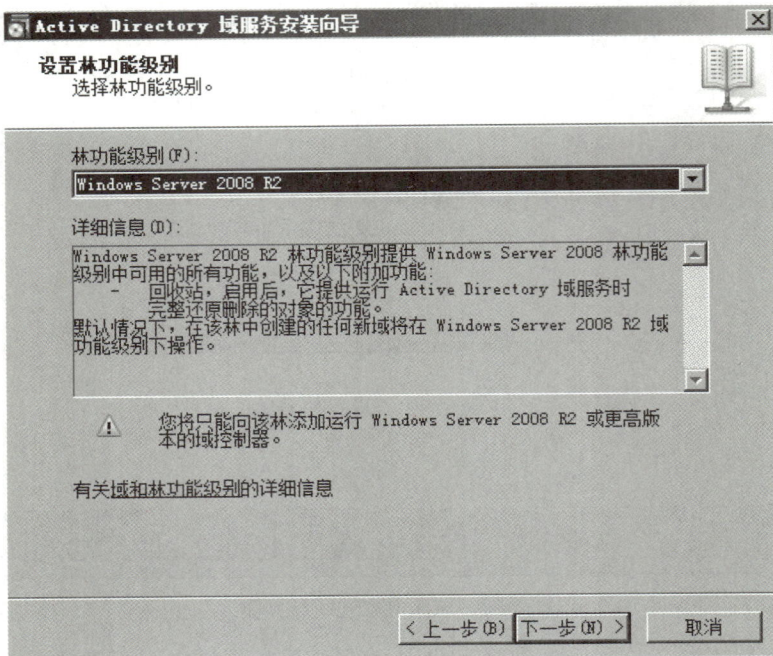

图 3-33   活动目录林功能级别配置

(5) 设置活动目录域管理账户登录密码为"A@123456",如图 3-34 所示。

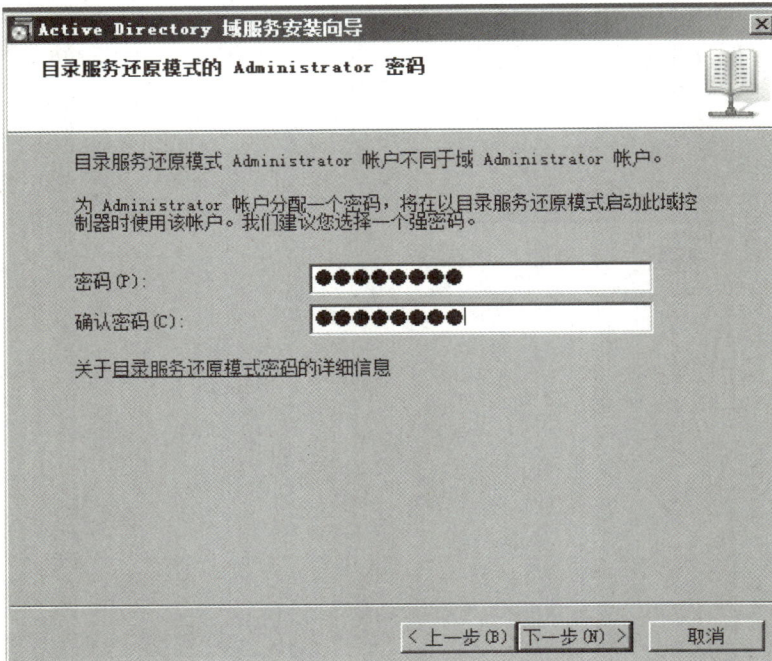

图 3-34   活动目录与管理账户密码设置

(6) 安装 Exchange 2010，设置"选择 Exchange 语言选项"为"仅从 DVD 安装语言"。Exchange 2010 安装向导界面如图 3-35 所示。

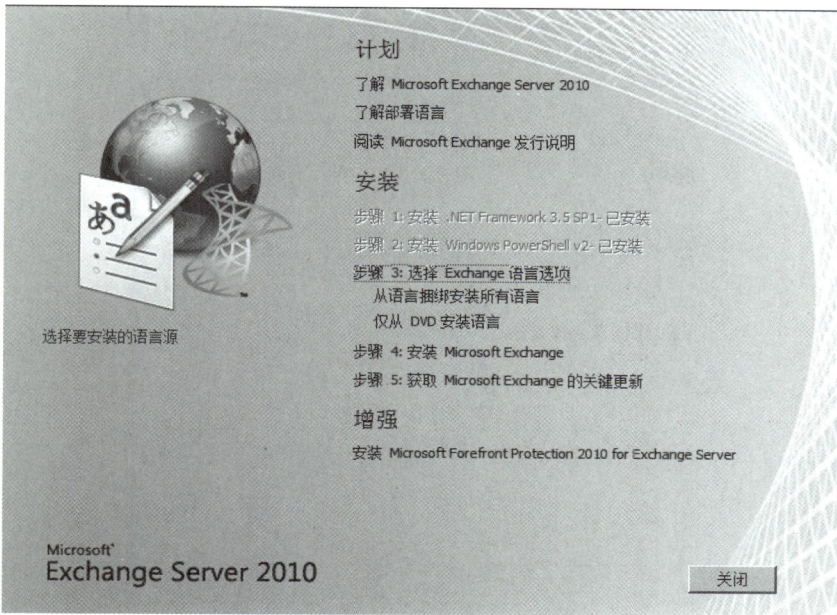

图 3-35　Exchange 2010 安装向导界面

(7) 同意安装许可后，选择"Typical Exchange Server Installation"（典型安装），安装路径选择默认路径，如图 3-36 所示。

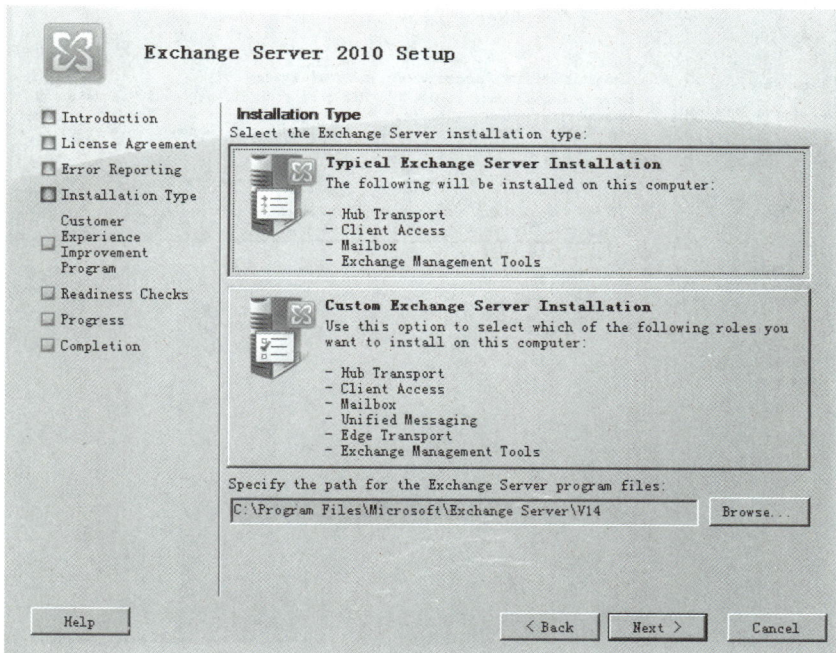

图 3-36　Exchange 2010 典型安装界面

(8) 开启 Exchange 2010 安装的必备服务。点击"开始"→"运行"，在命令行中输入 "Services.msc"命令，开启"Net.Tcp Port Sharing Service"，如图 3-37 所示。

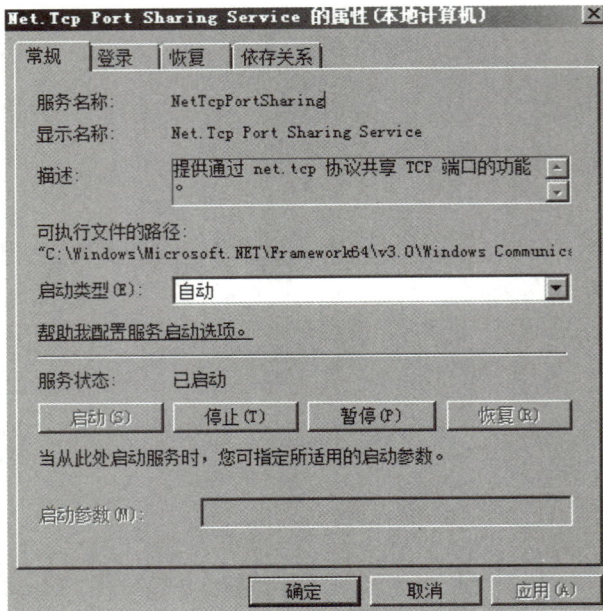

图 3-37   开启 Exchange 2010 安装的必备服务

(9) 配置 Exchange 2010 的对外邮件服务的域名，如图 3-38 所示。

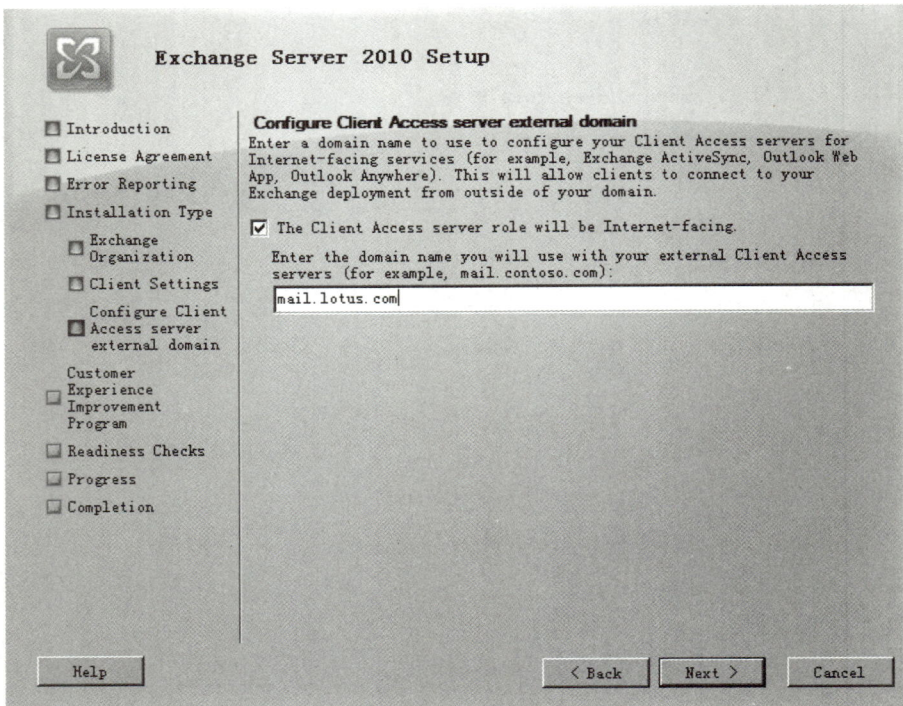

图 3-38   配置 Exchange 2010 的对外邮件服务的域名

(10) Exchange 2010 所有组件安装完成后的界面如图 3-39 所示。

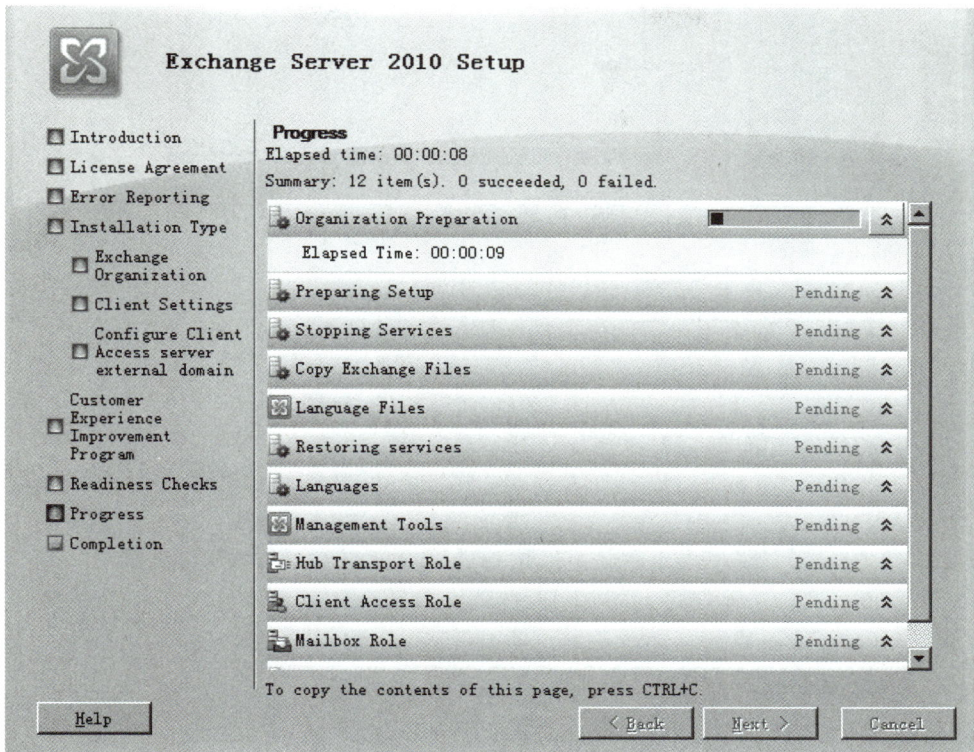

图 3-39　Exchange 2010 所有组件安装完成后的界面

(11) 点击"开始"→"程序",进入"Exchange Management Console"(Exchange 2010 管理控制台) 界面,在 Organization Configuration 中配置新的邮件数据库"Mailbox",如图 3-40 所示。

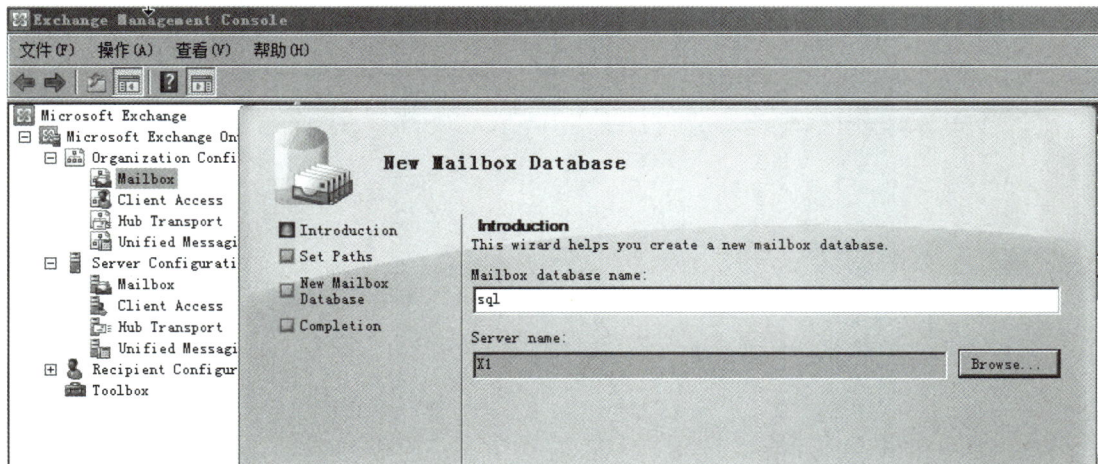

图 3-40　邮件服务器数据库配置界面

(12) 设置新邮件服务器数据库的存储目录,这里为默认路径,如图 3-41 所示。

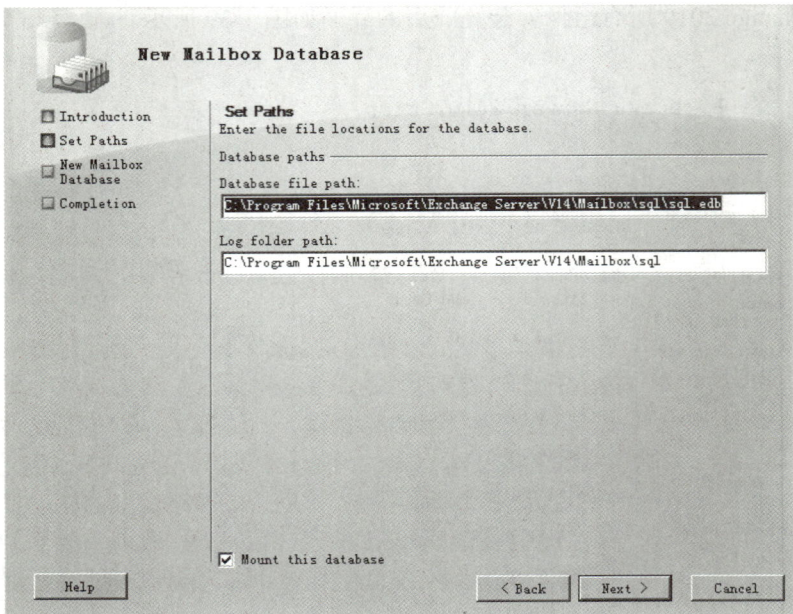

图 3-41　邮件服务器数据库存储路径配置

(13) 如果在邮件服务器安装过程中没有配置邮件服务器的服务，这里可以通过邮件服务管理控制端重新配置，即点击"Client Access"（客户访问），并设置"External host name"（互联网外部访问的域名）为"mail.login.com"，如图 3-42 所示。

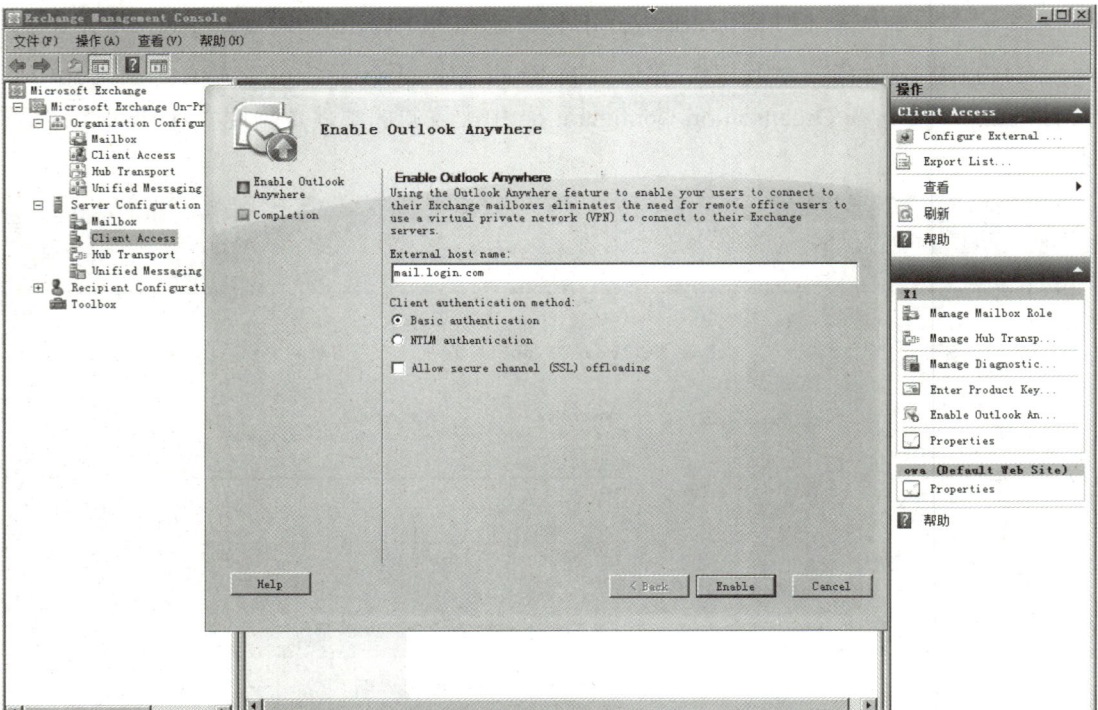

图 3-42　设置互联网外部客户访问域名

(14) 右键点击 "Server Configuration"（邮件服务器的服务配置）下的 "Client Access"（客户访问），在弹出菜单中点击 "属性"，然后在出现的界面中配置 "Interal URL"（局域网访问地址）为 "https://x1.lotus.com/owa"，"External URL"（互联网外部访问邮件服务器地址）为 "https://mail.lotus.com/owa"，如图 3-43 所示。

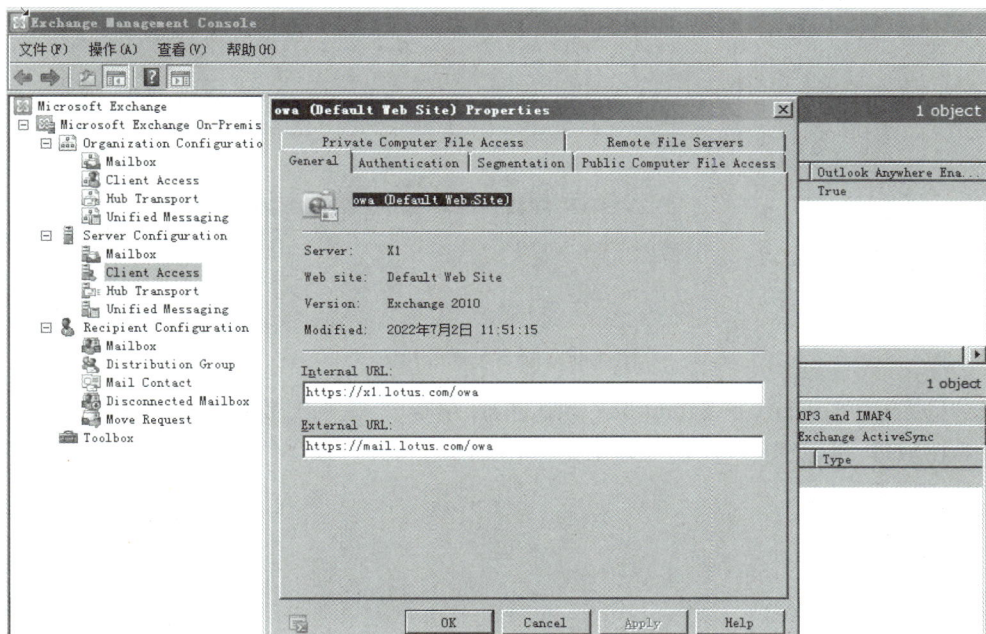

图 3-43　邮件服务器访问域名配置

(15) 在图 3-43 所示界面中点击 "Authentication" 选项卡，在其界面配置授权登录方式为 "User name only"（用户名登录），如图 3-44 所示。

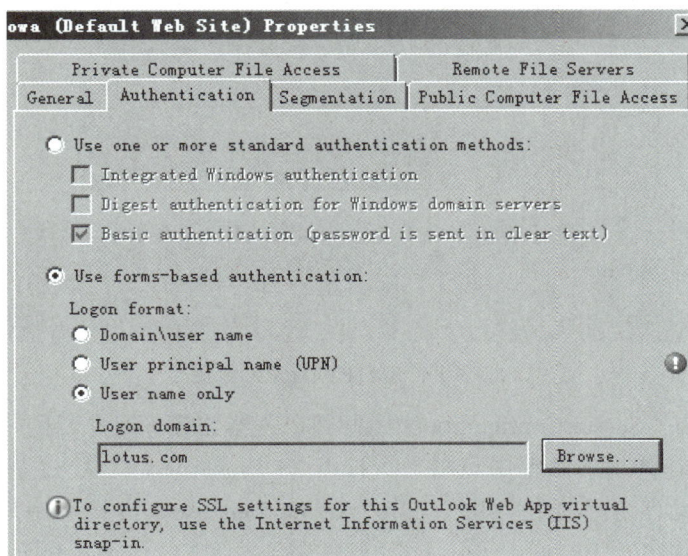

图 3-44　授权登录方式配置

(16) 点击"Server Configuration"(邮件服务器的服务配置),配置新发送连接 (New Send Connector)。设置发送连接的名称为"邮件发送",发送连接为"Internet",如图 3-45 所示。

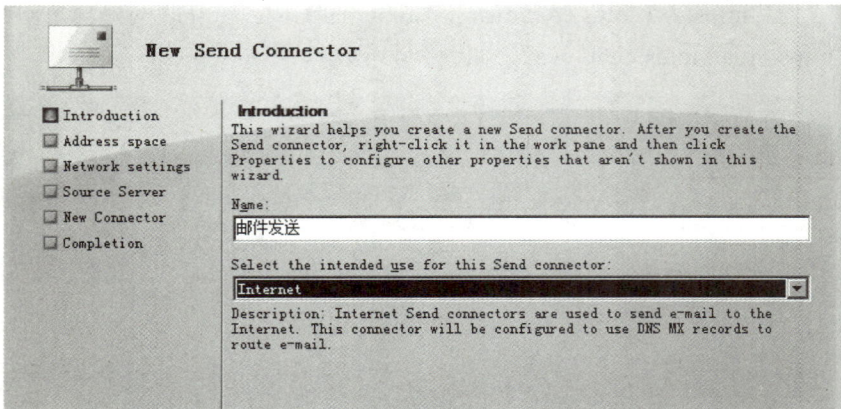

图 3-45 配置发送连接方式

(17) 点击"Server Configuration"(邮件服务器的服务配置),配置"SMTP Address Space"(SMTP 地址空间)。设置地址为"192.168.100.1"或"*","Cost"为默认值"1",如图 3-46 所示。

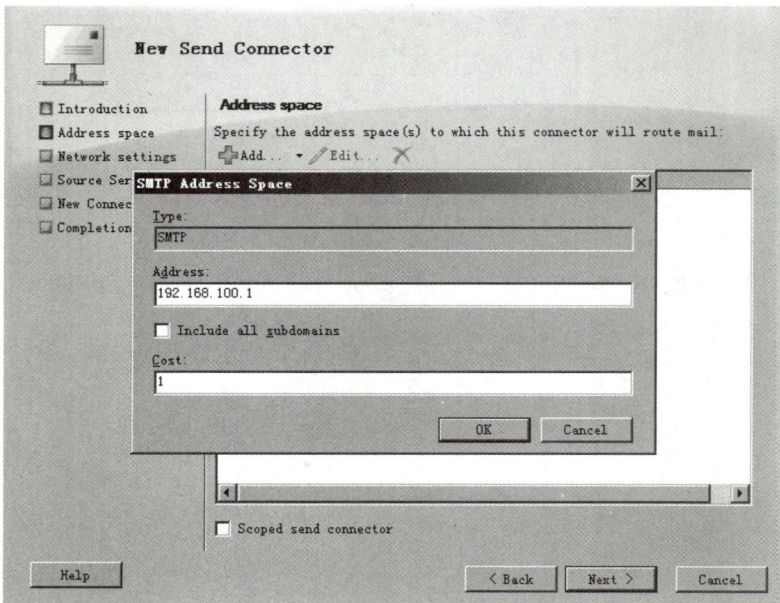

图 3-46 SMTP 地址空间配置

(18) 右键点击"Server Configuration"(邮件服务器的服务配置)下的"Hub Transport"(集线器传输),在弹出的菜单中点击"Default X1 Properties(默认 X1 属性)",然后在出现的界面中设置允许访问的用户组,勾选"Anonymous users"(匿名用户组)、"Exchange users"(邮件用户组)、"Exchange servers"(邮件服务器组)、"Legacy Exchange Servers"(旧版邮件服务器)等 4 项,如图 3-47 所示。

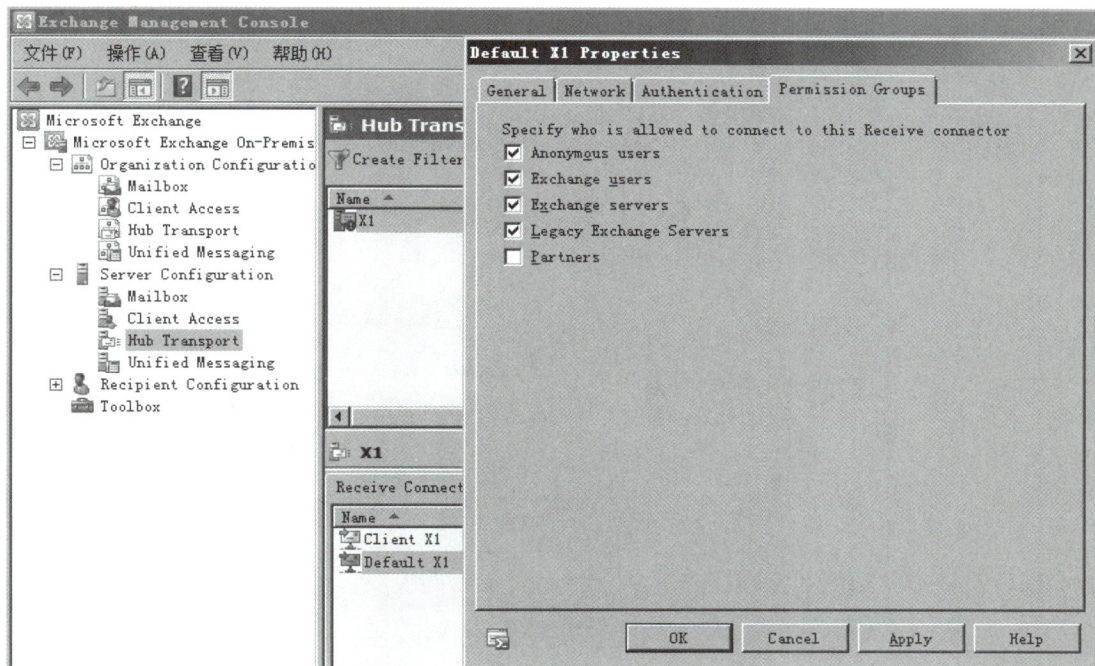

图 3-47　邮件服务器允许连接的组配置

(19) 禁用 Exchange 2010 的 IRM 权限管理功能。点击"开始"→"所有程序"→"Microsoft Exchange Server 2010"，打开邮件服务器管理界面 (Exchange Management Server Shell)，首先分配权限，然后进入命令行模式，输入"get-owavirtualdirectory|set-owavirtualdirectory -irmenable $false"命令，并重新启动 IIS 服务，如图 3-48 所示。

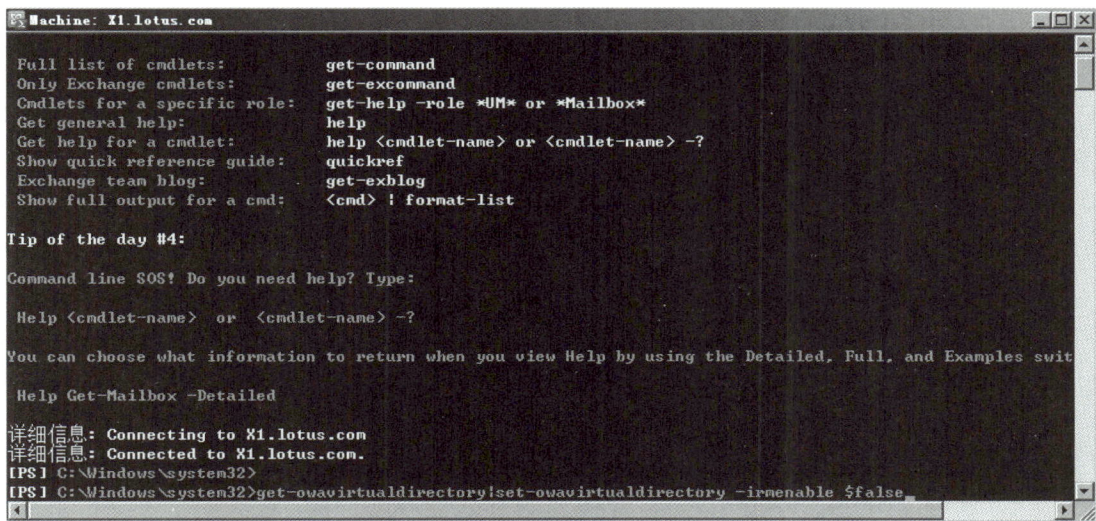

图 3-48　禁用 Exchange 2010 的 IRM 权限管理功能

(20) 开启电子邮件发送和接收服务。点击"开始"→"运行"→"Services.msc"，进入服务管理界面，依次开启 Microsoft Exchange IMAP4 服务 (邮件发送) 和 Microsoft Exchange

POP3 服务 (邮件接收)(默认两个服务为关闭状态)，如图 3-49 所示。

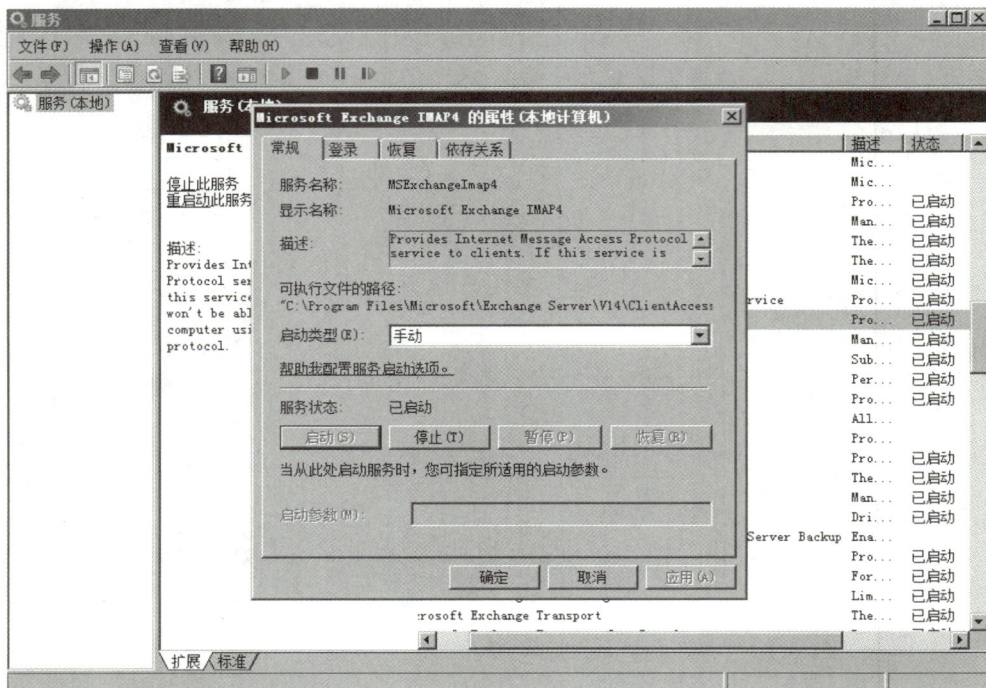

图 3-49　开启电子邮件发送和接收服务

(21) 添加域用户。点击"开始"→"管理工具"，进入活动目录 (Active Directory 用户和计算机)，在活动目录的域"lotus.com"的"Users"中分别添加"lisi"和"zhangsan"两个域用户，如图 3-50 所示。

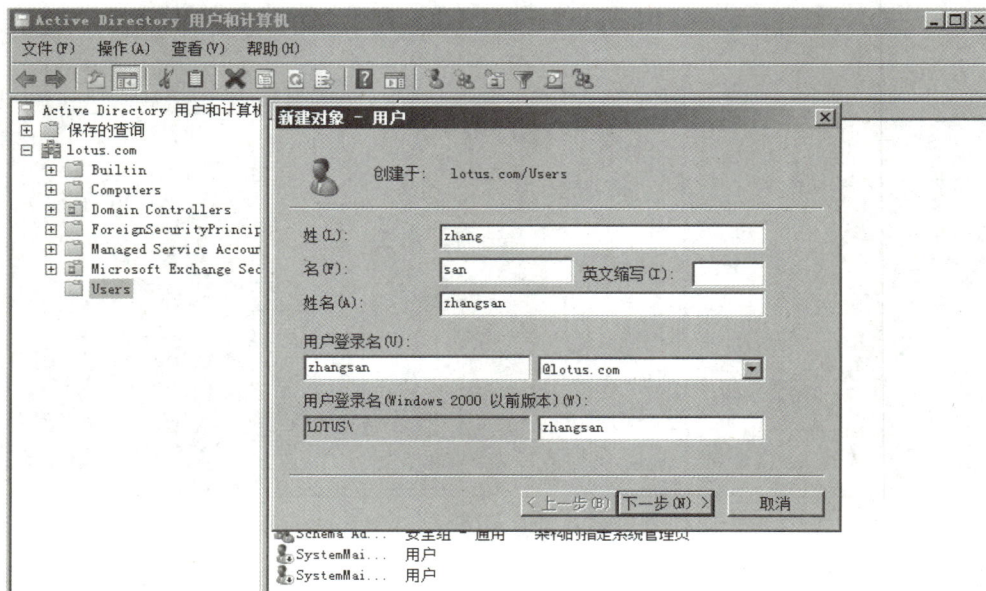

图 3-50　域用户添加

(22) 在浏览器中输入局域网域名"https://X1.lotus.com/owa"，以 lisi 用户名进入个人邮箱，测试电子邮件服务器的运行情况，如图 3-51 所示。

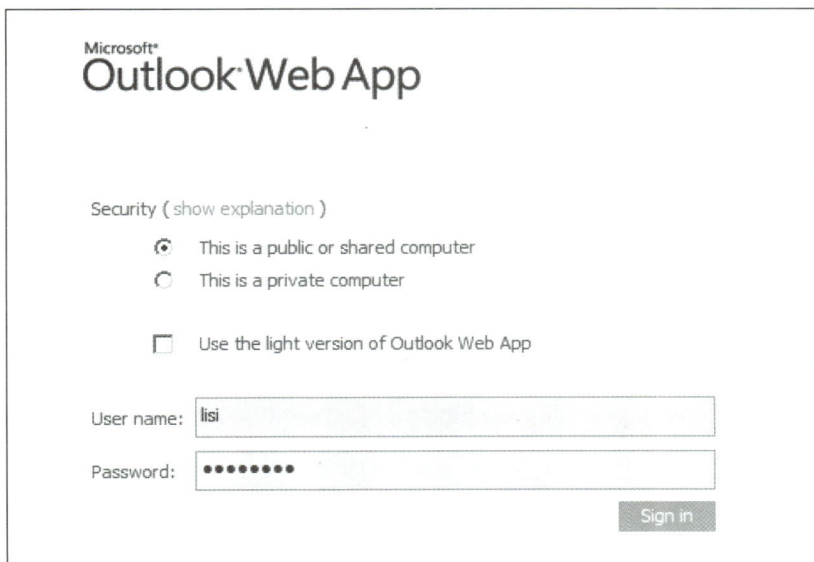

图 3-51　电子邮件服务器测试

(23) 点击新建邮件图标，向用户 zhangsan 发送一封电子邮件，如图 3-52 所示。

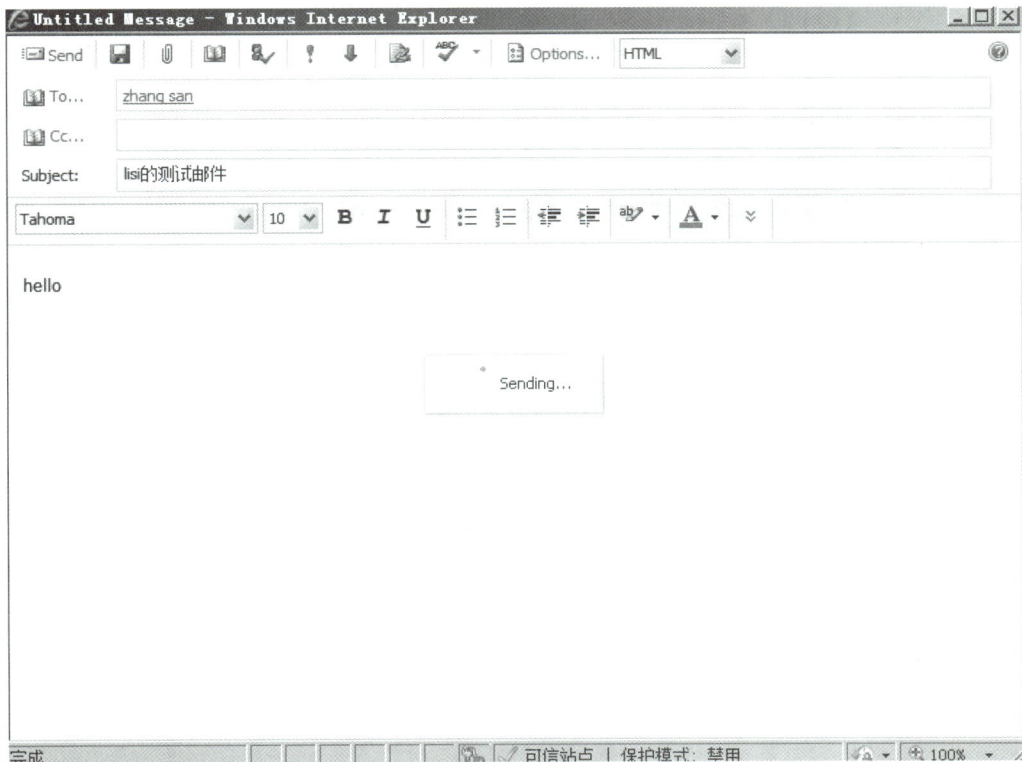

图 3-52　发送新邮件

(24) 重新登录 zhangsan 的个人邮箱，查看 lisi 发送的邮件是否收到，如图 3-53 所示。

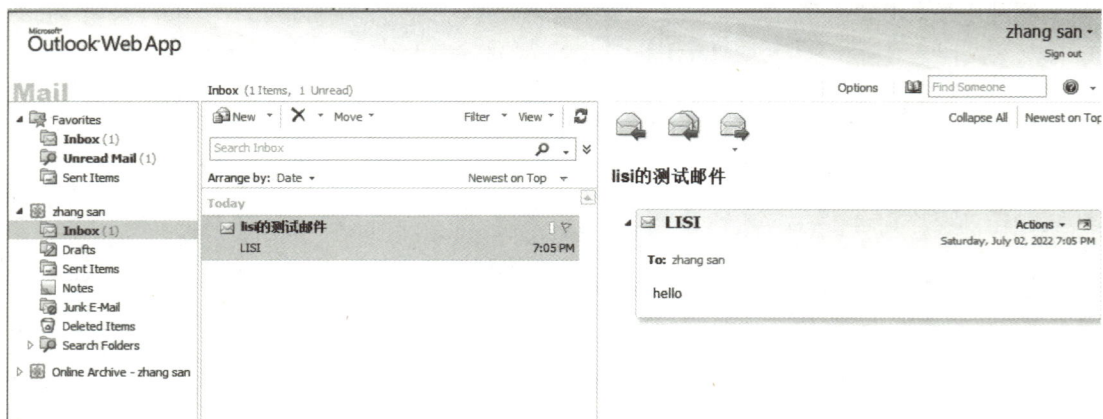

图 3-53　用户登录邮箱查看接收的邮件

五、效果检测

Exchange 2010 虽然功能强大，但是搭建步骤烦琐，对于新手来说，难度不小。因此对于小的单位来说，简易邮件服务器更适合小规模的邮件服务场合。例如 Winmail 邮件服务器对系统要求不是很严格，同时不需要很多插件，具有部署灵活、小巧、易用的特点。下面以 Winmail 为例介绍使用第三方软件搭建邮件服务器的过程。

第三方软件搭建
Mail 服务器

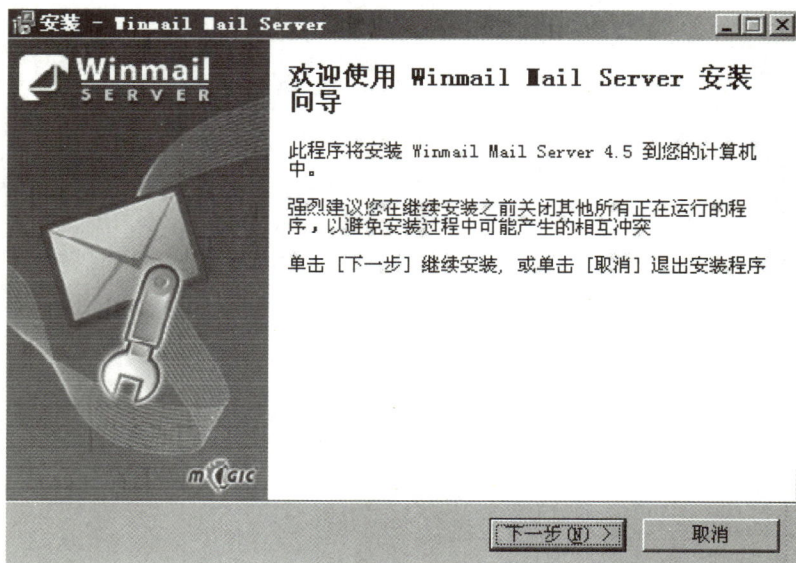

(1) 安装 Winmail 邮件服务器，如图 3-54 所示。

图 3-54　安装 Winmail 邮件服务器界面

(2) 配置 Winmail 服务器附加服务，将邮件服务器类型设置为"注册为服务"，其余选项为默认，如图 3-55 所示。

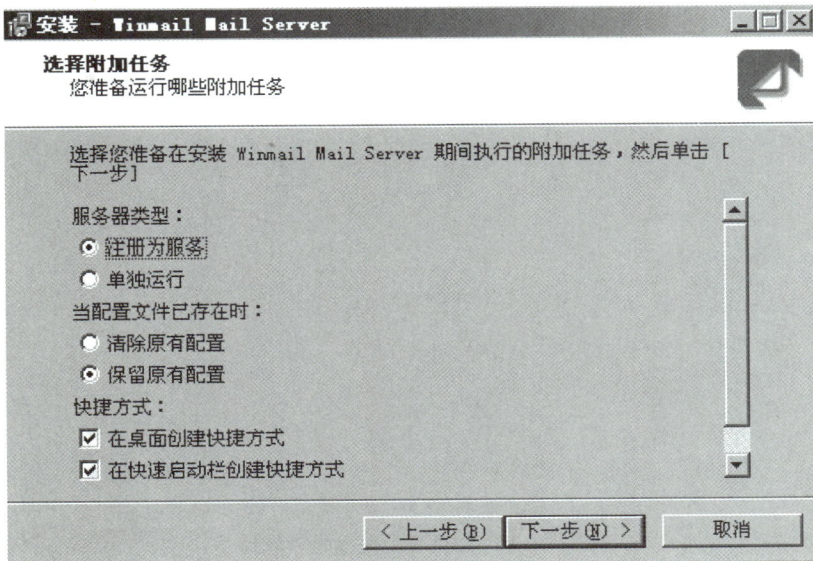

图 3-55　配置 Winmail 服务器附加服务界面

(3) 配置 Winmail 邮件服务器管理端密码，如图 3-56 所示。

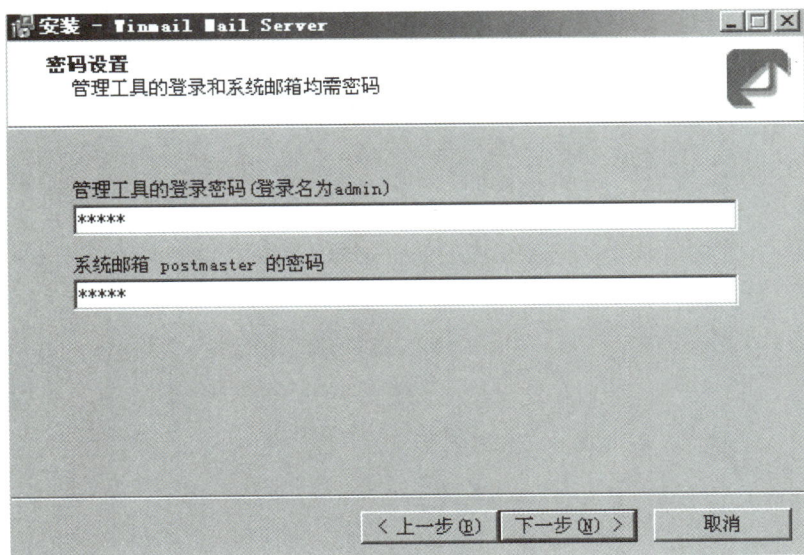

图 3-56　配置 Winmail 邮件服务器管理端密码界面

(4) 配置 Winmail 邮件服务器管理端邮件用户名，并配置域为 lotus.com，勾选"允许通过 Webmail 注册新用户"，系统将根据本机地址自动配置 SMTP 服务器的地址为本机地址"192.168.1.105"，端口号为 25，自动配置 POP3 服务器的地址为本机地址"192.168.1.105"，端口号为 110，客户端通过地址"http://192.168.1.105:6080"进行注册。邮件服务器快速设置向导如图 3-57 所示。

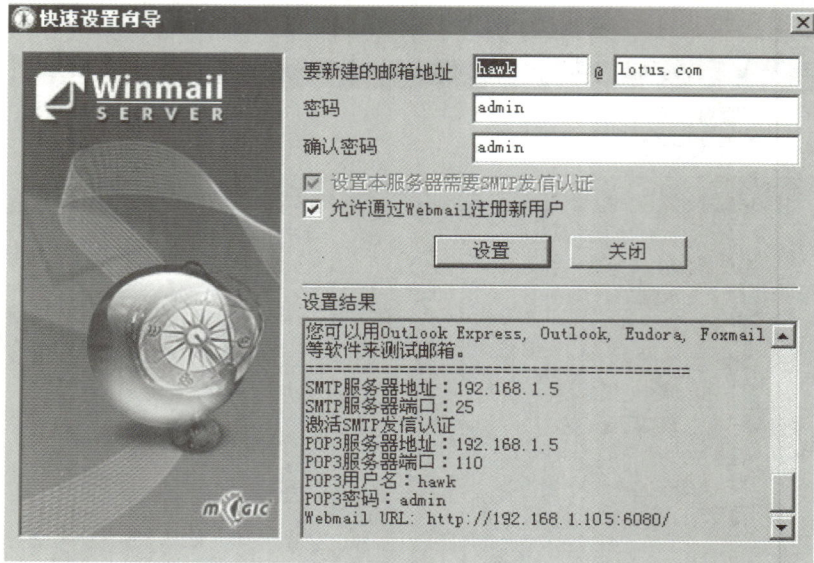

图 3-57　邮件服务器快速设置向导

(5) 打开"Winmail Mail Server -- 管理工具"，输入安装过程中设置的用户名和密码，登录邮件服务器管理端，如图 3-58 所示。

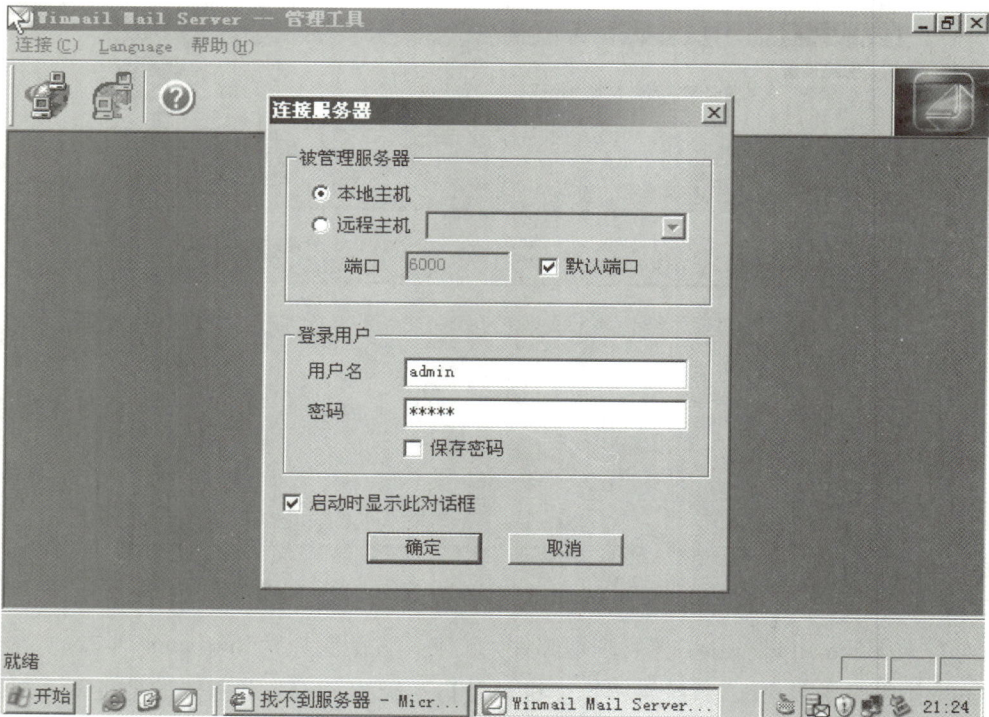

图 3-58　登录邮件服务器管理端界面

(6) 在"Winmail Mail Server -- 管理工具"界面查看服务器端各服务的工作状态，绿色表示正常运行，红色表示服务异常不可用，如图 3-59 所示。必须保证所有服务都为绿色。

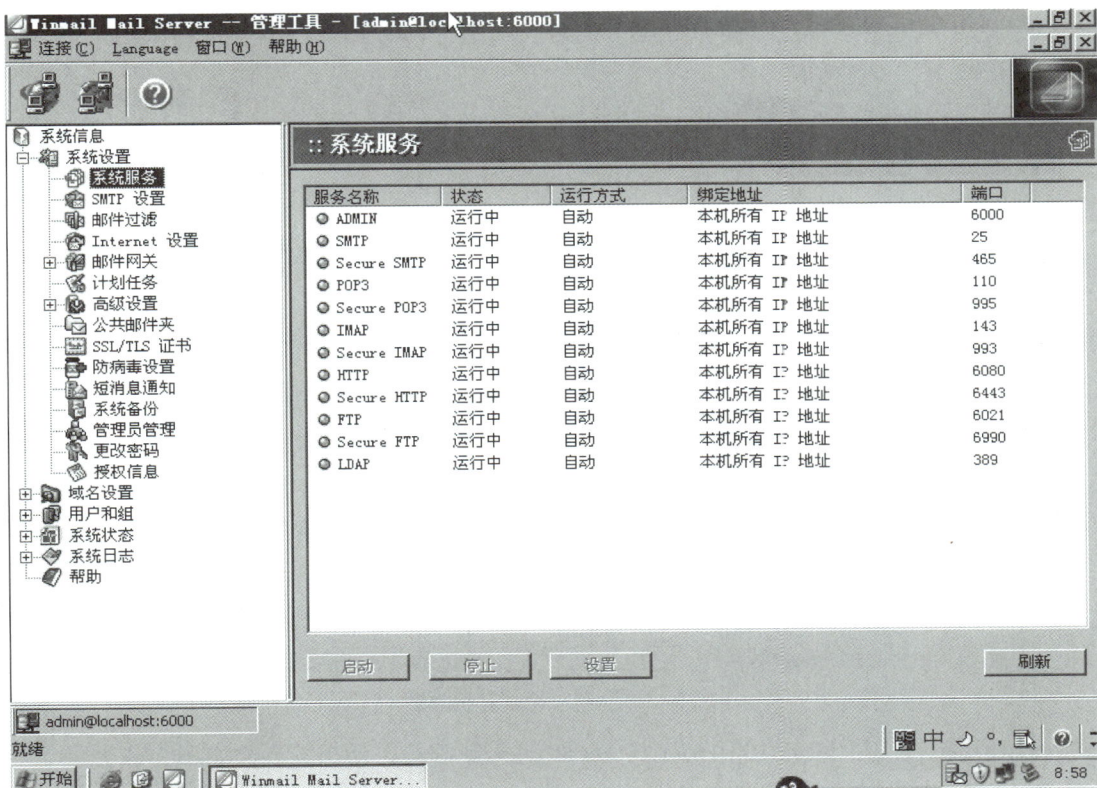

图 3-59 邮件服务器系统服务状态查看界面

(7) 打开浏览器，输入邮件服务器的地址 http://192.168.1.105:6080，注册或登录邮箱，界面如图 3-60 所示。

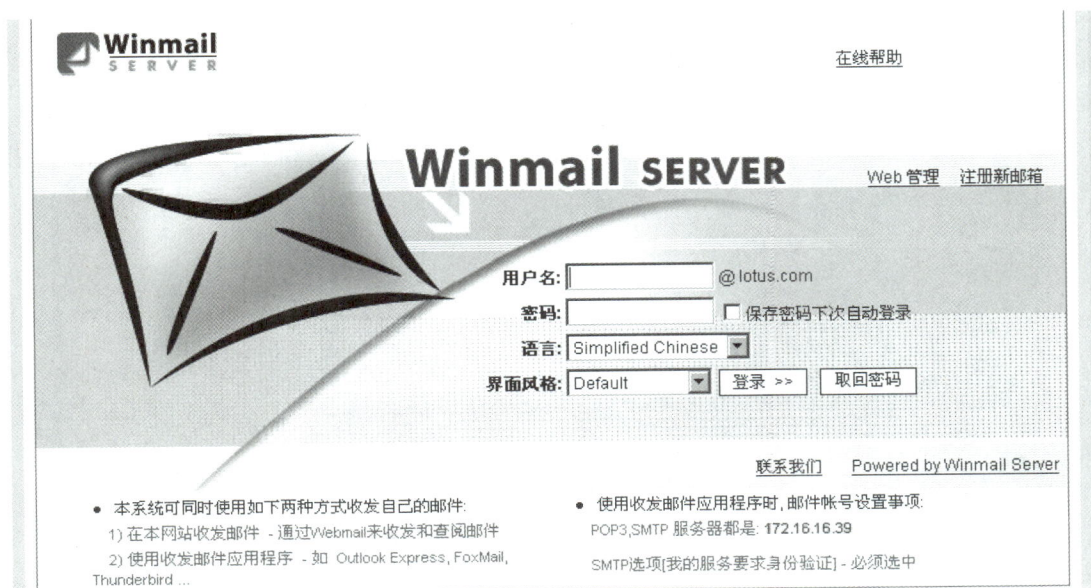

图 3-60 邮箱注册或登录界面

(8) 点击图 3-60 中的"注册新邮箱"链接，注册一个新邮箱，如图 3-61 所示。

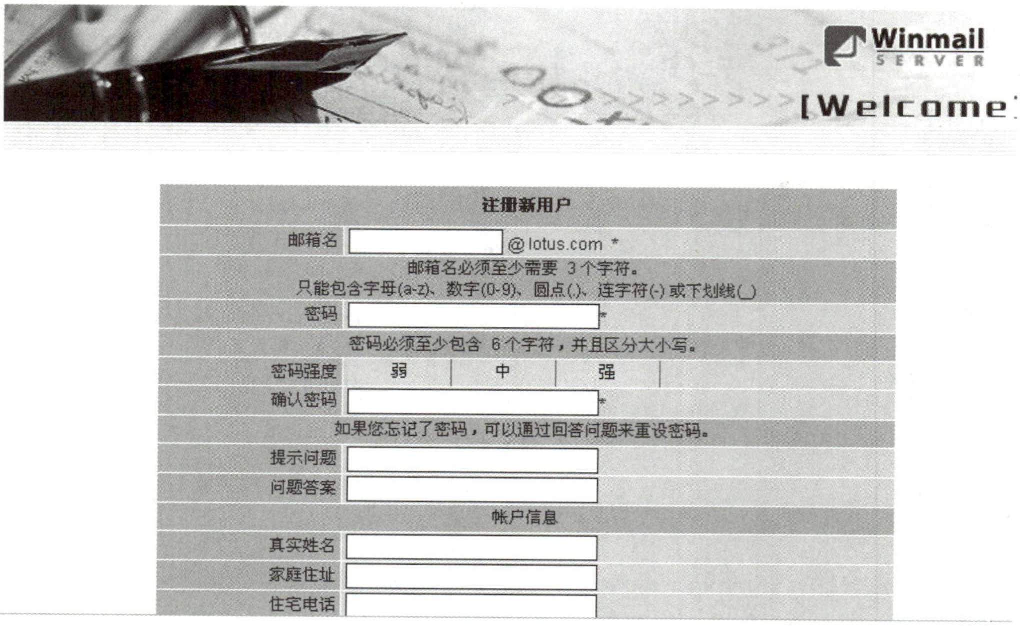

图 3-61   注册一个新邮箱界面

(9) 使用链接地址 http://192.168.1.105:6080 进入新邮箱，新邮箱界面如图 3-62 所示。

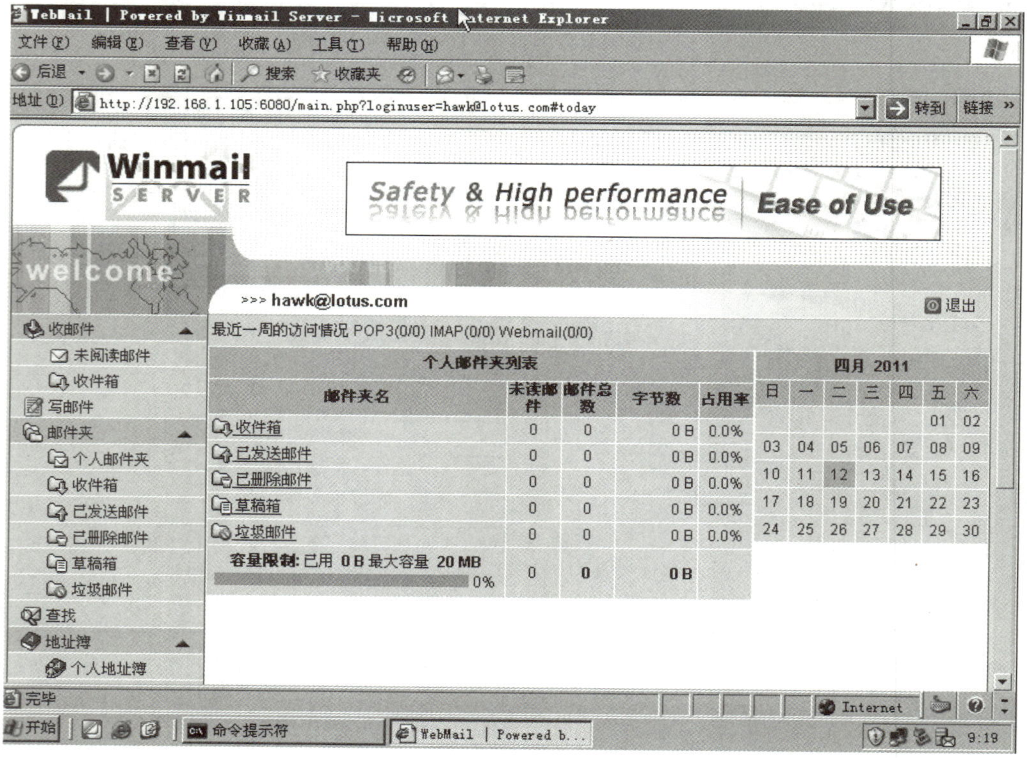

图 3-62   新邮箱界面

(10) 重复步骤 (9)，再次新建一个邮件账号，使用其中一个邮箱账号发送一封邮件给另一个邮箱账号，并查看测试邮件。查看新接收到的邮件界面如图 3-63 所示。

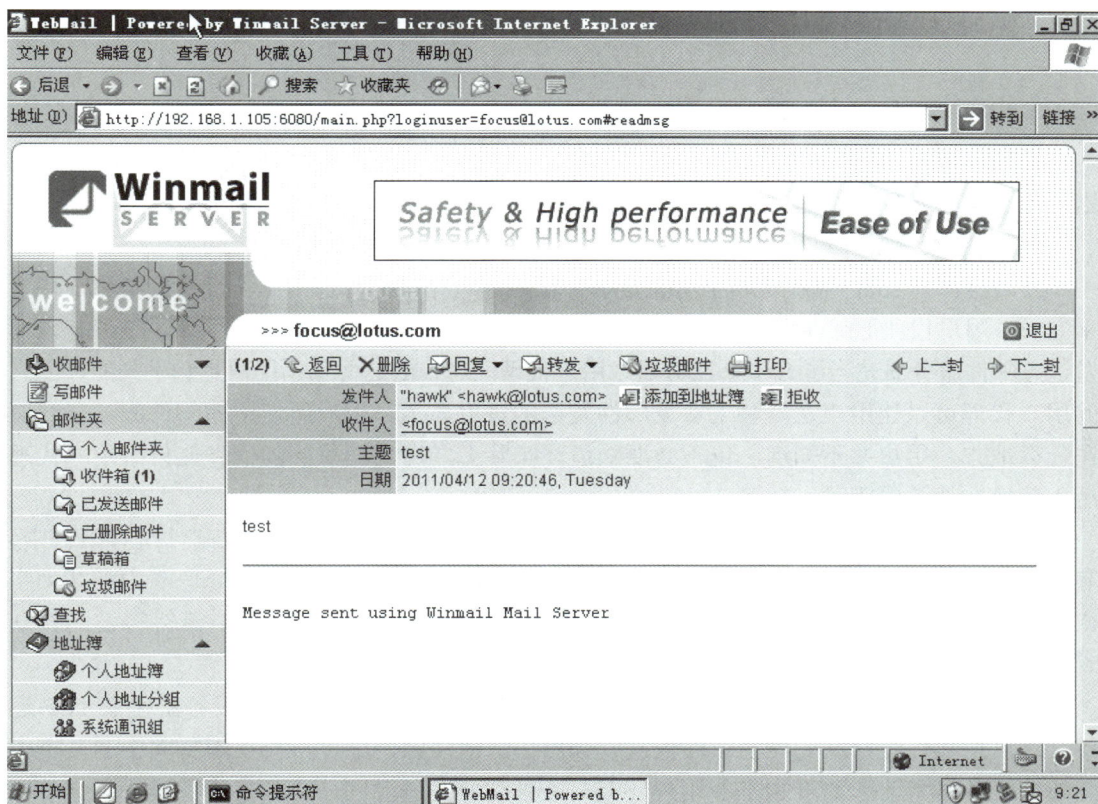

图 3-63　查看新接收到的邮件界面

六、拓展知识

1. 电子邮件

电话有两个严重缺点：一是电话通信的主叫和被叫双方必须同时在场；二是有些电话常常打断人们的工作或休息。与之相比，电子邮件在速度、成本、距离、信息、容量等方面都优于电话，特别是接收方可在任何时间、任何地点接收邮件，并在方便的时候进行处理和阅读。

1982 年，第一个基于互联网基础传输电子邮件标准出台，它就是简单邮件传送协议 (Simple Mail Transfer Protocol，SMTP)，电子邮件很快成为最受广大网民欢迎的因特网应用。由于因特网的 SMTP 只能传送可打印的 7 位 ASCII 码邮件，因此在 1993 年又提出了通用因特网邮件扩充 (Multipurpose Internet Mail Extensions，MIME) 协议。MIME 协议在其邮件首部字段中说明了邮件的数据类型 (如文本、声音、图像、视像等)，并可同时传送多种类型的数据，这在多媒体通信的环境下是非常有用的。

2. 电子邮件系统

一个电子邮件系统应具有 3 个主要组成构件，即用户代理、邮件服务器以及邮件发送协议 (如 SMTP) 和邮件读取协议 (如 POP3)。POP3 是邮局协议 (Post Office Protocol) 的版本 3。

3. 电子邮件协议和发送过程

SMTP 和 POP3 都是在 TCP 连接的基础上传送邮件的，使用 TCP 的目的是使邮件的传送可靠。电子邮件的发送过程为：

(1) 发件人调用计算机中的用户代理撰写和编辑要发送的邮件。

(2) 发件人点击计算机屏幕上的发送邮件按钮，可把发送邮件的工作全部交给用户代理来完成。用户代理把邮件用 SMTP 发给发送方邮件服务器，用户代理充当了 SMTP 用户，而发送方邮件服务器充当了 SMTP 服务器。用户代理所进行的这些工作用户是看不到的，但有的用户代理可以让用户在屏幕上看见邮件发送的进度显示。用户所使用的邮件服务器究竟在什么地方，用户并不知道，也不必要知道。实际上，用户把写好的信件交付给用户代理后，就什么都不用管了。

(3) SMTP 服务器收到用户代理发来的邮件后，就把邮件临时存放在邮件缓存队列中，等待发送到接收方的邮件服务器 (等待时间的长短取决于邮件服务器的处理能力和队列中待发送的信件的数量。但这种等待时间一般都远远大于分组在路由器中等待转发的排队时间)。

(4) 发送方邮件服务器的 SMTP 用户与接收方邮件服务器的 SMTP 服务器建立 TCP 连接，然后把邮件缓存队列中的邮件依次发送出去。请注意，邮件不会在因特网中的某个中间邮件服务器落地。如果 SMTP 用户还有一些邮件要发送到同一个邮件服务器，那么可以在原来已建立的 TCP 连接上重复发送。如果 SMTP 用户无法和 SMTP 服务器建立 TCP 连接 (例如，接收方服务器过负荷或出了故障)，那么要发送的邮件就会继续保存在发送方的邮件服务器中，并在稍后一段时间再进行新的尝试。如果 SMTP 用户超过了规定的时间还不能把邮件发送出去，那么发送邮件服务器就把这种情况通知给用户代理。

(5) 运行在接收方邮件服务器中的 SMTP 服务器进程收到邮件后，把邮件放入收件人的用户邮箱中，等待收件人进行读取。

(6) 收件人需要收邮件时，就运行计算机中的用户代理，使用 POP3(或 IMAP) 协议读取发送给自己的邮件。

4. 邮件的格式

邮件地址 (Email address) 的格式如下：

用户名 @ 邮件服务器的域名

式中，符号"@"读作"at"，表示"在"的意思。例如，在电子邮件地址"xyz@abc.com"中，"abc.com"就是邮件服务器的域名，而"xyz"就是这个邮件服务器中收件人的用户名，也就是收件人邮箱名，即收件人为自己定义的字符串标识符。但应注意，这个用户名在邮件服务器中必须是唯一的 (当用户定义自己的用户名时，邮件服务器要负责检查该用户名在本服务器中的唯一性)。这样就保证了每一个电子邮件地址在世界范围内是唯一的。这对保证电子邮件能够在整个因特网范围内准确交付是十分重要的。电子邮件的用户名一般采用容易记忆的字符串。

5. 基于万维网的电子邮件

在 20 世纪 90 年代中期，Hotmail 引入了基于万维网的电子邮件 (Webmail)。今天，几乎所有的著名网站以及大学或公司，都提供了基于万维网的电子邮件。现在已经有越来越多的用户使用基于万维网的电子邮件，也就是说，不管在什么地方 (网吧、宾馆或朋友家中)，只要能够上网，在打开万维网浏览器后，就可以收发电子邮件。这时，邮件系统中的用户代理就是普通的万维网浏览器 (例如，微软公司的 IE 浏览器)。这对经常使用不同计算机接收邮件的用户显然是很方便的。常用的基于万维网的电子邮件有谷歌的 Gmail、微软的 Hotmail。

我国的网易网站和新浪网站也都提供万维网邮件服务。这些万维网邮件服务器都带有方便使用的用户代理，并且都使用 IMAP，用户可以在这种邮件服务器中存放很多的邮件 (已读取的、已发送的、已删除的但尚未彻底删除的，等等)。假定用户 A 向网易网站申请了一个电子邮件地址 aaa@163.com。当用户 A 需要发送或要收电子邮件时，他首先要登录网易的电子邮件服务器 (mail.163.com)，键入自己的用户名和密码后，就可以根据屏幕上的提示，撰写、发送或读取自己的电子邮件了。但是请注意，电子邮件从 A 的浏览器发送到网易的邮件服务器时，不是使用 SMTP，而是使用 HTTP。假定 A 发送的邮件的收件人是 B，B 使用的是新浪网站的邮箱，其邮件地址是 bbb@sina.com。于是 A 发送的邮件从网易的邮件服务器 (这时仍然是使用 SMTP，而不是 HTTP) 发送到新浪的邮件服务器 (mail.sina.com.cn)。而 B 用浏览器从新浪邮件服务器读取 A 发来的邮件时，是使用 HTTP，而不是使用 POP3 或 IMAP。

七、自我测试

(1) 下列 ( ) 不是电子邮件服务的优点。

A. 方便迅捷　　　　　　　　　　B. 实时性强

C. 费用低廉　　　　　　　　　　D. 传输信息量大

(2) 通过因特网远程登录到一台主机 202.168.20.100，可采用 ( )。

A. Telnet　　　　　　　　　　　B. FTP

C. Email　　　　　　　　　　　 D. BBS

(3) 下列 ( ) 不是合法的域用户名。

A. abc_ 123　　　　　　　　　　B. windows book

C. dictionar *　　　　　　　　　D. abdkeofFHEKLLOP

(4) 在设置域用户名属性时，( ) 项目不能被设置。

A. 用户登录时间　　　　　　　　B. 用户的个人信息

C. 用户的权限　　　　　　　　　D. 指定用户登录域的计算机

(5) 独立服务器上安装了 _____ 就升级为域控制器。(填空题)

(6) Internet 中发送邮件的协议是 (   )。

A. FTP   B. SMTP

C. HTTP   D. POP3

(7) 在一个主机域名中，(   ) 表示主机名。

A. www   B. zj

C. edu   D. cn

(8) 当个人计算机以拨号方式接入 Internet 时，必须使用的设备是 (   )。

A. 调制解调器   B. 网卡

C. 浏览器软件   D. 电话机

任务 3.5   配置 DHCP 服务器

三层交换机配置
DHCP 服务

一、前导知识

DHCP(Dynamic Host Configuration Protocol，动态主机配置协议) 是局域网中经常使用的一种 IP 地址自动配置协议。在局域网中建立一台 DHCP 服务器后，通过相应的配置，可以对局域网内的计算机进行 IP 地址的自动分配。DHCP 服务可以在单独的服务器计算机、路由器或者三层交换机上进行配置。

二、任务目标

本任务要求完成 DCHP 服务器的配置。

1. 德育目标

在用仿真软件搭建 DCHP 服务的过程中，体现团队精神和合作意识；在小组讨论时，学会倾听，尊重他人；在网络拓扑搭建和网络部署过程中，追求精致完美和一丝不苟的工作作风，培养工匠精神。

2. 知识目标

(1) 学习 DHCP 的工作原理。

(2) 掌握 DHCP 地址分发的过程 (三次握手)。

3. 技能目标

(1) 掌握 DHCP 服务器角色的安装。

(2) 掌握 DHCP 地址池的建立和地址分发，以及 DHCP 中继。

三、任务准备

(1) 为任务小组成员安排环形座位。

(2) 任务小组成员人均一台安装有 Windows 操作系统和 PT 仿真模拟器的计算机。

(3) 教师机屏幕广播软件能覆盖每一台计算机。

四、任务步骤

这里在搭建 DHCP 服务时，使用 PT 仿真模拟器中的三层交换机 3560 或者 3650 作为 DHCP 的服务器端。如果使用 3650 型三层交换机，需要单独配置供电电源。首先在三层交换机中建立虚拟局域网 vlan 10，然后将两台测试用的计算机加入 vlan 10，配置 DHCP 服务器用于动态主机分配的地址池名称为 v10，分配的网段为 192.168.10.0/24，vlan 10 的网关为 192.168.10.254，DNS 地址为 202.103.224.68。

(1) 仿真搭建 DHCP 服务网络拓扑图如图 3-64 所示。PC1 使用直通线连接三层交换机 (PT 仿真模拟器中的交换机 3560 或交换机 3650 均可) 的 Fa0/1 接口，PC2 直通线连接三层交换机的 Fa0/2 接口，并在拓扑图中标注网段信息 192.168.10.0/24。

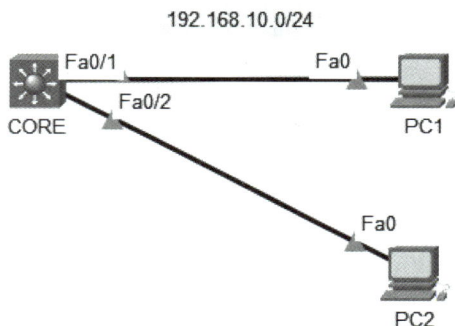

图 3-64　搭建 DHCP 服务网络拓扑图

(2) 在网络拓扑图中，点击 CORE 交换机图标，选择 CLI(命令提示行接口) 标签，输入以下更改交换机名称的指令：

Switch> enable	// 进入交换机特权模式
Switch #config terminal	// 进入交换机全局模式
Switch(config)#hostname CORE	// 更改交换机名称为 CORE

更改交换机名称命令界面如图 3-65 所示。

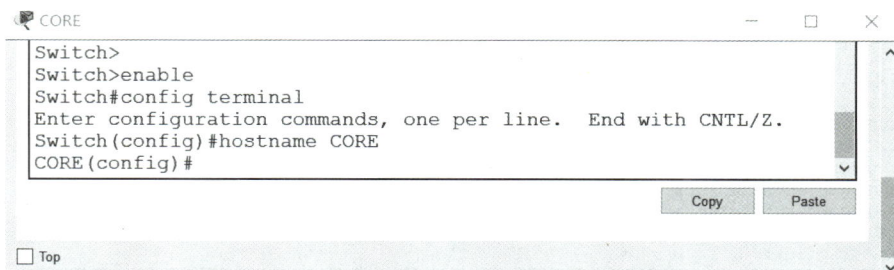

```
Switch>
Switch>enable
Switch#config terminal
Enter configuration commands, one per line.  End with CNTL/Z.
Switch(config)#hostname CORE
CORE(config)#
```

图 3-65　更改交换机名称命令界面

(3) 在三层交换机中建立虚拟局域网 vlan 10，将两台测试用的计算机 PC1 和 PC2 加入 vlan 10，并且给 vlan 10 配置一个 IP 地址，当作虚拟局域网 vlan 10 的网关 (这里的网关地址非常重要，应与后续的 DHCP 服务器中的默认路由指定的地址一致，否则会出现 IP 地址无法顺利下发的情况)。在 CLI(命令提示行接口) 标签中输入以下创建 vlan 10 以及将计算机加入 vlan 10 的指令：

CORE(config)#vlan 10	// 创建 vlan 10
CORE(config)#int range f0/1-2	// 同时选中交换机 f0/1 和 f0/2 两个接口
CORE(config)#swi acc vlan 10	// 接口加入 vlan 10
CORE(config)#int vlan 10	// 进入 vlan 10 接口
CORE(config)#ip add 192.168.10.254 255.255.255.0	// 配置 vlan10 虚拟接口地址

vlan 10 创建以及交换机接口加入 vlan 10 和 vlan 10 接口虚拟地址配置的命令界面如图 3-66 所示。

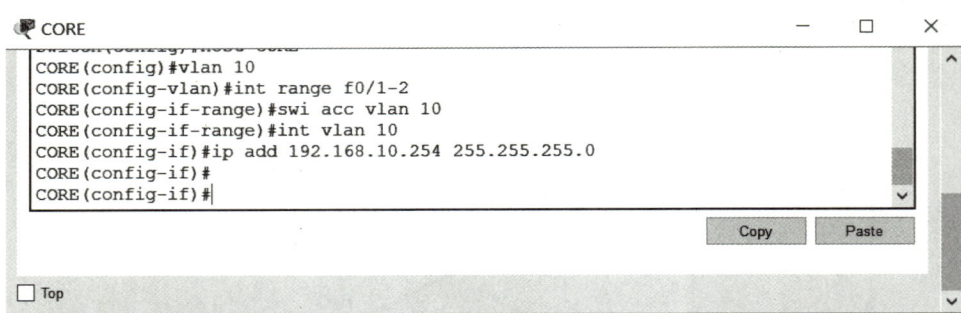

图 3-66　vlan 10 创建以及交换机接口加入 vlan 10 和 vlan 10 接口虚拟地址配置界面

(4) 在三层交换机中配置 DHCP 服务，即在 CLI(命令提示行接口) 标签中输入以下 DHCP 配置服务指令：

CORE(config)#ip dhcp pool v10	// 创建一个名称为 v10 的地址池
CORE(dhcp-config)#default-r 192.168.10.254	// 配置默认路由
CORE(dhcp-config)#net 192.168.10.0 255.255.255.0	// 配置分发的 IP 地址段
CORE(dhcp-config)#dns 202.103.224.68	// 配置客户端收到的 DNS 地址信息
CORE(dhcp-config)#exit	// 退出当前 DHCP 配置模式
CORE(config)#ip dhcp exclu 192.168.10.254	// 设置 DHCP 服务排除地址
CORE(config)#	

DHCP 服务配置命令界面如图 3-67 所示。

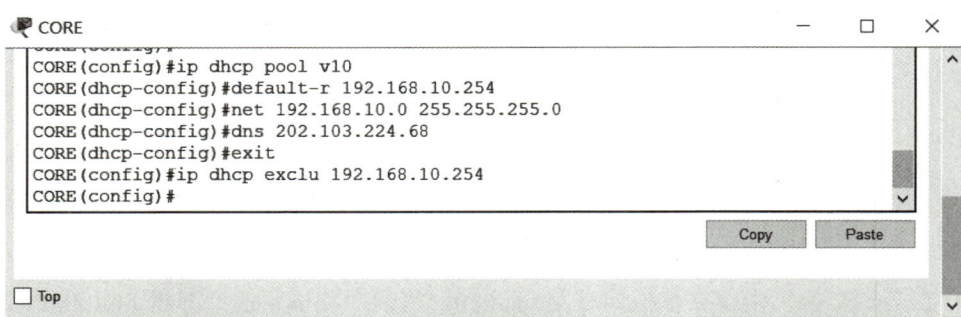

图 3-67　配置 DHCP 服务命令界面

(5) 测试 DHCP 服务器是否能够获得 192.168.10.0 网段的 IP 地址。点击网络拓扑图中的 PC1，选择 PC1 界面中的"Desktop"（桌面）选项卡，在"IP Configuration"(IP 配置) 中点击"DHCP"。如果配置没有问题，将顺利获得 IP 地址、默认网关及 DNS 服务器信息。由于相关信息由 DHCP 服务器 (三层交换机充当) 下发，因此所有的信息为灰色不可更改。PC1 获取 DHCP 服务器自动下发 IP 地址界面如图 3-68 所示。

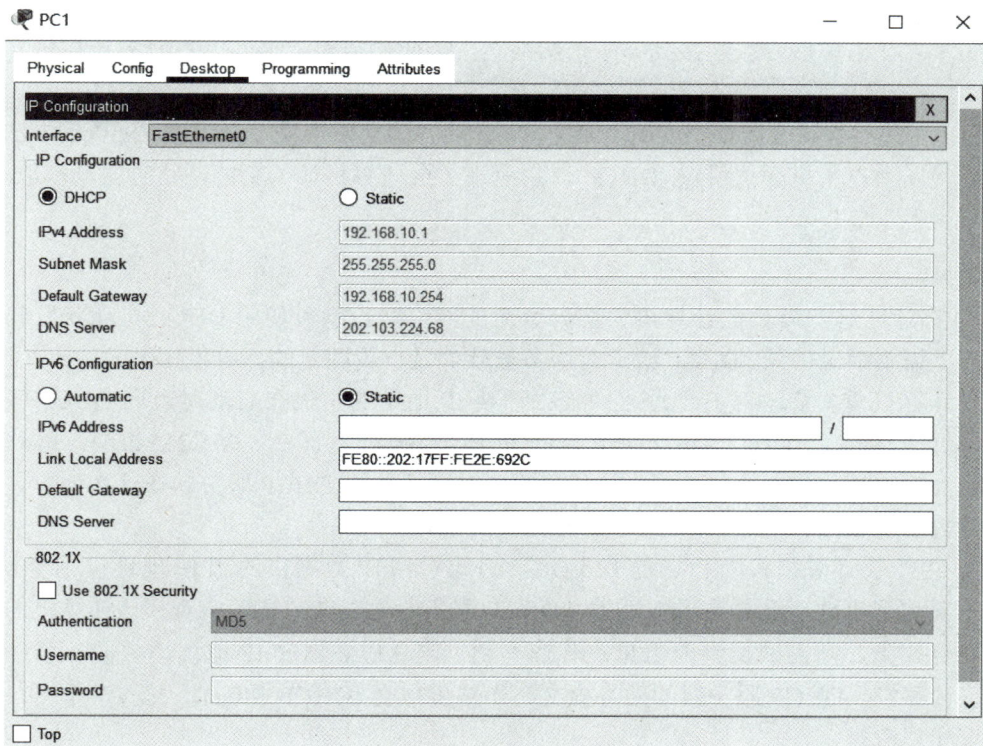

图 3-68　PC1 获取 DHCP 服务器自动下发 IP 地址界面

本例中，除了使用三层交换机充当 DHCP 服务器外，路由器以及单独的计算机服务器也可以进行 DHCP 的服务配置，但是需要进行 DHCP 服务的中继操作。为了让读者更好地了解 DHCP 在网络中的应用，路由器和单独服务器计算机的 DHCP 配置以视频课程方式提供。

五、效果检测

参照案例和视频课程完成 DHCP 动态地址获取。

六、拓展知识

1. 动态主机配置协议 (DHCP)

连接到因特网的计算机需要配置的项目包括：

(1) IP 地址。

(2) 子网掩码。

(3) 默认路由器的 IP 地址。

(4) 域名服务器的 IP 地址。

为了省去给计算机配置 IP 地址的麻烦，能否在计算机的生产过程中事先给每一台计算机配置好唯一的一个 IP 地址呢 (如同每一个以太网适配器拥有唯一的一个硬件地址)? 这显然是不行的，因为 IP 地址不仅包括主机号，还包括网络号。当计算机还在生产时，无法知道它在出厂后将被连接到哪一个网络上。因此，需要连接到因特网的计算机，必须对 IP 地址等项目进行协议配置。

用人工进行协议配置很不方便，而且容易出错，因此应当采用自动协议配置的方法。现在广泛使用动态主机配置协议 (DHCP)，它允许一台计算机加入新的网络时自动获取 IP 地址而不用手工参与。

2. DHCP 原理

(1) 当运行客户软件的计算机移至一个新的网络时，就可使用 DHCP 自动获取其配置信息而不需要手工干预。DHCP 给运行服务器软件且位置固定的计算机指派一个永久地址，当这台计算机重新启动时其地址不改变。需要 IP 地址的主机在启动时就向 DHCP 服务器广播发送发现报文 (DHCP Discover)(目的 IP 地址为全 1，即 255.255.255.255), 这时该主机就成为 DHCP 用户。由于广播发送发现报文时还不知道 DHCP 服务器在什么地方，因此此时要去发现 (Discover)DHCP 服务器的 IP 地址。

(2) 由于该计算机没有自己的 IP 地址，因此它将 IP 数据报的源 IP 地址设为全 0，只有 DHCP 服务器才对此报文进行回答。DHCP 服务器先在其数据库中查找该计算机的配置信息。若找到，则返回找到的信息；若找不到，则从服务器的 IP 地址池中取一个地址分配给该计算机。DHCP 服务器的回答报文叫作提供报文 (DHCP Offer)，表示"提供"了 IP 地址等配置信息。

(3) 当 DHCP 中继代理收到该计算机以广播形式发送的发现报文后，就以单播方式向 DHCP 服务器转发此报文，并等待其回答。DHCP 中继代理收到 DHCP 服务器回答的提供报文后，再把此提供报文发回到该计算机。DHCP 报文只是 UDP 用户数据报的数据，它还要加上 UDP 首部、IP 数据报首部，以及以太网的 MAC 帧的首部和尾部后，才能在链路上传送。

七、自我测试

(1) 你是公司网管，网络中包括 2 台 Windows 2000 Server 系统和 50 台 Windows 2000 Professional 系统计算机，用 DHCP 动态分配地址。你在配置 DNS 服务器自动更新 DHCP 客户端的正向和反向查找区域时发现，在反向查找区域 PTR 记录涉及 15 台客户机，而另外 35 台没有 PTK 记录。如何解决？

A. 配置客户机使它们向 DNS 注册 A 记录

B. 配置客户机使它们不在 DNS 服务器上注册域名

C. 配置 DHCP 服务器，更新那些不支持动态更新的客户机

D. 配置 DHCP 服务器，更新 DNS，即使客户机没有提出请求

(2) 如果客户机同时得到多台 DHCP 服务器的 IP 地址，它将 (　　)。

A. 随机选择　　　　　　　　　　B. 选择最先得到的

C. 选择网络号较小的　　　　　　D. 选择网络号较大的

(3) 某部门越来越多的用户抱怨 DHCP 服务器自动分配的 IP 地址不能获得，因此希望使用 Networking Monitor 来监视 DHCP 的客户和该 DHCP 服务器之间的通信。为了寻找排除故障的办法，应该监视以下哪些 DHCP 消息？(　　)

A. DHCP Discover 和 DHC Prequest

B. DHCP Request 和 DHCP NAK

C. DHCP Ack 和 DHCP NAK

D. DHCP Request 和 DHCP Offer

(4) 如果引入 DHCP 服务器以自动分配 IP 地址，那么下列 (　　) 组网络 ID 将是最好的选择。

A. 24.x.X.x　　　　　　　　　　B. 172.16.x.x

C. 194.150.x.x　　　　　　　　　D. 206.100.x.x

(5) 如果希望一个 DHCP 客户机总是获取一个固定的 IP 地址，那么可以在 DHCP 服务器上为其设置 (　　)。

A. IP 作用域　　　　　　　　　　B. IP 地址的保留

C. DHCP 中继代理　　　　　　　D. 子网掩码

(6) 在 DHCP 客户机上运行 (　　) 命令来更新 IP 地址租约。

A. ipconfig all　　　　　　　　　B. ipconfig/release

C. ipconfig/renew　　　　　　　　D. ping

项目四　网络安全配置

项目简介

网络安全是指网络系统的硬件、软件及其系统中的数据受到保护，不会因偶然因素的影响或者恶意的攻击而遭到破坏、更改、泄露，确保系统能连续、可靠、正常地运行，网络服务不中断。从本质上看，网络安全就是网络中信息的安全。从广义上来说，凡是涉及网络信息的保密性、完整性、可用性、真实性和可控性的相关技术与理论，都是网络安全的研究范畴。

本项目包含两个任务，通过任务重点需掌握的知识点包括：利用 Wireshark 捕获 FTP 登录账号；利用 PGP 实现邮件加密和签名；了解网络安全的重要性，以及网络主要的攻击行为和主要的防御措施。

项目导图

项目四
网络安全配置

任务4.1：利用Wireshark 捕获 FTP 登录账号

任务4.2：利用PGP 实现邮件加密和签名

任务 4.1　利用 Wireshark 捕获 FTP 登录账号

一、前导知识

从访问电子邮件、登录网上账户，再到访问智能手机，我们每天都会用到账号和密码。密码是保护账户的最后一道防线。如果他人知道或猜测到我们的密码，便可以访问我们的账户，阅读邮件，观看信息，窃取我们的身份。所以，密码安全至关重要。

利用 Wireshark
捕获 FTP 登录账号

微课堂

远程桌面应用厂商 AnyDesk 遭遇网络攻击，数千名用户登录凭据被盗

2024 年 2 月 2 日，热门远程桌面应用 AnyDesk 披露了一起安全漏洞事件，涉及未知黑客未经授权访问其生产系统。此次攻击发生在 2024 年 1 月 29 日至 2 月 1 日之间，AnyDesk 遭受的攻击导致其生产系统被破坏，影响了用户登录 AnyDesk 客户端。AnyDesk 的德国总部在其通报中透露了这一事件，并在发现入侵迹象后，与 CrowdStrike 合作启动了响应计划。这一事件不仅是一个安全警告，也是企业如何应对此类攻击的重要研究案例。AnyDesk 公司的快速反应，包括撤销相关的安全证书和系统，以及使用新的二进制文件撤销之前的代码签名证书，展示了其在发现安全事件后采取积极措施的能力。

引自新浪网 (2024 年 02 月 29 日)

二、任务目标

本任务要求通过利用 Wireshark 捕获 FTP 登录账号了解网络安全的重要性。

1. 德育目标

在用仿真软件搭建 FTP 服务器及使用软件捕获数据的过程中，体现团队精神和合作意识；在小组讨论时，学会倾听，尊重他人；在网络拓扑搭建和网络部署过程中，追求精致完美和一丝不苟的工作作风，培养工匠精神。

2. 知识目标

(1) 复习 FTP 服务器的功能和服务。
(2) 熟悉数据捕获的基本方法。
(3) 熟练进行网络安全配置。

3. 技能目标

(1) 熟练掌握 FTP 服务器的搭建。
(2) 熟悉利用 Wireshark 软件进行数据报捕获的方法及其过滤器的使用。

（3）能够进行 Windows Server 2008 R2 密码复杂性设置操作。

三、任务准备

（1）为任务小组成员安排环形座位。

（2）任务小组成员人均一台安装有 Windows(Windows Server 2008 R2 企业版) 操作系统和 VMware Workstation 10.0 软件的计算机。

（3）教师机屏幕广播软件能覆盖每一台计算机。

四、任务步骤

在一台计算机上创建一个 FTP 服务器，使用另一个计算机进行连接，并传输图片，用 Wireshark 软件抓包分析 FTP 用户名 (账号) 和密码，找到 FTP 传输过程中的用户名和密码信息，了解网络安全分析软件的使用。

（1）参考前述项目关于 FTP 服务器的搭建 (任务 3.3) 相关步骤，在虚拟机中完成 FTP 服务器的搭建，配置虚拟机 FTP 服务器地址为 192.168.1.200，登录用户名为 ftpuser，密码为 L@123456$，并在虚拟机中完成 FTP 登录用户名的测试。虚拟机 FTP 用户名测试结果如图 4-1 所示。

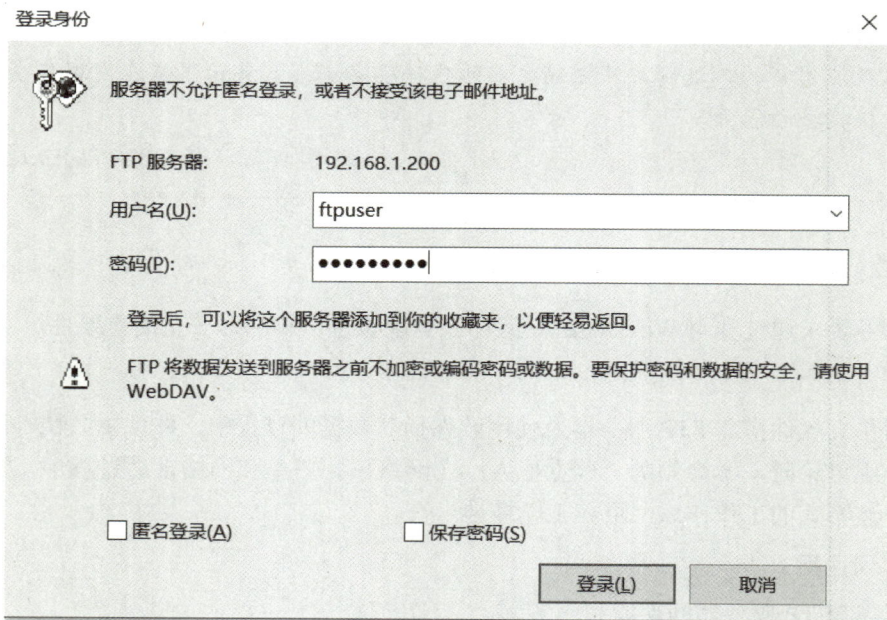

图 4-1　虚拟机 FTP 用户名测试结果

（2）在另一个计算机中打开 Wireshark 软件 (这个计算机的 IP 地址为 192.168.1.28)，在应用显示过滤栏里输入"FTP"(只筛选 FTP 协议的数据包)，启动捕获。连接虚拟机上配置的 FTP 服务器，输入用户名和密码，登录成功后停止抓包，此时 FTP 协议通信过程中的数据包已经被 Wireshark 软件捕获到。Wireshark 捕获到的所有 FTP 数据包信息如图

4-2 所示。

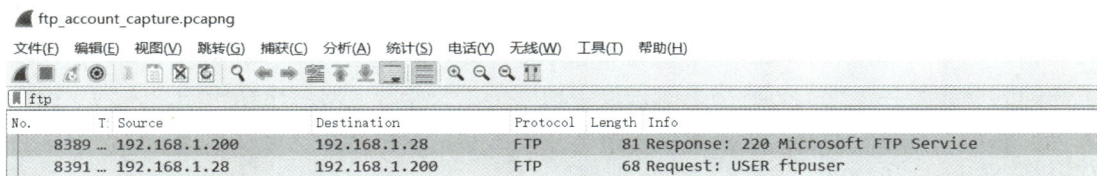

图 4-2　Wireshark 捕获到的所有 FTP 数据包信息

(3) 查看捕获到的 FTP 用户名和密码，如图 4-3 所示。

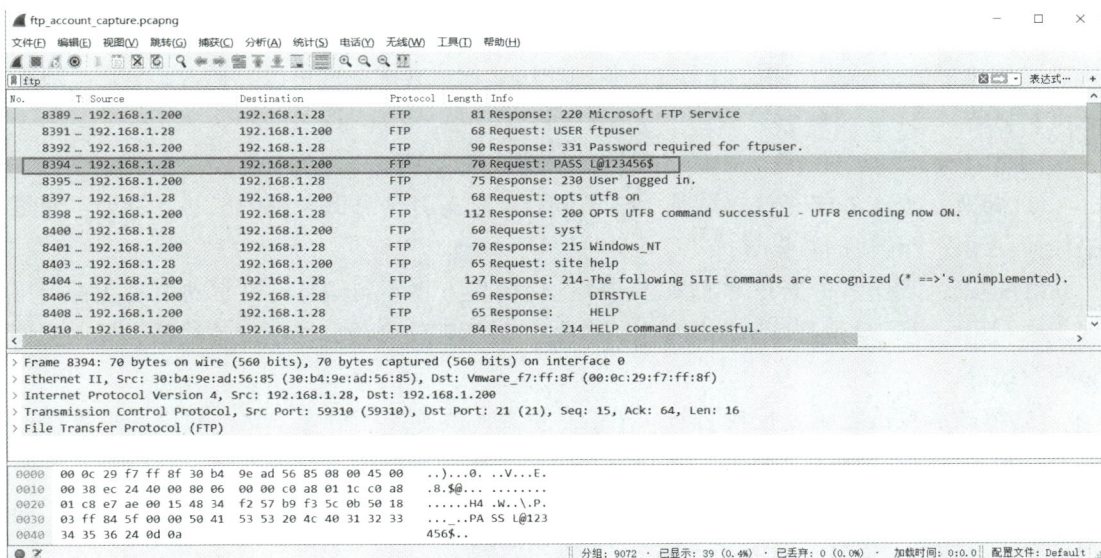

图 4-3　查看捕获到的 FTP 用户名和密码

五、效果检测

在虚拟机中完成使用 Windows Server 2008 R2 建立 FTP 用户名，用户名为个人名字拼音且首字母大写；开启密码复杂性设置，密码使用 L@123456$；进行远程登录，并使用 Wireshark 软件捕获远程登录的用户名和密码。

六、拓展知识

1. 网络受到的威胁

网络受到的威胁来自于网络的内部和外部两个方面，主要表现为非法授权访问、假冒合法用户、病毒破坏、线路窃听、干扰系统正常运行、修改或删除数据等。这些威胁大致可分为无意威胁和有意威胁两大类。

(1) 无意威胁。无意威胁是指在无预谋的情况下破坏系统的安全性、可靠性或信息资源的完整性等威胁。无意威胁主要是由一些偶然因素引起的，如软硬件的机能失常，不可避免的人为错误、误操作，电源故障和自然灾害等。

(2) 有意威胁。有意威胁实际上就是"人为攻击"。由于网络本身存在脆弱性，因此总有某些人或某些组织想利用网络系统以达到某种目的，如从事工业、商业或军事情报搜集工作的间谍和黑客，他们对网络系统的安全构成了主要威胁。对网络系统的"人为攻击"，既可以通过攻击某个网站，也可以使用特殊技术来对整个网络系统进行攻击，以便得到有针对性的、敏感的信息。

2. 网络攻击的形式

网络攻击可分为被动攻击和主动攻击两种。被动攻击是指攻击者只窃取网络线路上的信息，而不干扰信息的正常流动，如被动地搭线窃听或非授权阅读信息。主动攻击是指攻击者对传输中的信息或存储的信息进行各种非法处理，有选择地更改、插入、延迟、删除或复制这些信息。

网络攻击又可分为窃听、中断、篡改、伪造4种类型。

(1) 窃听：攻击者未经授权浏览了信息资源。这是对信息保密性的威胁，例如，通过搭线捕获线路上传输的数据等。

(2) 中断：攻击者中断正常的信息传输，使接收方收不到信息，正常的信息变得无用或无法利用。这是对信息可用性的威胁，例如，破坏存储介质、切断通信线路、侵入文件管理系统等。

(3) 篡改：攻击者未经授权而访问了信息资源，并篡改了信息。这是对信息完整性的威胁，例如，修改文件中的数据、改变程序功能、修改传输的报文内容等。

(4) 伪造：攻击者在系统中加入了伪造的内容。这也是对数据完整性的威胁，例如，向网络用户发送虚假信息、在文件中插入伪造的记录等。

3. 网络安全标准和等级

1983 年，美国国防部发布了《可信计算机评估标准》，又称桔皮书。1985 年，此标准经过修订后成为了美国国防部的标准。在欧洲，英国、荷兰和法国带头联合制定了欧洲共同的安全评测标准，并于 1991 年颁布了 ITSEC(《欧洲信息安全评价标准》)。1993 年，加拿大颁布了 CTCPEC(《加拿大可信计算机产品评测标准》)。在安全体系结构方面，ISO 制定了国际标准 ISO 7498-1989(《信息处理系统开放系统互连基本参考模型第 2 部分安全体系结构》)。我国从 20 世纪 80 年代开始，参照国际标准并引进了一批国际信息安全基础技术标准，使我国信息安全技术得到了很大的发展。我国与国际标准靠拢的信息安全政策、法规，以及技术、产品标准都陆续出台，有关信息安全的标准有《计算机信息系统安全专用产品分类原则》《商用密码管理条例》《计算机信息系统安全保护等级划分准则》《中华人民共和国计算机信息系统安全保护条例》等。

计算机信息系统安全等级的划分主要有两种：一种是依据美国国防部发布的评估计算机系统安全等级的桔皮书，将计算机安全等级划分为 4 类 8 级，即 A2、A1、B3、B2、B1、C2、C1、D；另一种是依据我国颁布的《计算机信息系统安全保护等级划分准则》(GB 17859—1999)，将计算机安全等级划分为 5 级。

4. 网络防御的方式

网络安全是应对网络威胁、克服网络脆弱性、保护网络资源的所有措施的总和，涉及政策、法律、管理、教育和技术等方面的内容。网络安全是一项系统工程，针对来自不同方面的安全威胁，需要采取不同的安全对策，可从法律、制度、管理和技术上采取综合措施，以便相互补充，达到较好的安全效果。其中，技术措施是最直接的屏障。目前，常用而有效的网络安全技术有数据加密、网络防火墙和网络防病毒技术。

七、自我测试

(1) 你想发现到达目标网络需要经过哪些路由器应该使用 (　　) 命令。

A. ping
B. nslookup
C. tracert
D. ipconfig

(2) SSL 平安套接字协议所使用的端口是 (　　)。

A. 80
B. 443
C. 1433
D. 3389

(3) 从系统工程的角度，要求计算机信息网络具有 (　　)。

A. 可用性、完整性、保密性
B. 真实性 (不可抵赖性)
C. 可靠性、可控性
D. 稳定性

(4) A 方有一对密钥 (KA 公开，KA 秘密)，B 方有一对密钥 (KB 公开，KB 秘密)，A 方向 B 方发送数字签名 M，对信息 M 加密为 M = KB 公开 (KA 秘密 (M′))。B 方收到密文的解密方案是 (　　)。

A. KB 公开 (KA 秘密 (M′))
B. KA 公开 (KA 公开 (M′))
C. KA 公开 (KB 秘密 (M′))
D. KB 秘密 (KA 秘密 (M′))

(5) 攻击者截获并记录了从 A 到 B 的数据，然后又从早些时候所截获的数据中提取出信息重新发往 B 称为 (　　)。

A. 中间人攻击
B. 口令猜测器和字典攻击
C. 强力攻击
D. 重放攻击

(6) 加密和签名的典型区别是 (　　)。

A. 加密是用对方的公钥，签名是用自己的私钥
B. 加密是用自己的公钥，签名是用自己的私钥
C. 加密是用对方的公钥，签名是用对方的私钥
D. 加密是用自己的公钥，签名是用对方的私钥

(7) IPSec 在 (　　) 下把数据封装在一个 IP 包，传输时以隐藏路由信息。

A. 隧道模式
B. 管道模式
C. 传输模式
D. 安全模式

(8) RSA 算法基于的数学难题是 (　　)。

A. 大整数因子分解的困难性
B. 离散对数问题
C. 椭圆曲线问题
D. 费马大定理

任务 4.2　利用 PGP 实现邮件加密和签名

一、前导知识

　　数据加密技术是研究计算机信息加密、解密及其变换的科学。在国外，它已成为计算机安全研究的主要方向，也是计算机安全课程中的主要内容。数据加密技术是对数据信息进行编码和解码的技术。数据信息没有被处理之前称为明文，明文使用某种方法隐藏它的真实内容后称为密文。把明文变成密文的过程称为加密，把密文变成明文的过程称为解密。下面通过利用 PGP 软件对邮件进行加密任务来了解加密技术。

利用 PGP 加密磁盘文件

微课堂

量子密钥分发

　　量子密钥分发 (Quantum Key Distribution，QKD) 是利用量子力学特性来保证通信的安全性的。它使通信的双方能够产生并分享一个随机的、安全的密钥来加密和解密消息。2023 年 5 月，中国科学家实现了光纤中 1002 km 点对点远距离量子密钥分发，创下了光纤无中继量子密钥分发距离的世界纪录。

二、任务目标

　　本任务要求使用 PGP 软件对邮件等进行加密和签名。

1. 德育目标

　　学习 PGP 软件加密方法，了解信息安全的重要性；在小组讨论时，学会倾听，尊重他人；在密钥生成及加解密过程中，追求精致完美和一丝不苟的工作作风，培养工匠精神。

2. 知识目标

(1) 了解对称加密和非对称加密的原理。
(2) 了解对称加密和非对称加密的主流技术。
(3) 了解数字签名的原理和主流技术。

3. 技能目标

(1) 了解加密软件 PGP 的原理。
(2) 熟悉 PGP 软件的简单配置方法。

三、任务准备

(1) 为任务小组成员安排环形座位。
(2) 任务小组成员人均一台安装有 Windows 操作系统的计算机。

(3) 教师机屏幕广播软件能覆盖每一台计算机。

四、任务步骤

PGP(Pretty Good Privacy，更好的保护隐私) 加密软件是一个基于 RSA 加密体系的加密软件系列，最常用的版本是 PGP Desktop Professional(PGP 专业桌面版)，其功能主要有加密 / 签名、解密 / 校验、创建以及管理密钥、创建自解密压缩文档、创建与永久粉碎销毁文件和文件夹、全盘密码保护、即时消息工具加密、网络资料共享加密等。下面以 PGP Desktop 10.0.3 版本为例介绍电子邮件的加密。

(1) 启动 PGP Desktop，界面如图 4-4 所示。

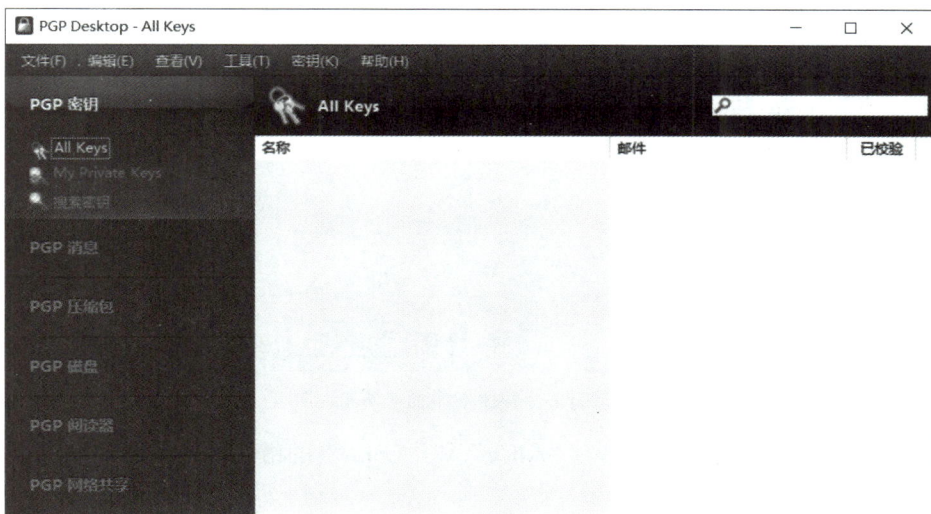

图 4-4　PGP Desktop 启动界面

(2) 生成加密密钥。在加密软件中，对文件、磁盘以及电子邮件的加密都离不开密钥，RSA 提供了非对称密钥的加解密技术，关于 RSA 加密技术可以参考本任务的拓展知识进行更细致的了解。生成加密密钥步骤如下：

步骤 1：点击"文件"→"新建 PGP 密钥"，弹出 PGP 密钥生成助手对话框如图 4-5 所示，在对话框中输入密钥的名称和电子邮箱信息。

图 4-5　PGP 密钥生成助手对话框

步骤2：点击"下一步"按钮，进入"创建口令"窗口界面（如图4-6所示），对新建立的密钥配置口令。口令的复杂性要求8位字符，并包含数字和字母，口令的复杂性决定了口令强度和破译难度。

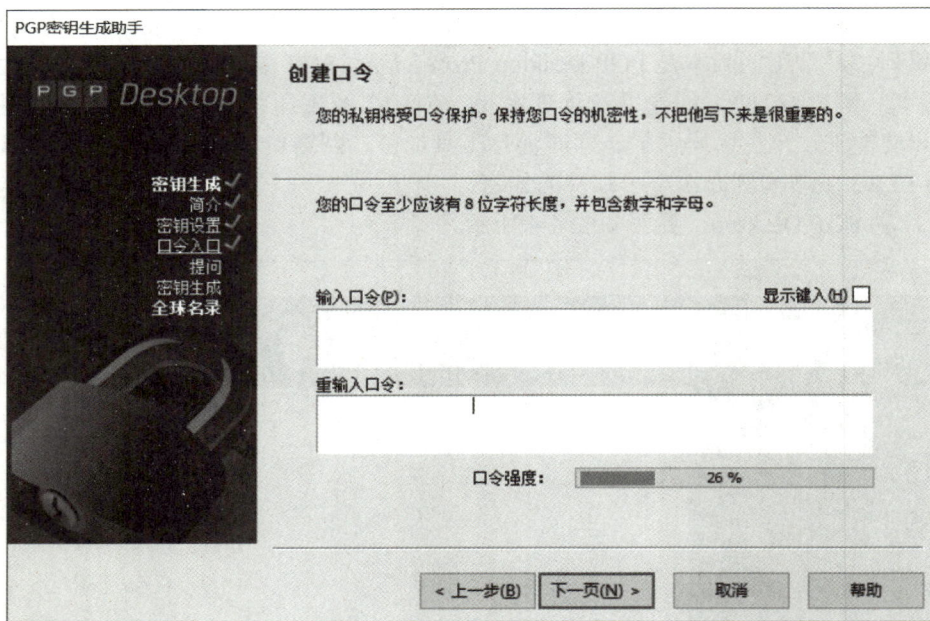

图4-6　创建密钥口令界面

按照以上步骤，分别建立名称为"Alice"和"Lotus"的密钥，密钥创建完成界面如图4-7所示。

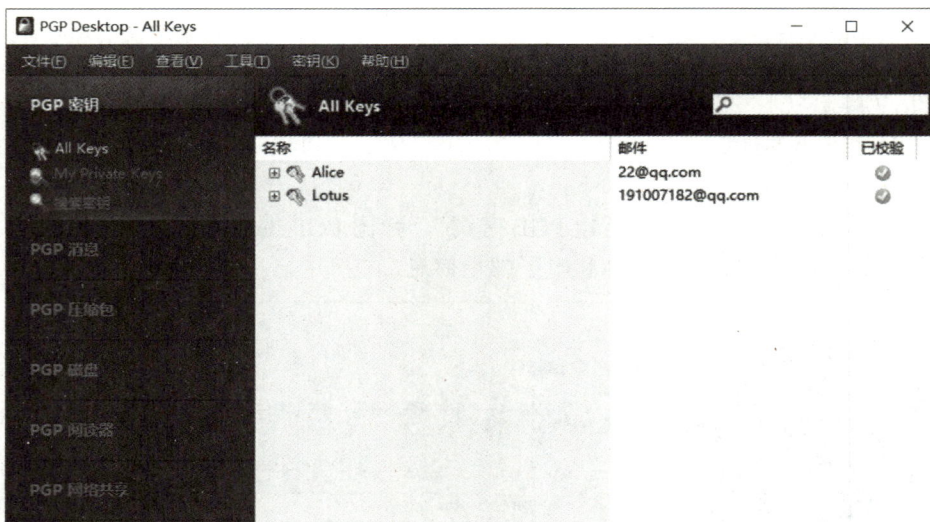

图4-7　密钥创建完成界面

(3) 导出公钥。在导出公钥之前，先简要了解一下公钥和私钥。RSA生成的密钥为一对（两个），即公钥和私钥成对使用，公钥对外公开，私钥由个人秘密保存；用其中一把密钥加密，就只能用另一把密钥解密。在网络安全传输中，通常将公钥发给对方用来加密传输的数据，用私钥来进行解密收到的数据。RSA 加密和解密过程如图 4-8 所示，明文（没有加密的文档）经过公钥加密（图中 E 代表加密）成文密文（密钥加密后的文档），经过信道传输，使用私钥进行解密（图中 D 表示解密）还原为明文。

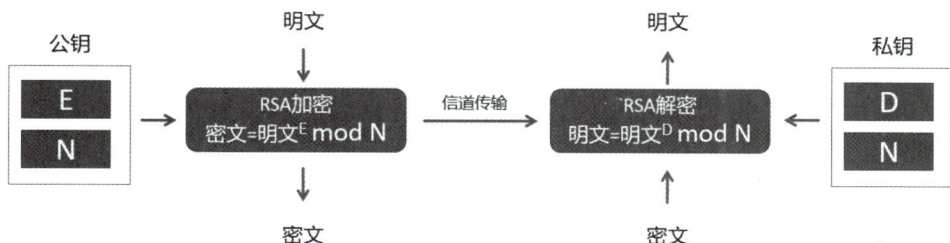

图 4-8　RSA 加密和解密过程

密钥生成后，需要导出公钥发给需要加密通信的人，下面以"Lotus"用户公钥的导出为例。点击"Lotus 密钥"，选择"导出密钥"，将公钥保存到 E 盘，这里默认导出的公钥文件扩展名为".asc"。导出公钥界面如图 4-9 所示。

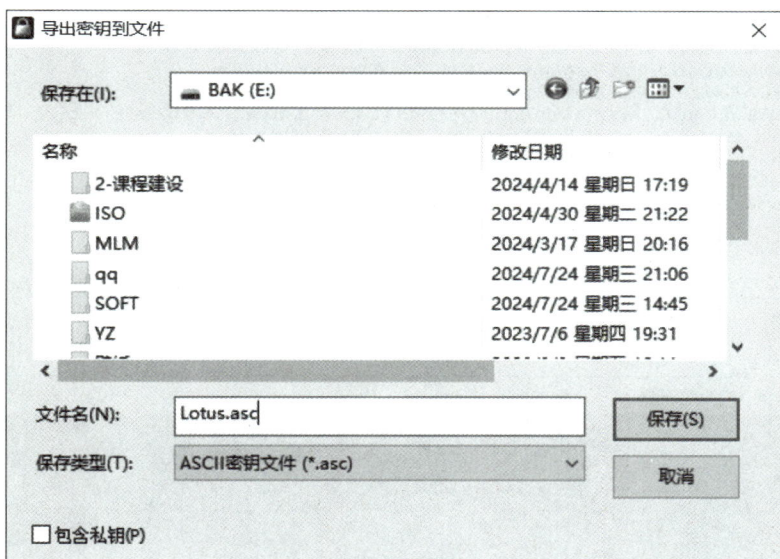

图 4-9　导出公钥界面

(4) 查看导出公钥。公钥导出后，使用计算机操作系统自带的记事本可以打开".asc"文件进行查看。查看公钥文件界面如图 4-10 所示。公钥的复杂度和所选用的密钥类型与密钥大小有直接的关系，PGP Desktop 提供了"高级密钥"选项供不同的加密场合进行选择。

(5) 磁盘加密。PGP Desktop 提供了磁盘加密功能，有了密钥后，就可以进行磁盘的加密。通过软件主界面左侧的"PGP 磁盘"选项，可进入磁盘加密。磁盘加密可以对整个硬盘和单个磁盘分区进行加密，PGP 磁盘加密界面如图 4-11 所示。具体磁盘加密操作过程在视频课程中体现。

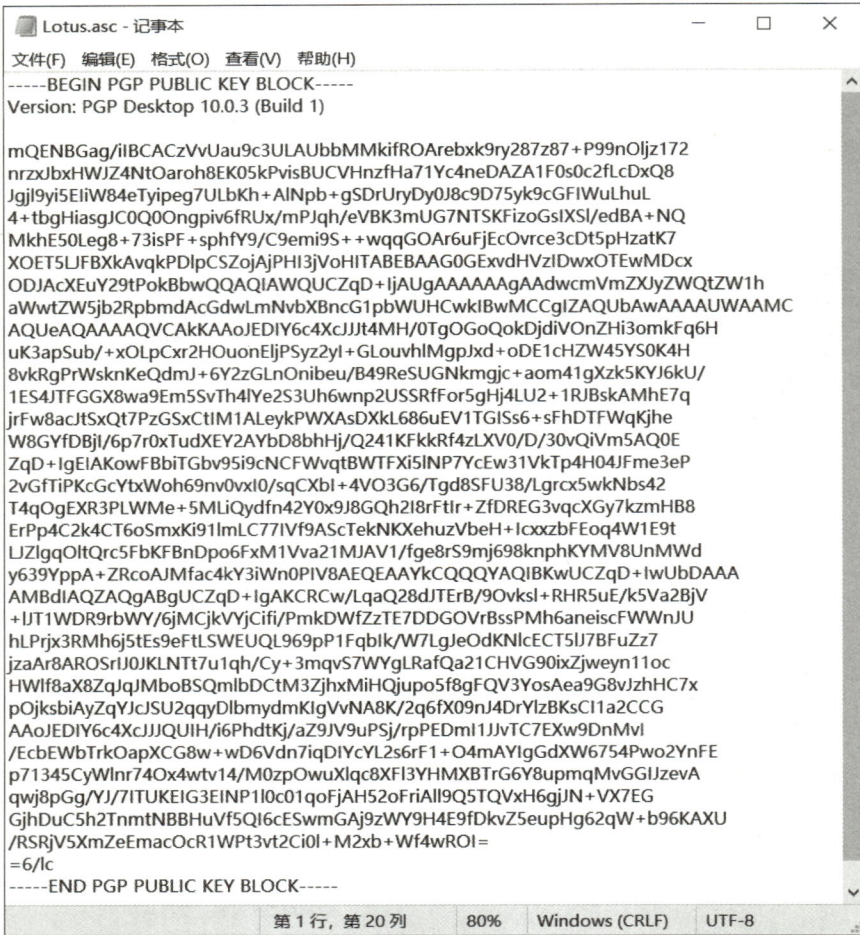

图 4-10　查看公钥文件界面

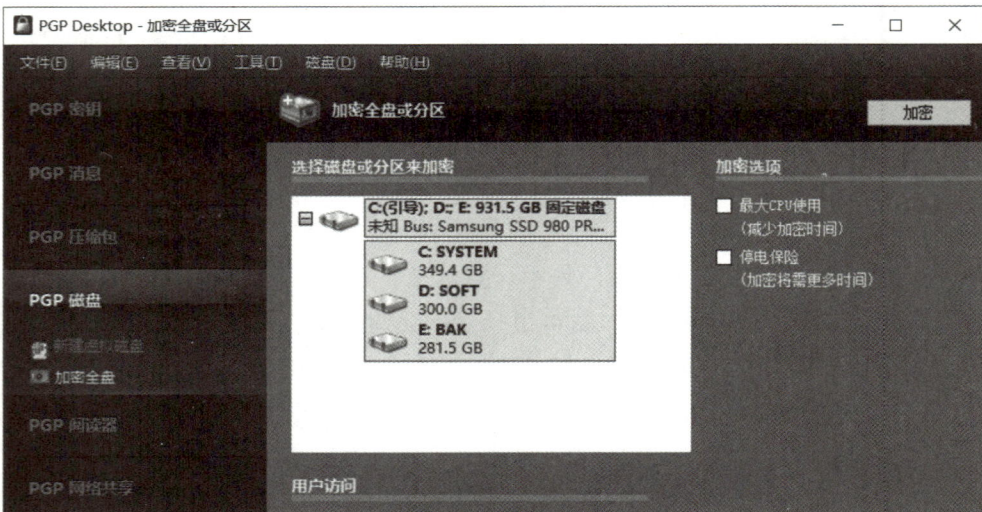

图 4-11　PGP 磁盘加密

（6）文件加密。文件加密是计算机安全的重要组成部分，PGP Desktop 提供了对文件的加密支持。下面以加密一个文本文件为例介绍文件的加密过程。

步骤 1：在桌面上新建一个名称为"hello.txt"的文本文件，"hello.txt"文本文件内容如图 4-12 所示。

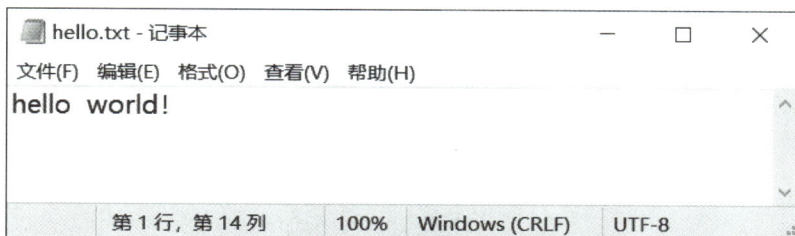

图 4-12　"hello.txt"文本文件

步骤 2：在 PGP Desktop 软件主界面中，选择"PGP 压缩包"→"新建 PGP 压缩包"，启动 PGP 压缩包助手对话框，并将新建好的"hello.txt"文件通过拖动，或者通过点击窗口左下角的添加文件按钮，将文件添加入 PGP Desktop 软件，如图 4-13 所示。

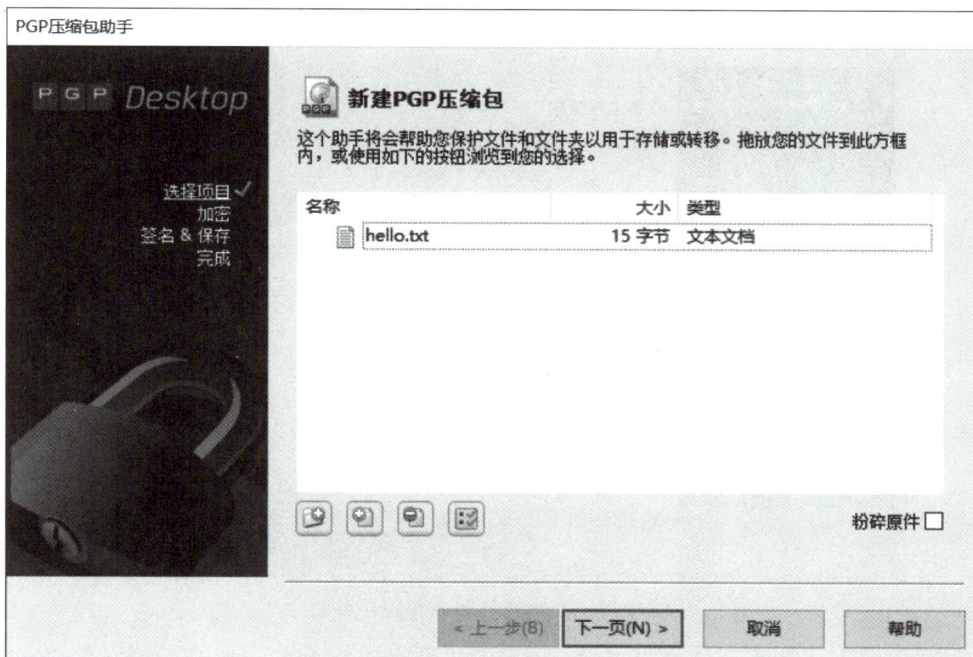

图 4-13　"hello.txt"文本文件添加

步骤 3：对文本文件进行加密。对文本文件进行加密时有"收件人密钥""口令""PGP 自解密文档"和"只签名"选项，这里选择"Lotus"的"收件人密钥"如图 4-14 所示。

步骤 4：密钥选择完成后，可以对加密后的"hello.txt"文件进行数字签名。数字签名可以确认信息发送的真实性，这里使用"Lotus"密钥进行数字签名。另外还需选择加密文档的保存位置，这里选择保存到 C 盘。文本文件的签名和保存界面如图 4-15 所示。

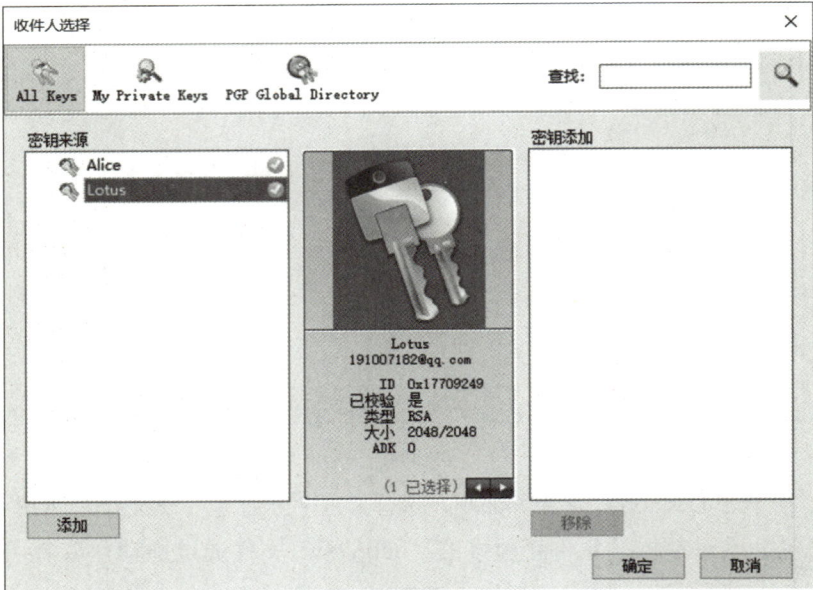

图 4-14　选择文本文件加密方式界面

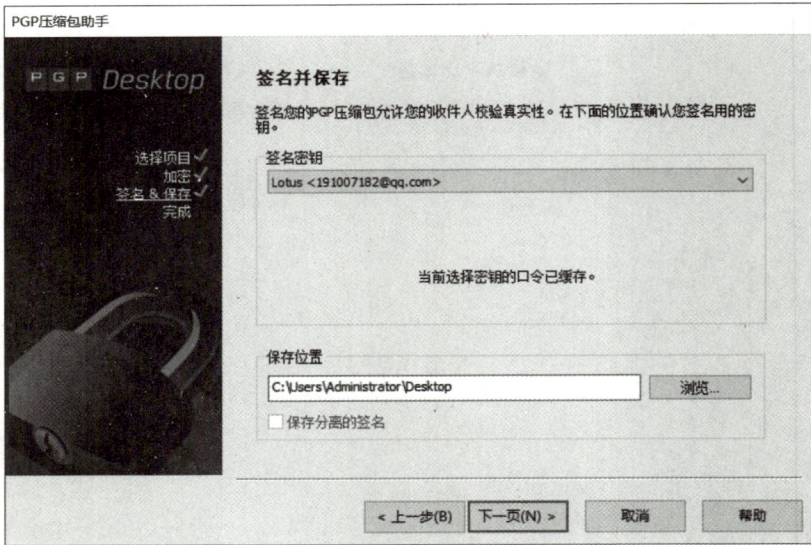

图 4-15　文本文件签名和保存界面

(7) 文件解密。加密后的文档以".pgp"的扩展名进行命名，加密后的文件"hello.txt. pgp"如图 4-16 所示。

图 4-16　加密后的文件"hello.txt.pgp"

当加密文件需要解密时，接收方可以使用"Lotus"公开发布的公钥进行解密。如果是加密者自己使用，也可以使用个人密钥进行解密。如果接收方已经安装了 PGP Desktop 软件，则只需用鼠标双击加密文档或者通过 PGP Desktop 软件的菜单导入待解密文件即可。待解密的文档如图 4-17 所示。

图 4-17　待解密的文档

接收方解密需要导入公钥，使用时直接输入密钥口令即可还原 hello.txt 文档，如图 4-18 所示。

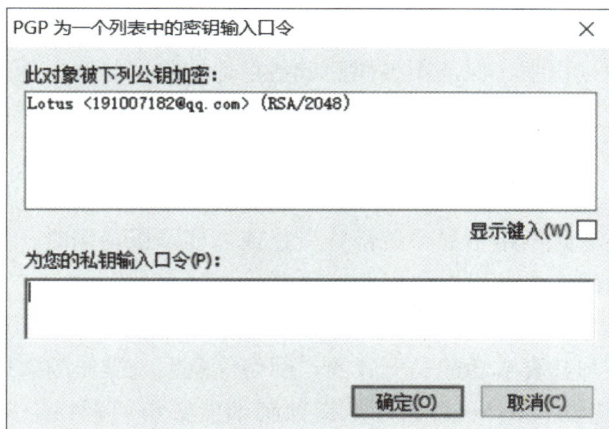

图 4-18　解密文档时输入口令界面

(8) 电子邮件加密和解密。PGP 对电子邮件加密通过采用公钥加密和私钥解密的方式，保证了邮件内容的保密性和完整性，使得互联网通信更加安全可靠。PGP 对电子邮件加密需要 Outlook 软件配合来进行。PGP Desktop 软件可以与 Outlook 或 Outlook Express 自动关联，并在邮件发送界面显示"加密"选项。下面以"Lotus"发送电子邮件给 Alice

为例说明电子邮件加解密过程。

步骤1：计算机A、B上配置Outlook Express，这里使用的用户分别为"Alice"(22@qq.com)和"Lotus"(191007182@qq.com)。

步骤2：在计算机A上，打开新邮件发送窗口，"Lotus"写好邮件后分别单击图标中的"Encrypt Message(PGP)""Sign Message(PGP)"两项，对发送的电子邮件进行加密与签名。

步骤3：单击"发送"按钮，在弹出密钥选择窗口中，把邮件接收者的公钥加入到"Recipients"栏内，然后单击"OK"按钮。这里选择的邮件接收者为用户"Alice"。

步骤4：弹出口令输入窗口，输入用户"Lotus"私钥加密的口令，单击"OK"按钮，将邮件发送到用户"Alice"。需要注意的是，这里用户"Lotus"的私钥对邮件进行了数字签名。

步骤5：在计算机B上，"Alice"打开收到的邮件，单击图标中的"Decrypt PGP message"按钮。弹出口令输入窗口，正确输入对用户"Alice"私钥加密的口令，单击"OK"按钮即可对邮件解密。

五、效果检测

独立完成文本文件的创建和非对称加密，并将公钥发给对方，然后完成解密操作。

六、拓展知识

1.计算机网络安全的要求

(1) 保密性。保密性 (Secrecy) 是指信息在产生、传送、处理和存储过程中不泄露给非授权的个人或组织。保密性一般是通过加密技术对信息进行加密处理来实现的，经过加密处理后的加密信息，即使被非授权者截取，也会由于非授权者无法解密而不能了解其内容。

(2) 完整性。完整性 (Integrity) 是指信息在未经合法授权时不能被改变的特性，即信息在生成、存储或传输过程中，保证不被偶然或蓄意地删除、修改、伪造、乱序、插入等破坏和丢失的特性。完整性是一种面向信息的安全性，它要求保持信息的原样，即信息能正确地生成、存储和传输。

(3) 可用性。可用性 (Availability) 是指授权用户在正常访问信息和资源时不被拒绝，可以及时获取服务，或者是网络信息系统部分受损或需要降级使用时，仍能为授权用户提供有效服务，即保证为用户提供稳定的服务。

(4) 真实性。真实性 (Authenticity) 是指网络信息系统的访问者与其真实身份是一致的，网络应用程序的功能与其真实功能是一致的，网络信息系统操作的数据是真实有效的。

(5) 可控性。可控性 (Controlability) 是指控制谁能够访问网络上的信息并且能够进行何种操作，防止非授权用户使用资源或控制资源，有助于保证信息的保密性和完整性。

2. 数据加密技术

数据加密的核心技术就是设计一套合理可行的加密算法 (也叫作加密函数)，用于数据加密和解密。通常情况下，加密算法有两个相关联的函数，一个用于加密，另一个用于解密。在加密函数中，将称为密钥的密码变量作用于明文即可实现加密或解密操作。密钥是一种用于控制加密与解密操作的序列符号，它是成对使用的。用于进行加密的密钥称为加密密钥；用于进行解密的密钥称为解密密钥。如果加密和解密所使用的密钥是相同的，则这种加密算法称为对称加密算法，否则称为非对称加密算法。另外，如果直接使用加密函数对明文进行加密而不使用密钥，则这种加密算法称为不可逆加密算法。

3. 对称加密算法

对称加密算法是应用较早的加密算法，技术成熟。在对称加密算法中，数据发送方（加密者）将明文（原始数据）和加密密钥一起经过特殊加密算法处理后，使其变成复杂的加密密文发送出去。接收方（解密者）收到密文后，若想解读原文，则需要使用加密时的密钥及相同算法的逆算法对密文进行解密，使其恢复成可读明文。在对称加密算法中，使用的密钥只有一个，发收双方都使用这个密钥对数据进行加密和解密，这就要求接收方事先必须知道加密密钥。

对称加密算法的特点是：算法公开、计算量小、加密速度快、加密效率高。

对称加密算法的不足之处有以下几点：

(1) 收发双方都使用同样的密钥，安全性得不到保证。

(2) 每对用户每次使用对称加密算法时，都需要使用其他人不知道的唯一密钥，这会使得收发双方所拥有的密钥数量呈几何倍数增长，使密钥管理成为用户的负担。

(3) 对称加密算法在分布式网络系统上使用较为困难，主要是因为密钥管理困难，使用成本较高。

在计算机专网系统中，广泛使用的对称加密算法有数据加密标准 (Data Encryption Standard，DES) 和国际数据加密算法 (International Data Encryption Algorithm，IDEA) 等。美国国家标准局倡导的高级加密标准 (Advanced Encryption Standard，AES) 即将作为新标准取代 DES。

4. 非对称加密算法

在数学上，用于非对称加密算法的两个密钥是相互独立的，所以不可能或很难从一个密钥计算出另一个密钥。这种算法也称为公开密钥算法。因为一个密钥可以公之于众，所以称为"公钥"，而另外一个密钥处于秘密状态，则称为"私钥"。在使用非对称加密算法加密文件时，只有使用匹配的一对公钥和私钥，才能完成对数据的加密和解密过程。公钥就是公布出来，所有人都知道的密钥，它的作用是供公众使用。私钥是只有拥有者才知道的密钥。例如，公众可以用公钥加密文件，只有拥有对应私钥的人才能将之解密。

非对称加密算法的基本原理是：如果发送方想发送只有接收方才能解读的加密信息，则发送方必须首先知道接收方的公钥，然后利用接收方的公钥来加密原文；接收方收到加密密文后，使用自己的私钥才能解密密文。显然，采用非对称加密算法，收发双方在通信之前，接收方必须将自己早已随机生成的公钥发送给发送方，而自己保留私钥。由于非对称算法拥有两个密钥，因而特别适用于分布式系统中的数据加密。广泛应用的非对称加密算法有 RSA 算法和 DSA 算法。

5. 不可逆加密算法

不可逆加密算法的特征是，加密过程中不需要使用密钥，输入明文后，由系统直接使用加密算法处理成密文。这种加密后的数据是无法被解密的，只有重新输入明文，并再次经过同样不可逆的加密算法处理，得到相同的加密密文并被系统重新识别后，才能真正解密。显然，在这种加密过程中，加密是自己，解密还得是自己，而所谓解密，实际上就是重新加一次密，所应用的"密码"也就是输入的明文。不可逆加密算法不存在密钥保管和分发问题，非常适合在分布式网络系统上使用，但因加密计算复杂，工作相当繁重，通常只在数据量有限的情形下使用。例如，广泛应用于计算机系统中的口令加密，利用的就是不可逆加密算法。近年来，随着计算机系统性能的不断提高，不可逆加密算法的应用领域正在逐渐增大。在计算机网络中，应用较多的不可逆加密算法有 RSA 公司发明的 MD5(消息摘要算法) 和由美国国家标准局建议的不可逆加密标准 SHS 等。

6. 常用加密技术

加密算法是加密技术的基础，任何一种成熟的加密技术都是建立在多种加密算法组合或者加密算法和其他应用软件有机结合的基础之上的。下面介绍几种在计算机网络应用领域广泛应用的加密技术。

(1) 非否认技术。非否认 (Non-reptldiation) 技术的核心是非对称加密算法的公钥技术，通过产生一个与用户认证数据有关的数字签名来完成。当用户执行某一交易时，这种签名能够保证用户今后无法否认该交易发生的事实。由于非否认技术的操作过程简单，而且直接包含在用户的某类正常的电子交易中，因而成为当前用户进行电子商务、取得商务信任的重要保证。

(2) PGP 技术。PGP 是目前最流行的一种加密软件，是一个基于 RSA 公钥加密体系的邮件加密软件。PGP 可以生成一个由公钥和私钥组成的密钥对，用户可以将公钥用密码发送到网络服务器上，使想与其通信的人能够以公钥加密通信的内容，在用户接收到密文后，就可以用私钥将通信的内容解密。PGP 最重要的一个特点就是它可以随机生成公钥和密钥对，而且在通信双方之间使用时，可以利用自身给用户发放证书，而不用向公共发证机构申请专门的证书，从而节省了证书的申请费用。

7. 利用 SSL 实现安全数据传输

Web 服务是 Internet 中最重要的服务之一，现在许多对数据安全要求非常高的行业，如金融、商业也使用 Web 服务开展业务，所以 Web 服务中的数据安全性越来越受到人们的重视。SSL(Secret Socket Layer，安全套接层) 协议就提供了满足这些要求的一个解决方案。

SSL 是网景 (Netscape) 公司于 1994 年提出的基于 Web 应用的安全协议。该协议介于可靠的传输层协议 (TCP) 和应用层协议 (如 HTTP) 之间，为数据通信提供安全支持。目前，SSL 已成为安全 Web 应用的行业标准，例如当前流行的浏览器 (如 IE 和 Maxthon 等) 和 Web 服务器 (Netscape、Apache、Mierosoft IIs 等) 都支持 SSL。SSL 使用公钥加密技术和数字证书技术，实现客户机和服务器之间的身份认证与密钥协商，使用对称密码技术对 SSL 连接中传输的敏感数据进行加密，以及使用消息摘要算法实现客户机和服务器之间传输数据的完整性，并在传输层提供安全的数据传输通道。

七、自我测试

(1) 针对窃听攻击采取的安全服务是 (　　)。

A. 鉴别服务　　　　　　　　　　B. 数据机密性服务

C. 数据完整性服务　　　　　　　D. 抗抵赖服务

(2) HTTPS 是一种安全的 HTTP 协议，使用 (　　) 来保证信息安全。

A. IPSec　　　　　　　　　　　B. SSL

C. SET　　　　　　　　　　　　D. SSH

(3) 包过滤防火墙通过 (　　) 来确定数据包是否能通过。

A. 路由表　　　　　　　　　　　B. ARP 表

C. NAT 表　　　　　　　　　　　D. 过滤规则

(4) 某 Web 网站向 CA 申请了数字证书，用户登录该网站时，通过验证 (　　)，可确认该数字证书的有效性。

A. CA 签名　　　　　　　　　　B. 网站的签名

C. 会话密钥　　　　　　　　　　D. DES 密码

(5) 数字证书采用公钥体制进行加密和解密，每个用户有一个私钥，用它进行 (　　)。

A. 解密和验证　　　　　　　　　B. 加密和验证

C. 加密和签名　　　　　　　　　D. 解密和签名

(6) 计算机感染木马的典型现象是 (　　)。

A. 收到大量垃圾邮件　　　　　　B. 有未知程序试图建立网络连接

C. 系统不断重新启动　　　　　　D. 蓝屏

(7) 驻留在多个网络设备上的程序在短时间内同时产生大量的请求信息冲击某个 Web 服务器，导致该服务器不堪重负，无法正常响应其他合法用户的请求，这属于 (　　)。

A. 网上冲浪　　　　　　　　　　B. 中间人攻击

C. MAC 攻击　　　　　　　　　D. DDoS

项目五 / 无线网络部署

项目简介

　　无线网络是指无需布线就能实现各种通信设备互联的网络。无线网络技术涵盖的范围很广，既包括允许用户建立远距离无线连接的全球语音和数据网络技术，也包括为近距离无线连接进行优化的红外线及射频技术。

　　根据网络覆盖范围的不同，可以将无线网络划分为无线广域网 (Wireless Wide Area Network，WWAN)、无线局域网 (Wireless Local Area Network，WLAN)、无线城域网 (Wireless Metropolitan Area Network，WMAN) 和无线个人局域网 (Wireless Personal Area Network，WPAN)。

　　根据网络应用场合的不同，可以将无线网络划分为无线传感器网络 (Wireless Sensor Network，WSN)、无线 Mesh 网络 (也称为多跳 (Muti-hop)) 网络、可穿戴式无线网络和无线体域网络 (Wireless Body Area Network，WBAN) 等。

　　本项目包含两个任务，通过任务重点需掌握的知识点包括：通过学习无线 Mesh 网络组网过程，了解无线 Mesh 网络的特点和组网方式以及优化无线信号的方法；通过 PPPoE 接入互联网，了解 PPPoE 的客户端、服务器端的基本配置，熟悉 PPPoE 的工作原理。

项目导图

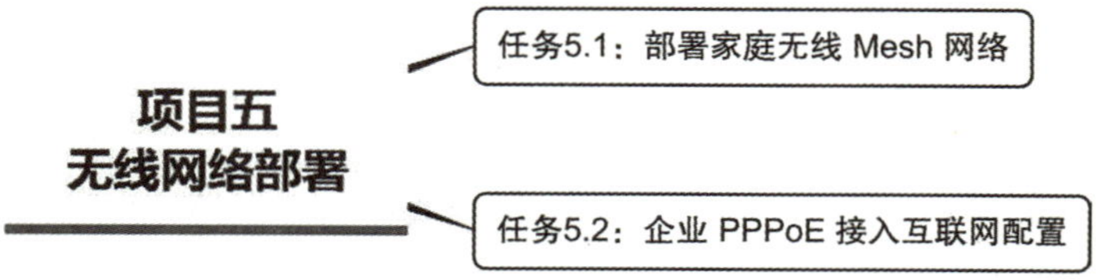

项目五
无线网络部署

任务5.1：部署家庭无线 Mesh 网络

任务5.2：企业 PPPoE 接入互联网配置

任务 5.1　部署家庭无线 Mesh 网络

一、前导知识

无线局域网 (Wireless Local Area Network，WLAN) 是一种短距离无线接入技术，具有安装灵活、价格低、抗干扰性强、网络保密性好等特点。目前 WLAN 的应用已经成为室内、小区尤其是热点地区的重要高速无线数据重要接入手段，已经发展到 Wi-Fi6(使用 5G 频段)。随着智能家电的普及，需要无线连接网络的设备也越来越多。无线 Wi-Fi6 虽然网速快，但 5G 频段的传输距离短，穿墙能力弱。若一个家庭的房子稍微大点，则一个无线路由器已经不能覆盖所有房间了，这时就需要多个无线路由器了。而由多个无线路由器组成的无线 Mesh 网络应用已经非常普遍，它的多个无线路由器为同一名称 SSID，使用时可以实现无缝切换。

> **微课堂**
>
> #### 需求所向——无线 Mesh 无线网络的优势
>
> 无线 Mesh 通信技术在输电线路在线监测应用中，通过具有多跳组网的高可靠性宽带无线 Mesh 技术，可使输电线路具有自动组网、自动故障隔离、自动网络优化功能，可有效提高输电线路无线网络的健壮性，实现高压输电线路的宽带无线网络覆盖，实时监控电力输电线路及杆塔运行状态。相比于 4G 网络带宽有限、传输高清视频的流量成本过高，无线 Mesh 网络具有明显的优势。

二、任务目标

本任务要求完成家庭无线 Mesh 局域网组建。

1. 德育目标

在组建无线 Mesh 网络的过程中，体现团队精神和合作意识；在小组讨论时，学会倾听，尊重他人；在网络拓扑搭建和网络部署过程中，追求精致完美和一丝不苟的工作作风，培养工匠精神。

2. 知识目标

(1) 了解无线网络的分类及无线网络的特点。

(2) 了解无线 Mesh 网络的工作特点。

(3) 了解无线连接时主要的优化措施。

3. 技能目标

(1) 熟悉无线 Mesh 路由器的部署。

(2) 掌握无线 Mesh 主从路由器的基本设置。

(3) 掌握利用无线信号扫描工具 inSSIDer 分析 Wi-Fi 热点信号并进行测试，从而确定信道的状态，并利用空闲信道提升数据传输性能。

三、任务准备

(1) 为任务小组成员安排环形座位。

(2) 任务小组成员人均一台安装有 Windows 操作系统的计算机。

(3) 教师机屏幕广播软件能覆盖每一台计算机。

四、任务步骤

(1) 了解无线组网方式。

无线组网方式有三种，分别是无线中继、AC(Access Control) + AP(Access Point)(无线控制器和无线接入点结合)，以及 Mesh 无线组网。无线 Mesh 网络中所有的节点都互相连接，形成一个整体的网络。支持 Mesh 功能的路由器组网后，会生成一种网状网络，不同接入点可以以星状、树状和总线方式等混合组网。在无线 Mesh 网络中，服务集标识 SSID(Service Set Identifier) 统一，无线设备可以自由寻找信号最好的节点去连接传输数据，例如用户手持设备在不同节点间穿梭时无线网络是无缝切换的，实现较好的漫游效果，漫游过程中，数据丢包、延时、抖动越少，网络质量越好。三种无线组网方式优缺点如表 5-1 所示。

表 5-1　三种无线组网方式优缺点

组网方式	优　　点	缺　　点
无线中继	组网速度快，上手难度低	末端网速受到信号中继长度制约，负责中继的路由器如果是中间路由器，一旦损坏，无线网络无法得到保障
AC + AP	信号稳定、集中式管理	需要提前布线
Mesh 无线组网	可配置动同步、支持有线 + 无线混合组网、多节点，具有网络自我修复功能、可以实现无缝漫游	至少需要三个节点才能发挥优势，经济性相对弱

(2) 搭建家庭典型无线 Mesh 网络的应用场景。

家庭典型无线 Mesh 网络通常在入户光纤进入弱电箱后，先接入光调制解调器 (光猫) 的 WAN 口 (广域网口)，然后由 LAN 口 (局域网口) 接 Mesh 主路由器的 WAN 口，再由 Mesh 主路由器 LAN 口接交换机，最后由交换机再连接多个 Mesh 子路由器，共同组成无线 Mesh 网络。这个网络拓扑中如果路由器之间连接全部使用有线连接，则这种组网方式称为有线回程 (信号损耗最小)；如果全部采用无线连接，则称为无线回程。无线回程组网方式虽然简单，但是信号损耗较多。另外有的无线 Mesh 网络还采用有线和无线混合方式连接。家庭典型无线 Mesh 网络拓扑如图 5-1 所示。

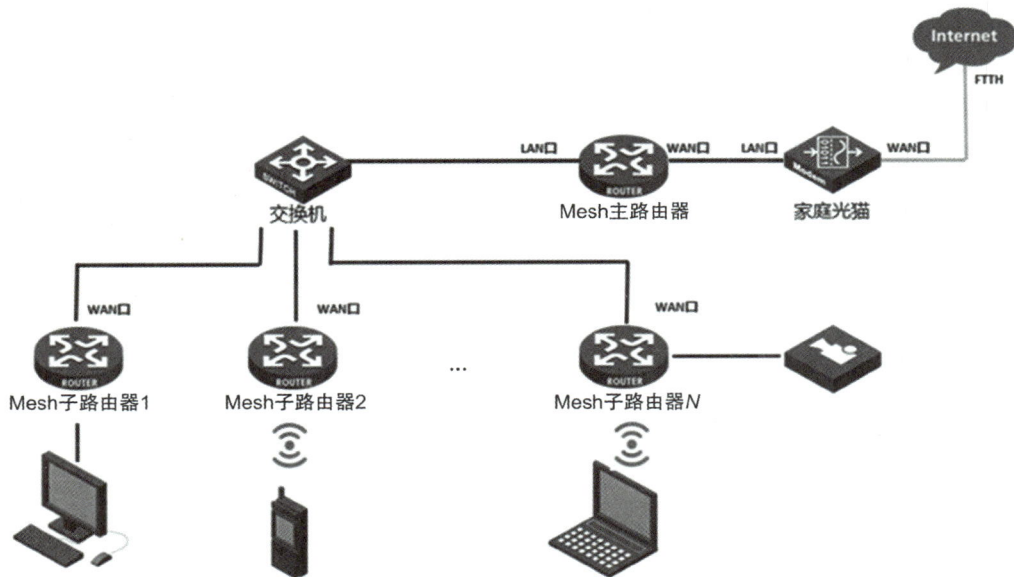

图 5-1 家庭典型无线 Mesh 网络拓扑

(3) 了解有线回程、无线回程及混合回程。

① 有线回程：是最理想的组网方式，网络最稳定，对路由器的要求最低，无线网速也不会有减小。有线回程需要提前做好网络规划，部署好网线，通过有线方式将所有的路由器连接在一起，并且在有网线接口的地方预留电口。因为路由器需要有网络和电源，所以在有线组网之前，需要先进行无线 Mesh 组网，无线 Mesh 组网完成后，再进行网线的连接，而不要开始组网的时候就连接网线。有线回程组网时最好是将主路由器（就是连接光猫的路由器）和子路由器互相连接起来（这是最推荐的方法），可以理解为将路由器进行级联。

② 无线回程：是最简单的组网方式，也是在没有部署网线的情况下唯一的选择，但是组网的效果比有线组网有一定的差距，适用于没有预埋网线的房间网络改造，或者新房为了美观不想使用有线网络而希望可以对 Mesh 路由器做移动的场景。

③ 混合回程：有的路由器之间采用有线回程连接，同时有的路由器之间采用无线回程连接。

(4) 组建无线 Mesh 网络。

下面以三台华为 AX3 PRO 路由器（最高支持 3000 Mb/s 速率）为例说明无线 Mesh 网络组网过程，这里所有路由器为全新或已恢复为出厂设置，在实际组网过程中也可以使用有线回程或混合回程组网。

① 配置第一台华为 AX3 PRO 路由器，确保指示灯绿色常亮。此台华为 AX3 PRO 路由器作为主路由器，另两台华为 AX3 PRO 路由器则为子路由器。

② 将子路由器放置在主路由器附近（推荐在 1 米范围内），并接通电源。

③ 观察主路由器指示灯状态，等待约 1 分钟后它将自动慢闪，主路由器会自动发现准备扩展级联的子路由器。此时，按一下主路由器的 H 按键后，指示灯将加快闪烁。当子路由的指示灯变为绿色常亮时，即表示连接成功。

④ 配对成功后，子路由器的 Wi-Fi 名称和密码已变为与主路由器相同。此时将子路由器放在合适的地方，以改善 Wi-Fi 覆盖范围。为获得更好的效果，建议主路由器和子路由器之间最多不超过两堵墙。

相对于无线回程组网，有线回程组网比较方便，同样要先配置完一台主路由器可以正常上网，然后将子路由器的 WAN 网口和主路由器的 LAN 网口连接起来，等待 1～2 分钟会自动完成配网，配置完成后，将子路由器放到合适位置插上网线即可。

(5) 测试无线 Mesh 网络信号。

电信工作人员常用的 Wi-Fi 宽带测速软件包括 inSSIDer(无线网络搜索软件)、Speedtest、CTtest(电信宽带提速软件)、电信宽带测速工具 (宽带质量测试工具)。这里使用 inSSIDer，它能够进行 2.4 GHz 和 5 GHz 双频段搜索，并提供 Wi-Fi 的基本信息 (SSID 信息等)、信号强度以及信道占用情况等，而且可以使用该软件查看相关房间的 Wi-Fi 信号强度及通道分布情况，其测试的 Wi-Fi 信号信息如图 5-2 所示。

inSSIDer 捕获
Wi-Fi 信号

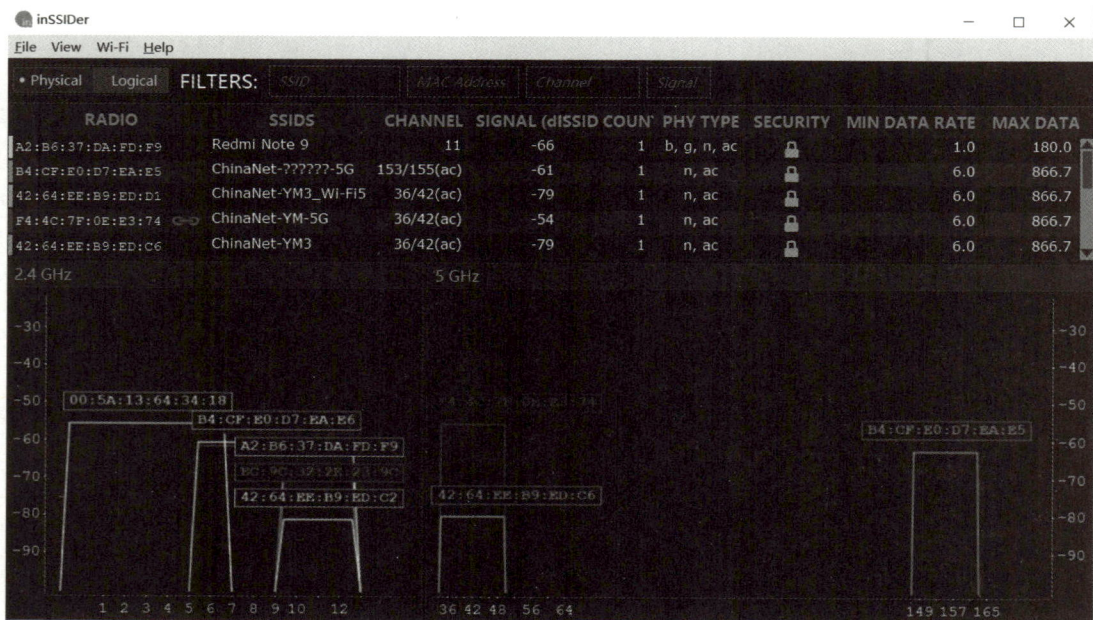

图 5-2　Wi-Fi 信号信息

图 5-2 中"RADIO"字段为无线热点的物理地址信息，"SSIDS"为无线信标信息，"CHANNEL"为无线信号占用的频道，"SIGNAL"表示无线信号的强度 (数值越小信号越好)，"PHY TYPE"表示无线协议类型，"SECURITY"表示是否进行了加密 (带锁标志表示已启用无线接入密码认证)，"MIN DATA RATE"表示最小传输速率，"MAX DATA RATE"表示最大传输速率。下方的两个窗口分别表示了 2.4 G 频段和 5 G 频段上信道的使用情况，其中纵坐标为"信号强度"(单位为 dB)，横坐标为信道数。从图中可以快速分辨出每个无线热点所占用的无线信道和信号强度。

想要更详尽地了解每个无线信号的信息，需要点击具体的无线热点。这里以"ChinaNet-YM"为例，查看无线热点的具体信息。如图 5-3 所示，图中列出了更详细的无线热点信息，如无线热点的加密方式采用了 WPA2 等。

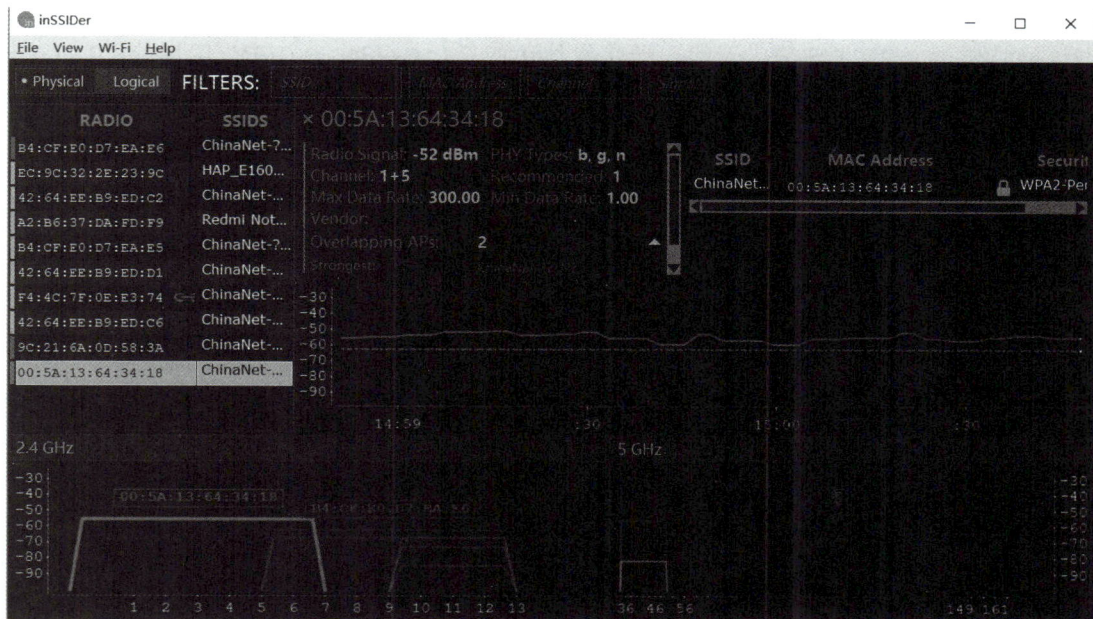

图 5-3　查看无线热点的具体信息

五、效果检测

根据不同的 Wi-Fi 场景需要，设计无线 Mesh 网络组网方案。

六、拓展知识

1. 无线 Mesh 网络

无线 Mesh 网络是一种新的局域网类型，与传统 WLAN 不同的是，无线 Mesh 网络中的 AP 可以采用有线或无线连接的方式，无线连接时 AP 间可以建立多跳的无线链路。当此种网络节点多于三个时，每个节点之前的通路不再只有一条，而是每个节点至少与两个节点相互连接，因此可靠性和稳定性可大大提高，并可将传统 WLAN 中的无线"热点"扩展为真正大面积覆盖的无线"热区"。无线 Mesh 网络具有自配置、自愈合、高带宽、高利用率和兼容性五大特点。

同一品牌不同型号的 Mesh 路由器一般都是支持无线 Mesh 网络的。市场主流的有 TP-LINK 的易展路由器、华硕的 AiMesh 路由器、领势(LINKSYS) 的 Velop 路由器等。各个厂家都有自己的 Mesh 组网技术，不同厂家的 Mesh 路由器技术都是不开放的。所以选用 Mesh 路由器时，相同品牌不同型号是可以组网的，但不同厂家的产品是不可以组网的。

2. 无线局域网的协议标准

2003 年 5 月 12 日，由中国宽带无线 IP 标准工作组负责起草的无线局域网两项国家标准《信息技术系统间远程通信和信息交换局域网和城域网特定要求第 11 部分：无线局域网媒体访问 (MAC) 和物理 (PHY) 层规范》、《信息技术系统间远程通信和信息交换局域网和城域网特定要求第 11 部分：无线局域网媒体访问 (MAC) 和物理 (PHY) 层规范：2.4 GHz 频段较高速物理层扩展规范》，由信息产业部报送国家标准化管理委员会正式颁布。以上标准在 2004 年 6 月正式执行。不符合此标准的 WLAN 产品将不允许出现在国内市场上。有关无线局域网的 IEEE 标准都可从因特网下载。其中 802.11 标准是个相当复杂的标准，简单地说，802.11 标准是无线以太网的标准，它使用星形拓扑，其中心叫作接入点 AP(Access Point)，在 MAC 层使用 CSMA/CA 协议。凡使用 802.11 系列标准的局域网又称为 Wi-Fi(Wireless Fidelity，意思是"无线保真度")。

802.11 标准规定无线局域网的最小构件是基本服务集 BSS(Basic Service Set)。一个基本服务集 BSS 包括一个基站和若干个移动站，所有的站在本 BSS 以内都可以直接通信，但在和本 BSS 以外的站通信时都必须通过本 BSS 的基站。在 802.11 标准的术语中，上面提到的接入点 AP 就是基本服务集内的基站 (Base Station)。当网络管理员安装 AP 时，必须为该 AP 分配一个不超过 32 B 的服务集标识符 SSID(Service Set IDentitier) 和一个信道。SSID 其实就是指使用该 AP 的无线局域网的名字。一个基本服务集 BSS 所覆盖的地理范围叫作一个基本服务区 BSA(Basic Service Area)。基本服务区 BSA 和无线移动通信的蜂窝小区相似。无线局域网的基本服务区 BSA 的范围直径一般不超过 100 m。

一个基本服务集可以是孤立的，也可通过接入点 AP 连接到一个分配系统 DS(Distribution System)，然后再连接到另一个基本服务集，这样就构成了一个扩展的服务集 ESS(Extended Service Set)。分配系统的作用就是使扩展的服务集 ESS 对上层的表现就像一个基本服务集一样。分配系统可以使用以太网 (这是最常用的)、点对点链路或其他无线网络。

移动站与接入点 AP 建立关联的方法有两种。一种是被动扫描，即移动站等待接收接入点 AP 周期性发出的信标帧 (Beacon Frame)。信标帧中包含有若干系统参数 (如服务集标识符 SSID 以及支持的速率等)。另一种是主动扫描，即移动站主动发出探测请求帧 (Probe Request Frame)，然后等待从接入点发回的探测响应帧 (Probe Response Frame)。现在许多地方如办公室、机场、快餐店、旅馆、购物中心等都能够向公众提供有偿或无偿接入 Wi-Fi 的服务，这样的地点就叫作热点 (Hot Spot)，也就是公众无线网接入点。由许多热点和接入点 AP 连接起来的区域叫作热区 (Hot Zone)。

由于无线局域网已非常普及，因此现在无论是笔记本电脑或台式计算机，其主板上都已经有了内置的无线局域网适配器 (也就是无线网卡)。无线局域网适配器能够实现 802.11 的物理层和 MAC 层的功能，只要在无线局域网信号覆盖的地方，用户就能够通过接入点 AP 连接到因特网。需要注意的是，在很多地方通过无线局域网接入到因特网是要付费的，但在一些特定环境 (例如机场、快餐店等) 则可免费通过无线局域网接入到因特网。

若无线局域网不提供免费接入，那么用户就必须在和附近的接入点 AP 建立关联时，键入已经在网络运营商注册登记的用户密码 (这时的通信是加了密的)。键入正确，才能和在该网络中的 AP 建立关联。在无线局域网发展初期，这种接入加密方案称为 WEP (Wired Equivalent Privacy，意思是 "有线等效的保密")，它曾经是 1999 年通过的 IEEE 802.11b 标准中的一部分。然而 WEP 加密方案比较容易被破译，因此现在的无线局域网普遍采用了保密性更好的加密方案 WPA(Wi-Fi Protected Access，无线局域网受保护的接入) 或 WPA2。现在 WPA2 是 802.11n 标准中强制执行的加密方案，微软的 Windows XP 也支持 WPA2。在计算机的屏幕上点击 "开始" → "设置" → "网络连接" → "无线网络连接" 命令，就会在出现的窗口中看见当前无线局域网信号覆盖范围中的一些网络名称。在有的网络名称下面会显示 "启用安全的无线网络 (WPA)/(WPA2)"，这就表明这个网络只有在弹出的密码窗口中键入正确密码后，才能与其 AP 建立关联。不过，WPA2 方案也并非绝对可靠。目前市场上有非法的 "蹭网卡" 在销售，但其中很多种只能破译 WEP，要破译 WPA2 就困难得多。

3. 移动自组网络

另一类无线局域网是无固定基础设施的无线局域网，又叫作自组网络 (Adhoc network)。这种自组网络没有上述基本服务集中的接入点 AP，而是由一些处于平等状态的相互之间通信的移动站组成的临时网络。自组网络通常是这样构成的：一些可移动的设备发现在它们附近还有其他的可移动设备，并且要求和其他移动设备进行通信。随着笔记本电脑的大量普及，自组网络的组网方式已受到人们的广泛关注。由于自组网络中的每一个移动站都要参与网络中的其他移动站的路由的发现和维护，同时由移动站构成的网络拓扑有可能随时间变化得很快，因此在固定网络中行之有效的一些路由选择协议对移动自组网络已不适用。这样，自组网络的路由选择协议就引起了特别的关注。另一个重要问题是多播，即在移动自组网络中往往需要将某个重要信息同时向多个移动站传送。这种多播比固定节点网络的多播要复杂得多，需要有实时性好而效率又高的多播协议。在移动自组网络中，安全问题也是一个突出的问题。

七、自我测试

(1) 某家庭需要通过无线局域网将分布在不同房间的三台计算机接入 Internet，并且 ISP 只给其分配了一个 IP 地址。在这种情况下，应该选用的设备是 (　　)。

　　A. AP　　　　　　　　　　　　B. 无线路由器

　　C. 无线网桥　　　　　　　　　D. 交换机

(2) 下列 WLAN 设备中，被安装在计算机内或附加到计算机上，可以提供无线网络接口服务的是 (　　)。

　　A. 接入点　　　　　　　　　　B. 天线

　　C. 无线网卡　　　　　　　　　D. 无线中继器

(3) 目前无线局域网主要以 (　　) 作为传输媒介。

　　A. 短波　　　　　　　　　　　B. 激光

　　C. 微波　　　　　　　　　　　D. 红外线

(4) 下列 (　　)FCC 规定的 RF 频段工作在 2.4～2.483 4 GHz 频率范围。

A. ISM
B. RFID
C. SOHO
D. UNII

(5) 在设计一个要求具有 NAT 功能的小型无线局域网时，应选用的无线局域网设备是
(　　)。

A. 无线网卡
B. AP
C. 无线网桥
D. 无线路由器

(6) 下列 (　　) 技术充分利用多径效应，可以在不增加带宽的情况下成倍提高通信系统的容量和频谱利用率。

A. OFDM
B. FHSS
C. DSS
D. MIMO

任务 5.2　企业 PPPoE 接入互联网配置

一、前导知识

运营商一般都希望通过同一台接入设备能连接远程的多个主机，同时接入设备能够提供访问控制和计费功能。在众多的接入技术中，把多个主机连接到接入设备的最经济的方法就是以太网，而 PPP 协议可以提供良好的访问控制和计费功能，于是产生了在以太网上传输 PPP 报文的技术，即 PPPoE。PPPoE 利用以太网将大量主机组成网络，通过一个远端接入设备连入因特网，并运用 PPP 协议对接入的每个主机进行控制，具有适用范围广、安全性高、计费方便的特点。企业通过 PPPoE 接入互联网拓扑如图 5-4 所示。

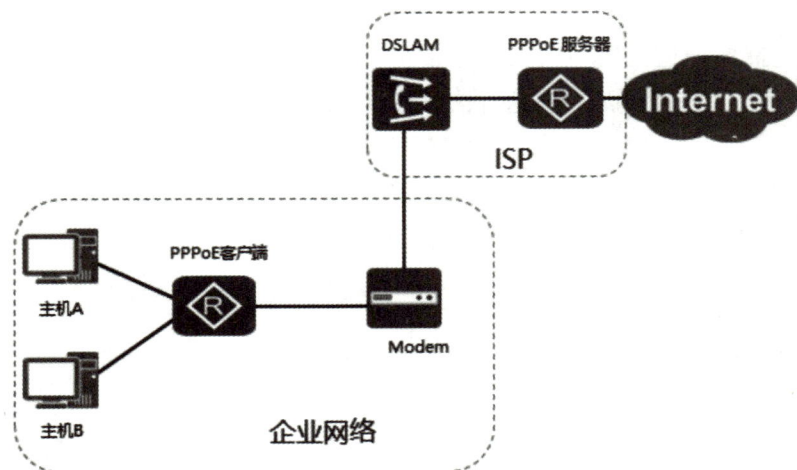

图 5-4　企业通过 PPPoE 接入互联网拓扑

微课堂

PPPoE 技术起源

PPPoE 协议广泛应用于宽带接入、企业网络、酒店、学校等场景。在这些场景中，PPPoE 协议可以实现高速、稳定的网络连接，提供基于用户的计费和管理功能，提高网络运营的效率和管理水平。在宽带接入场景中，运营商可以利用 PPPoE 协议为用户提供宽带上网服务，实现用户认证和计费等功能；在企业网络场景中，企业可以利用 PPPoE 协议实现内部网络的互联互通和安全管理。

二、任务目标

本任务要求利用 PT 仿真模拟器完成模拟企业 PPPoE 接入互联网的网络配置。

1. 德育目标

在组建无线网络的过程中，体现团队精神和合作意识；在小组讨论时，学会倾听，尊重他人；在网络拓扑搭建和网络部署过程中，追求精致完美和一丝不苟的工作作风，培养工匠精神。

2. 知识目标

(1) 了解无线网络的分类及无线网络的特点。

(2) 了解 PPPoE 通信的过程和工作原理。

3. 技能目标

配置 PPPoE 客户端和 PPPoE 服务器端，并进行 PPPoE 的连接测试。

三、任务准备

(1) 为任务小组成员安排环形座位。

(2) 任务小组成员人均一台安装有 Windows 操作系统和 PT 仿真模拟器的计算机。

(3) 教师机屏幕广播软件能覆盖每一台计算机。

四、任务步骤

(1) 在 PT 仿真模拟器中搭建企业 PPPoE 接入外网拓扑图如图 5-5 所示，配置一台 Web Server 服务器，使用两台路由器 (PT 仿真模拟器中路由器选用 2811 型号)，其中一台命名为 "Company" (PPPoE 客户端)，通过 PPPoE 方式接入，另一台命名为 "ISP" (PPPoE 服务器端)，用来模拟服务提供商 (ISP) 的路由器，公司内部使用内网交换机和无线插入点 (AP) 作为无线接入。

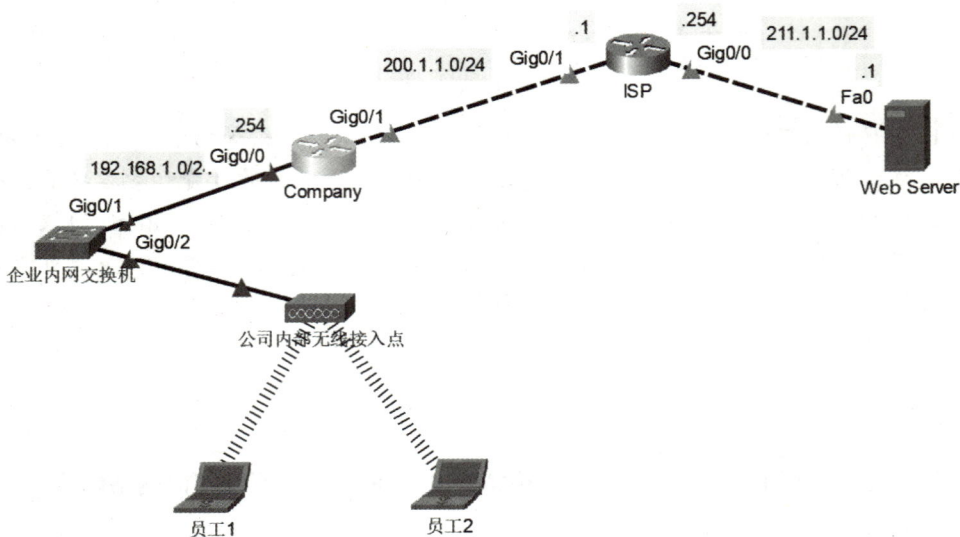

图 5-5　企业 PPPoE 接入外网拓扑图

企业 PPPoE 接入外网拓扑图中设备 IP 地址分配如表 5-2 所示。

表 5-2　企业 PPPoE 接入外网拓扑图中设备 IP 地址分配表

设备名称	接口名称	IP 地址	子网掩码	网 关
Web Server	Fa0	211.1.1.1	255.255.255.0	211.1.1.254
ISP (PPPoE 服务端)	g0/0	211.1.1.254	255.255.255.0	—
	g0/1	200.1.1.1	255.255.255.252	—
Company (PPPoE 客户端)	g0/0	192.168.1.254	255.255.255.0	—
	g0/1	虚拟地址动态分配	—	—

(2) 进入 Web Server 服务器，配置 Web Server 服务器 HTTP 选项如图 5-6 所示，并保存文件覆盖原站点网页"index.html"。

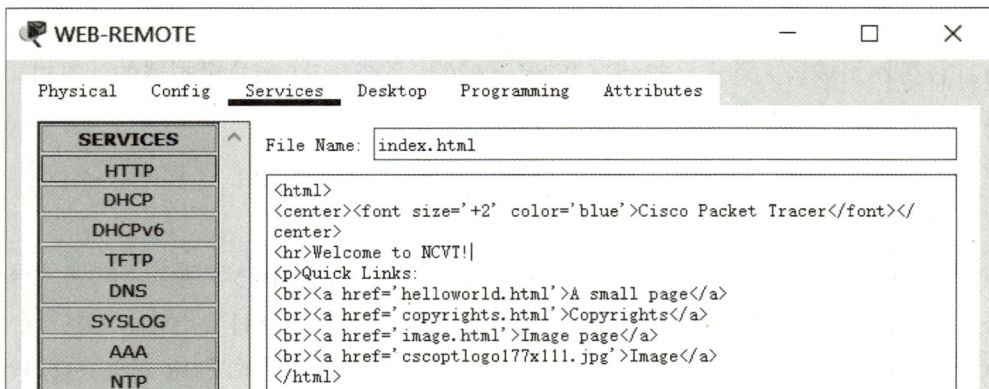

图 5-6　配置 Web Server 服务器 HTTP 选项

(3) 分别点击"员工 1""员工 2"笔记本电脑图标，进入"Physical"选项卡，然后关闭笔记本的电源开关，将原有的以太网卡更换为 Linksys-WPC300N 无线网卡，如图 5-7 所示。

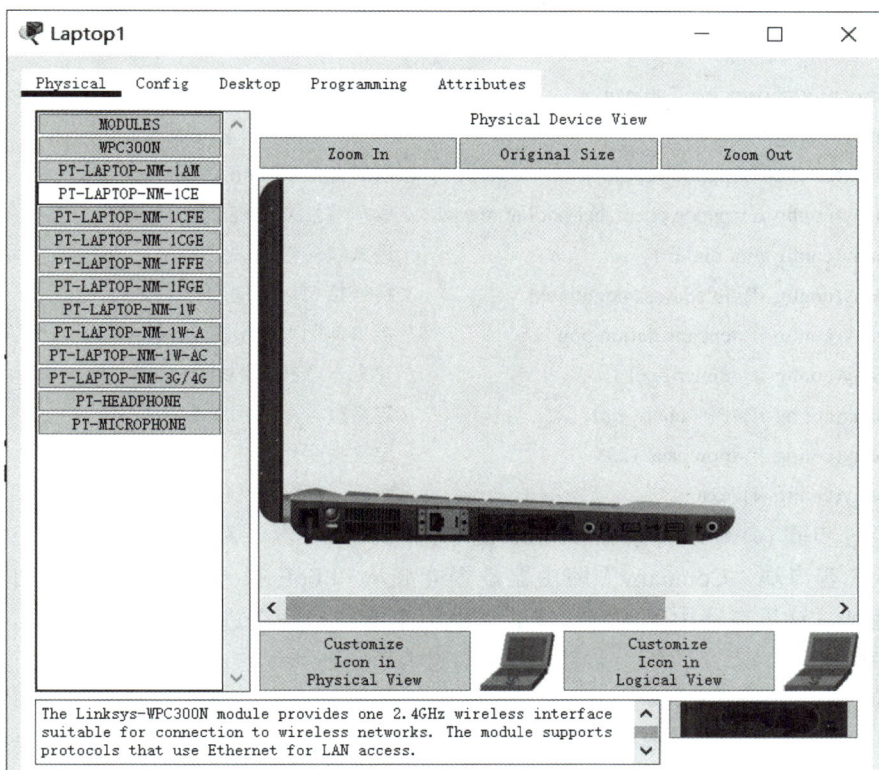

图 5-7　更换笔记本无线网卡

(4) 配置 PPPoE 的服务器端路由器。在拓扑图中点击"ISP"路由器图标，进入路由器 CLI(命令行)界面，输入路由器配置命令。对应路由器命令及简要注释如下：

```
Router>enable
Router#config terminal
Router(config)#hostname ISP                              // 路由器重新命名为" ISP"
ISP(config)#bba-group pppoe global                       // 全局启用 PPPoE 协议
ISP(config-bba)#virtual-template 1                       // 创建名称为 1 的虚拟接口模板
ISP(config-bba)#int virtual-template 1                   // 进入虚拟接口
ISP(config-if)#ip unnumbered g0/1                        // 利用本地 g0/1 地址作为虚拟接口网络地址
ISP(config-if)#peer default ip address pool ISP          // 配置连接时对端 IP 从 ISP 的地址池中选取
ISP(config-if)#ppp authen chap                           // 配置虚拟连接中采用 CHAP 加密认证方式
ISP(config-if)#int g0/1                                  // 进入 g0/1 接口
ISP(config-if)#pppoe ena group global                    // 接口开启 PPPoE 协议
ISP(config-if)#exit                                      // 回退至全局模式
ISP(config)#user yg01 pass 123                           // 在服务器端存放用于登录的用户名和密码
ISP(config)#ip local pool ISP 200.1.1.10 200.1.1.20      // 建立名称为 ISP 的本地地址池
```

(5) 配置 PPPoE 的客户端路由器。在拓扑图中点击"Company"路由器图标，进入路由器 CLI(命令行) 界面，输入路由器配置命令。对应路由器命令及简要注释如下：

```
Router>enable
Router#config terminal
Router(config)#hostname Company                    // 路由器重新命名为"Company"
Company(config)#int g0/1
Company(config-if)#pppoe enable                     // 接口开启 PPPoE 协议
Company(config-if)#pppoe-client dial-pool-number 1  // 客户端拨号的地址池号码为 1
Company(config)#int dialer 1                         // 进入拨号接口
Company(config-if)#ip address negotiated            // 拨号接口地址使用自动协商
Company(config-if)#encapsulation ppp                // 接口使用 PPP 协议封装
Company(config-if)#dialer pool 1                     // 建立一个拨号地址池 1
Company(config-if)#PPP chap  yg01                    // 定义拨号用的用户名
Company(config-if)#ppp pass 123                      // 定义拨号用的密码
Company(config-if)#exit
```

(6) 经过步骤 (4) 和步骤 (5)，PPPoE 的客户端和服务器端路由器已经配置完成，可以查看 PPPoE 客户端"Company"路由器是否能够从 PPPoE 服务器地址池中顺利获得拨号用的 IP 地址。这里在路由器的特权模式下使用查看接口命令进行 IP 地址及接口简要信息查看，命令如下：

```
Company# show ip int bri                            // 显示 IP 和接口的简要信息
```

查看 IP 地址及接口简要信息结果如图 5-8 所示，可以看到，客户端路由器已经获得 200.1.1.11 的拨号地址。

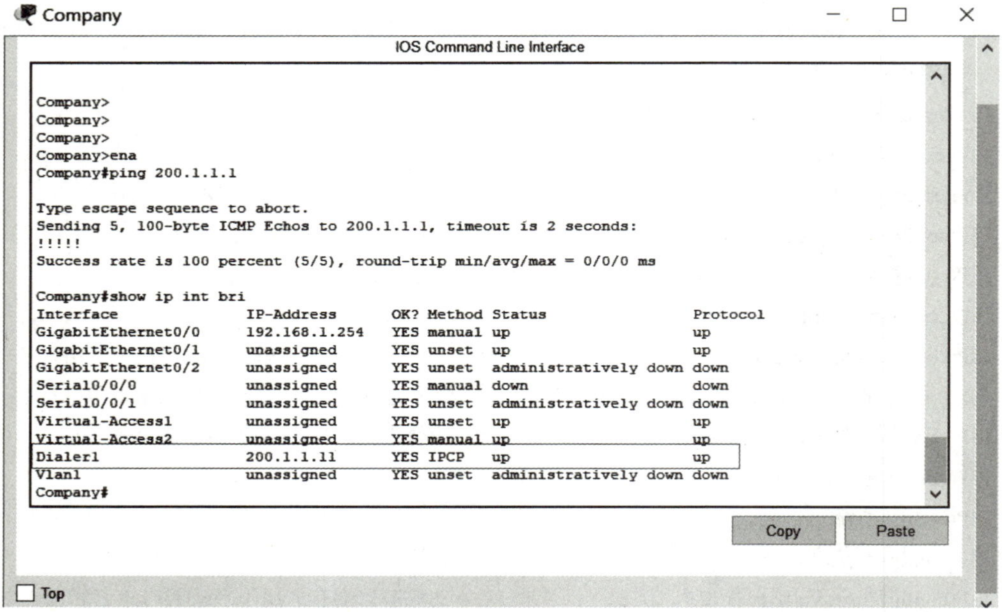

图 5-8　查看 IP 地址及接口简要信息结果

(7) 测试 PPPoE 拨号功能。首先，在拓扑图中点击"Company"路由器图标，进入路由器 CLI(命令行) 界面，在路由器 Company 特权模式下输入如下测试命令：

Company# ping 200.1.1.1　　　　　　　　　// 测试从客户端路由器到服务器端路由器的拨号连接

然后，检查拨号连接 (PPPoE 客户端向服务器端进行拨号连接) 是否能够成功。当出现连续 5 个感叹号后，表示 PPPoE 拨号功能正常。在客户端"Company"路由器上查看 PPPoE 会话过程命令为：

Company# show pppoe session　　　　　　　// 查看 PPPoE 会话过程

最后，查看由客户端 Company 到服务器 ISP 的 PPPoE 会话信息。客户端路由器和服务器端路由器 PPPoE 会话过程如图 5-9 所示。

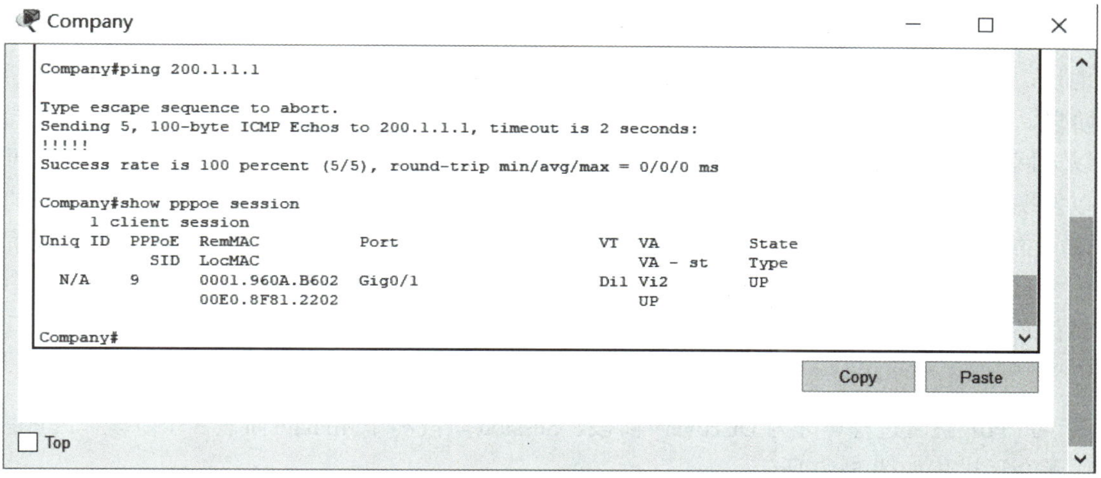

```
 Company                                                    —    □    ×

  Company#ping 200.1.1.1

  Type escape sequence to abort.
  Sending 5, 100-byte ICMP Echos to 200.1.1.1, timeout is 2 seconds:
  !!!!!
  Success rate is 100 percent (5/5), round-trip min/avg/max = 0/0/0 ms

  Company#show pppoe session
        1 client session
  Uniq ID  PPPoE  RemMAC            Port          VT  VA       State
            SID   LocMAC                              VA - st  Type
    N/A    9      0001.960A.B602  Gig0/1          Di1 Vi2      UP
                  00E0.8F81.2202                      UP

  Company#

                                                   Copy        Paste

 □ Top
```

图 5-9　客户端路由器和服务器端路由器 PPPoE 会话过程

(8) 完成公司内部网络无线端对外访问的配置。这里将客户端"Company"路由器作为一个边界路由器，进行内网无线对外访问的 NAT(网络地址转换) 配置，具体的配置命令如下：

Company(config)#ip route 0.0.0.0 0.0.0.0 dialer 1　　　　　　// 配置向外转发的默认路由

Company(config)#access list 1 permit 192.168.1.0 0.0.0.255　　// 开放内网网段的访问

Company(config)#int g0/0　　　　　　　　　　　　　　　// 进入 g0/0 接口

Company(config-if)#ip nat inside　　　　　　　　　　　　　// 配置该接口为 NAT 转换内网口

Company(config-if)#int dialer 1　　　　　　　　　　　　　// 进入虚拟拨号接口

Company(config-if)#ip nat outside　　　　　　　　　　　　// 配置该接口为 NAT 转换外网口

Company(config-if)#exit　　　　　　　　　　　　　　　　// 回退至全局模式

Company(config)#ip nat inside source list 1 interface dialer1 overload　// 配置转换列表

【特别说明】步骤 (8) 中的命令在真实路由器设备 2811 上可以实现，但是在 Packet Tracer 8.2 中，由于 NAT 的指令不支持对虚拟接口进行操作，这里给出的命令无法在仿真软件中实现。

五、效果检测

完成拓扑搭建，并完成由客户端"Company"路由器到服务器端"ISP"路由器的连接测试。

六、拓展知识

1. PPPoE 拨号连接

PPPoE(Point to Point Protocol over Ethernet) 是基于以太网的点对点协议，实质是以太网和拨号网络之间的一个中继协议。PPPoE 协议的工作流程包含发现和会话两个阶段。发现阶段是无状态的，目的是获得 PPPoE 终结端 (在局端的 ADSL 设备上) 的以太网 MAC 地址，并建立一个唯一的 PPPoE Session ID。发现阶段结束后，就进入标准的 PPP 会话阶段。当一个主机想开始一个 PPPoE 会话时，它必须首先进入发现阶段，以识别局端的以太网 MAC 地址，并建立一个 PPPoE Session ID。在发现阶段，基于网络拓扑，主机可以发现多个接入集中器，然后允许用户选择一个。当发现阶段成功完成后，主机和选择的接入集中器中都有了它们在以太网上建立 PPP 连接的信息。直到 PPP 会话建立，发现阶段一直保持无状态的 Client/Server(客户 / 服务器) 模式。PPP 会话建立，主机和接入集中器都必须为 PPP 虚接口分配资源。

2. PPPoE 拨号过程分析

PPPoE 拨号过程可分为 Discovery 阶段、Session 阶段和 Terminate 阶段 3 个阶段，PPPoE 服务会话过程如图 5-10 所示。

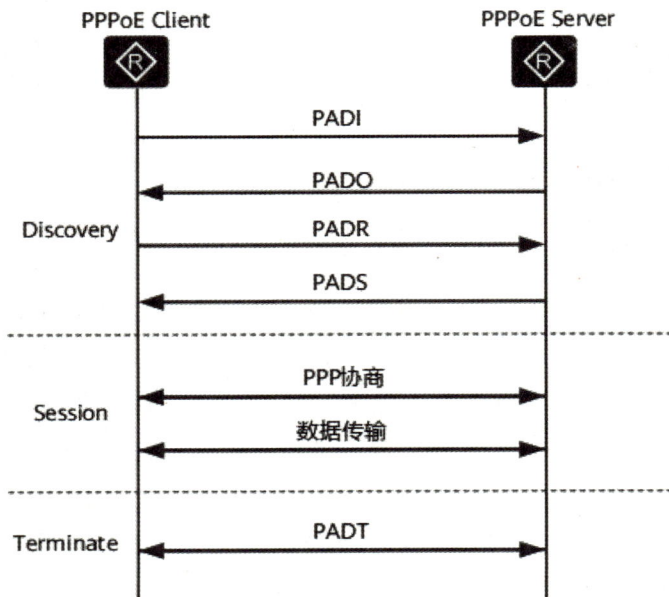

图 5-10   PPPoE 服务会话过程

(1) Discovery 阶段。在 Discovery 阶段，PPPoE Client 广播发送一个 PADI(PPPoE Active Discovery Initial) 报文，在此报文中包含 PPPoE Client 想要得到的服务类型信息。所有的 PPPoE Server 收到 PADI 报文之后，将其中请求的服务与自己能够提供的服务进行比较，如果可以提供服务，则单播回复一个 PADO(PPPoE Active Discovery Offer) 报文。根据网络的拓扑结构，PPPoE Client 可能收到多个 PPPoE Server 发送的 PADO 报文，PPPoE Client 选择最先收到的 PADO 报文对应的 PPPoE Server 做为自己的 PPPoE Server，并单播发送一个 PADR(PPPoE Active Discovery Request) 报文。PPPoE Server 产生一个唯一的会话 ID(Session ID)，标识和 PPPoE Client 的这个会话，并通过发送一个 PADS(PPPoE Active Discovery Session-confirmation) 报文把会话 ID 发送给 PPPoE Client，会话建立成功后便进入 PPPoE Session 阶段。Discovery 阶段结束之后通信双方都会知道 PPPoE 的 SessionID 以及对方的以太网地址，它们共同确定了唯一的 PPPoE Session。

(2) Session 阶段。PPPoE Session 阶段又可划分为两个阶段，一是 PPP 协商阶段，二是 PPP 数据传输阶段。PPPoE Session 上的 PPP 协商和普通的 PPP 协商方式一致，分为 LCP、认证、NCP 三个阶段。LCP 阶段主要完成建立、配置和检测数据链路连接。LCP 协商成功后，开始进行认证，认证协议类型由 LCP 协商结果 (CHAP 或者 PAP) 决定。认证成功后，PPP 进入 NCP 阶段。NCP 是一个协议族，用于配置不同的网络层协议，常用的是 IP 控制协议 (IPCP)，它主要负责协商用户的 IP 地址和 DNS 服务器地址。PPPoE Session 的 PPP 协商成功后，就可以承载 PPP 数据报文。在 PPPoE Session 阶段所有的以太网数据包都是单播发送的。

(3) Terminate 阶段。PPP 通信双方可以使用 PPP 协议自身来结束 PPPoE 会话，当无法使用 PPP 协议结束会话时可以使用 PADT(PPPOE Active Discovery Terminate) 报文。进入 PPPoE Session 阶段后，PPPoE Client 和 PPPoE Server 都可以通过发送 PADT 报文的方式来结束 PPPoE 连接。PADT 数据包可以在会话建立以后的任意时刻单播发送。在发送或接收到 PADT 数据包后，就不允许再使用该会话发送 PPP 数据了。

七、自我测试

(1) 用来描述天线对发射功率的汇聚程度的指标是 (　　)。

A. 带宽　　　　　　　　　　　　B. 功率

C. 极性　　　　　　　　　　　　D. 增益

(2) 在无线局域网中，客户端设备用来访问接入点 (AP) 的唯一标识是 (　　)。

A. BSSID　　　　　　　　　　　B. ESSID

C. SSID　　　　　　　　　　　　D. IP 地址

(3) 下列对 SSID 的描述中，错误的是 (　　)。

A. SSID 是无线网络中的服务集标识符

B. SSID 是客户端设备用来访问接入点的唯一标识

C. 快速配置页面中"Broadcast SSID in Beacon"选项可用于设定允许设备不指定 SSID 而访问接入点

D. SSID 不区分大小写

(4) WLAN 上的两个设备之间使用的标识码叫作 (　　)。

A. BSS　　　　　　　　　　　B. ESS

C. DSSS　　　　　　　　　　 D. SSID

(5) 某同学在实验室使用笔记本电脑通过无线网络连接到另一个同学的笔记本电脑,这种无线网络模式是 (　　)。

A. Ad-Hoc 模式　　　　　　　 B. 基础结构模式

C. 漫游模式　　　　　　　　　D. 自由模式

(6) 下列 (　　) 术语用于描述在一个公共场所、学校或者大楼,用户能够建立到网络的无线连接。

A. CAN　　　　　　　　　　　B. 热点

C. 露天场所　　　　　　　　　D. PAN

项目六 IPv6 网络搭建与部署

🔍 项目简介

IPv6 是英文 "Internet Protocol version 6"（互联网协议第 6 版）的缩写，是互联网工程任务组 (IETF) 设计的用于替代 IPv4 的新一代 IP 协议。IPv4 最大的问题在于网络地址资源不足，严重制约了互联网的应用和发展。IPv6 的使用，不仅能解决网络地址资源数量的问题，也解决了多种接入设备连入互联网的障碍。

从 2011 年开始，主要用在个人计算机和服务器系统上的操作系统基本上都支持高质量 IPv6 配置产品。例如，Windows 2000 就开始支持 IPv6，Mac OS X Panther(10.3)、Linux 2.6、FreeBSD 和 Solaris 同样支持 IPv6 的成熟产品。

2017 年 11 月 26 日，中共中央办公厅、国务院办公厅印发了《推进互联网协议第六版 (IPv6) 规模部署行动计划》。2020 年 3 月 23 日，工业和信息化部发布了《关于开展 2020 年 IPv6 端到端贯通能力提升专项行动的通知》，要求到 2020 年末，IPv6 活跃连接数达到 11.5 亿，较 2019 年 8 亿连接数的目标提高 43%。

本项目包含两个任务，通过任务重点需掌握的知识点包括：学习 IPv6 编址的规则、IPv6 地址的配置和基本的连通性测试；通过配置 IPv4 和 IPv6 两种地址，了解目前网络中同时使用 IPv4 和 IPv6 双栈过渡技术方案。

🔍 项目导图

项目六 IPv6 网络搭建与部署

- 任务6.1：搭建 IPv6 网络
- 任务6.2：搭建 IPv6/IPv4 双栈网络

任务 6.1　搭建 IPv6 网络

IPv6 对等网搭建

一、前导知识

因特网经过几十年的飞速发展，到 2011 年 2 月，IPv4 的地址已经耗尽，ISP 已经不能再申请到新的 IP 地址块了。而解决 IP 地址耗尽的根本措施就是采用具有更大地址空间的新版本的 IP 地址，即 IPv6。

> **微课堂**
>
> #### IPv6
>
> 　　2023 年是全面推动《数字中国建设整体布局规划》实施的起步之年，第二届中国 IPv6 创新发展大会发布的《中国 IPv6 产业发展报告 (2023 版)》显示，截至 2023 年 5 月，我国 IPv6 活跃用户数达到 7.63 亿，用户占比达到 71.51%，用户规模位居世界前列。在标准化领域，中国企业在国际化标准组织 IETF 中 IPv6+ 标准提案的参与率超过 85%，在应用方面，包括分段路由 (SRv6)、随流检测 (IFIT)、网络切片等在内的较为成熟的"IPv6+"技术，已经在基础网络、行业网络、数据中心等场景开展了不同程度的试点应用。
>
> 引自《中国 IPv6 产业发展报告》(2023 版)

二、任务目标

本任务要求完成 IPv6 网络的搭建。

1. 德育目标

在利用 PT 仿真软件搭建星型网络的过程中，体现团队精神和合作意识；在小组讨论时，学会倾听，尊重他人；在网络拓扑搭建和网络部署过程中，追求精致完美和一丝不苟的工作作风，培养工匠精神。

2. 知识目标

(1) 熟悉 IPv6 的地址结构。

(2) 掌握 IPv4 过渡到 IPv6 的技术手段。

3. 技能目标

(1) 熟悉 IPv6 的编址规则及 IPv6 地址的配置。

(2) 熟练进行网络连通性测试。

三、任务准备

(1) 为任务小组成员安排环形座位。

(2) 任务小组成员人均一台安装有 Windows 操作系统和 PT 仿真模拟器的计算机。

(3) 教师机屏幕广播软件能覆盖每一台计算机。

四、任务步骤

(1) 点击 Packet Tracer 图标，进入 PT 仿真模拟器软件。

(2) 选择网络设备中的交换机图标和终端设备中的 PC 图标，通过网络仿真软件 Packet Tracer 软件绘制一个机房的网络拓扑图 (如图 6-1 所示)。

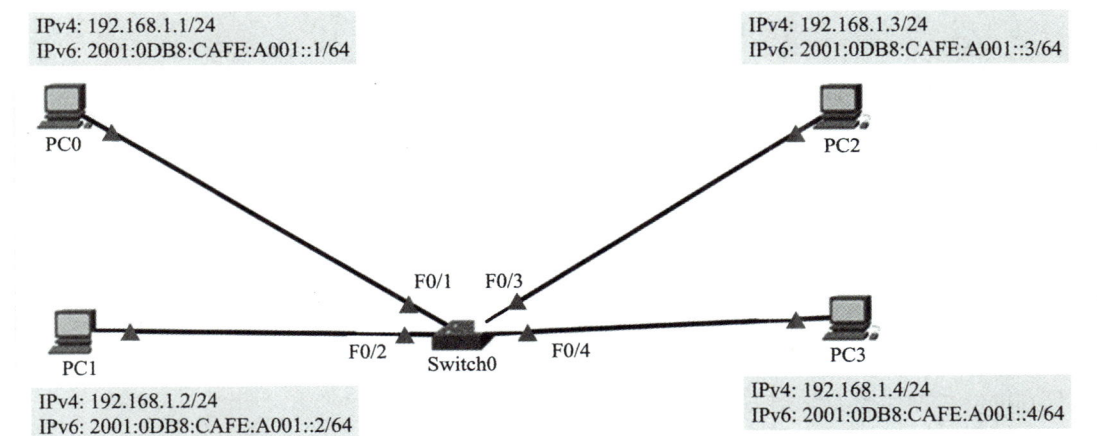

IPv4: 192.168.1.1/24
IPv6: 2001:0DB8:CAFE:A001::1/64
PC0

IPv4: 192.168.1.3/24
IPv6: 2001:0DB8:CAFE:A001::3/64
PC2

F0/1　F0/3

F0/2　Switch0　F0/4

PC1
IPv4: 192.168.1.2/24
IPv6: 2001:0DB8:CAFE:A001::2/64

PC3
IPv4: 192.168.1.4/24
IPv6: 2001:0DB8:CAFE:A001::4/64

图 6-1　IPv6 网络拓扑图

(3) 选择连接线中的直通线或者交叉线连接计算机和交换机 (计算机接口选择 F0，交换机接口选择 F0/1～F0/24、G0/1～G0/2 其中的任何 1 个)。

(4) 配置计算机的 IP 地址，如表 6-1 所示。

表 6-1　计算机的 IP 地址

序号	计算机名称	IPv4 地址	子 网 掩 码	IPv6 地址
1	PC0	192.168.1.1	255.255.255.0	2001:0DB8:CAFE:A001::1/64
2	PC1	192.168.1.2	255.255.255.0	2001:0DB8:CAFE:A001::2/64
3	PC2	192.168.1.3	255.255.255.0	2001:0DB8:CAFE:A001::3/64
4	PC3	192.168.1.4	255.255.255.0	2001:0DB8:CAFE:A001::4/64

(5) 测试该网络中任意两台计算的连通性，如图 6-2 所示。

```
C:\> ping 2001:0DB8:CAFE:A001::1        // 测试 PC1 到 PC0 的网络连通性
```

前期已经学习过 IPv4 网络的相关测试，这里只针对 IPv6 的网络进行测试，IPv6 网络连通性测试如图 6-2 所示，返回的数据包提示丢失率为 0 表示网络正常连接。

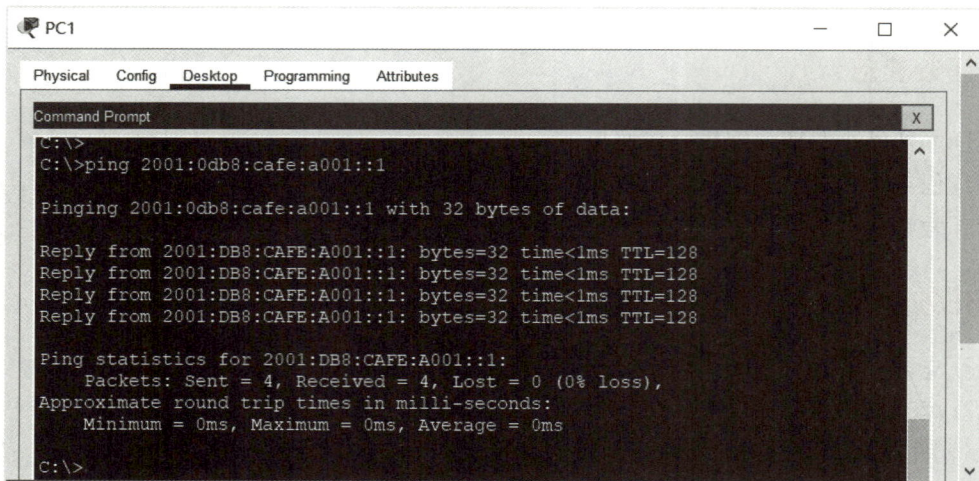

图 6-2   计算机之间连通性测试

五、效果检测

计算机之间连通性测试结果如表 6-2 所示。

表 6-2   计算机之间连通性测试结果 (IPv6 地址)

计算机名称	PC0	PC1	PC2	PC3
PC0				
PC1				
PC2				
PC3				

任务 6.2   搭建 IPv6/IPv4 双栈网络

一、前导知识

IPv6 经过多年的发展，已经成为一项成熟技术，具有更多 IP 地址、更小路由表、更安全等特点，为有效解决 IPv4 现存问题提供了途径。但是由于 IPv6 本身与 IPv4 不兼容，在 IPv6 成为主流协议之前，必须解决其过渡问题。目前能够解决过渡问题的基本技术主要有双栈技术、隧道技术及 NAT-PT 技术三种。其中双栈技术是 IPv4 向 IPv6 过渡的一种有效技术，其节点同时支持 IPv4 和 IPv6 协议栈，当 IPv6 节点与 IPv6 节点互通时使用 IPv6 协议栈，当 IPv6 节点与 IPv4 节点互通时借助于 IPv4 over IPv6 隧道使用 IPv4 协议栈，实现分别与 IPv4 或 IPv6 节点间的信息互通。

微课堂

IPv9 是创新还是科技投机的国际玩笑

IPv9 曾一度高举"网络主权""自主可控""安全命门"的旗帜，除了强调自主可控，IPv9 还引用了物联网、区块链、数字货币、智慧城市甚至"构建国际网络空间命运共同体"的时尚概念，似乎为自己找到了新的发展方向。在推进 IPv6 规模部署专家委员会在北京召开"中国 IPv6 产业发展研讨会"，与会专家在研讨 IPv6 部署工作的同时，对于一些出于特别目的，以 IPv9 为代表的对互联网发展错误的说法进行了明确反击与批判，呼吁科技打假。长期以来，一些类似的错误言论，已经干扰和影响到我国互联网的健康发展，有必要对这些错误言论进行批判，去伪存真。事实一，IPv9 只有两项核心专利；事实二，在技术上，IPv9 在协议层仍然使用的是 IPv4、IPv6 的底层技术，不同的只是域名的表达方式。我们有必要从互联网普及做起，才能扫除各种妖魔鬼怪！

引自《打假 IPv9：伪创新背后的谎言》(中国网络教育 2019 年 3 月)

二、任务目标

本任务要求完成 IPv6/IPv4 双栈网络搭建。

1. 德育目标

在用 PT 仿真模拟器搭建双栈网络的过程中，体现团队精神和合作意识；在进行小组讨论时，学会倾听，尊重他人；在网络拓扑搭建和网络部署过程中，追求精致完美和一丝不苟的工作作风，培养工匠精神。

2. 知识目标

(1) 熟悉 IPv6/IPv4 双栈技术背景和技术要点。
(2) 了解网络互联协议 OSPF 的原理。
(3) 掌握 OSPF 协议的配置。

3. 技能目标

(1) 熟练使用 PT 仿真模拟器和配置网络设备 IPv6 地址。
(2) 熟练进行 IPv4 网络地址下的 OSPF 协议的配置。
(3) 熟练进行 IPv6 网络地址下的 OSPF 协议的配置。
(4) 熟练查看路由器的路由表。
(5) 熟练进行网络连通性测试。
(6) 熟练进行网络故障的排查。

三、任务准备

(1) 为任务小组成员安排环形座位。
(2) 任务小组成员人均一台安装有 Windows 操作系统和 PT 仿真模拟器的计算机。

(3) 教师机屏幕广播软件能覆盖每一台计算机。

四、任务步骤

(1) 打开 PT 仿真模拟器软件，拖动三台路由器设备 (型号不限) 和三台计算机到"逻辑"工作区，并使用交叉线连接各设备，按照双栈网络拓扑图进行网络仿真搭建，如图 6-3 所示。

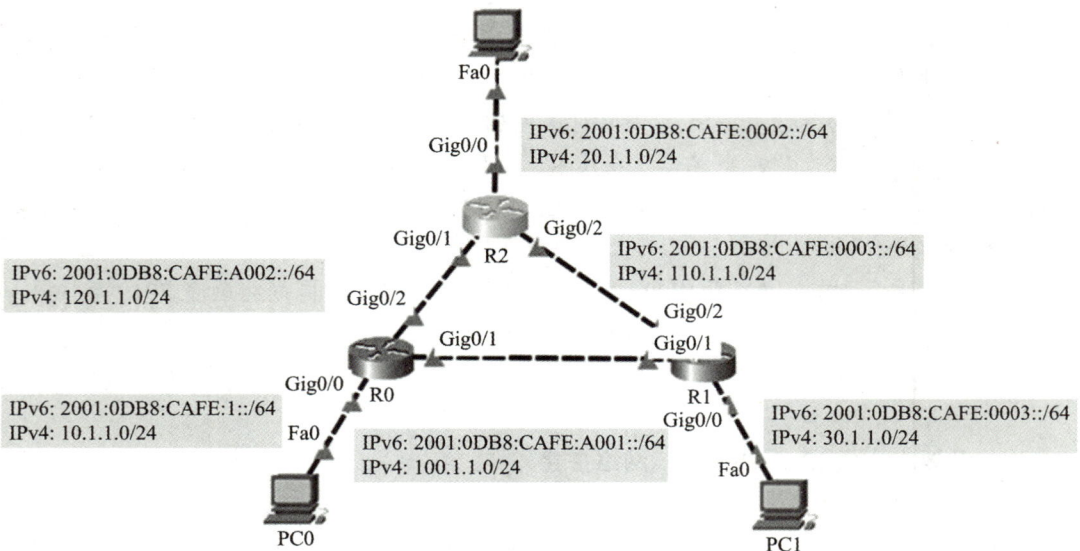

图 6-3　双栈网络拓扑图搭建

(2) 在 PT 仿真模拟器中规划和配置每一台计算机的 IPv4 和 IPv6 的地址，分别如表 6-3 和图 6-4 所示。

表 6-3　双栈网络 IP 地址规划表

序号	设备接口名称	IPv4 地址	IPv4 子网掩码	IPv6 地址
1	PC0	10.1.1.1	255.255.255.0	2001:0DB8:CAFE:0001::1/64
2	PC1	30.1.1.1	255.255.255.0	2001:0DB8:CAFE:0003::1/64
3	PC2	20.1.1.1	255.255.255.0	2001:0DB8:CAFE:0002::1/64
4	R0(G0/0)	10.1.1.254	255.255.255.0	2001:0DB8:CAFE:0001::254/64
5	R0(G0/1)	100.1.1.1	255.255.255.0	2001:0DB8:CAFE:A001::1/64
6	R0(G0/2)	120.1.1.1	255.255.255.0	2001:0DB8:CAFE:A002::1/64
7	R1(G0/0)	30.1.1.254	255.255.255.0	2001:0DB8:CAFE:0003::254/64
8	R1(G0/1)	100.1.1.2	255.255.255.0	2001:0DB8:CAFE:A001::2/64
9	R1(G0/2)	110.1.1.1	255.255.255.0	2001:0DB8:CAFE:A003::1/64
10	R2(G0/0)	20.1.1.1	255.255.255.0	2001:0DB8:CAFE:0002::254/64
11	R2(G0/1)	120.1.1.2	255.255.255.0	2001:0DB8:CAFE:A002::2/64
12	R2(G0/2)	110.1.1.2	255.255.255.0	2001:0DB8:CAFE:A003::2/64

(3) 以 PC2 的 IP 地址配置为例说明 IP 地址的配置。这里需要注意，网络为 IPv4 和 IPv6 网络共存，需要同时配置 IPv4 地址和 IPv6 地址。PC2 的 IP 地址配置如图 6-4 所示。

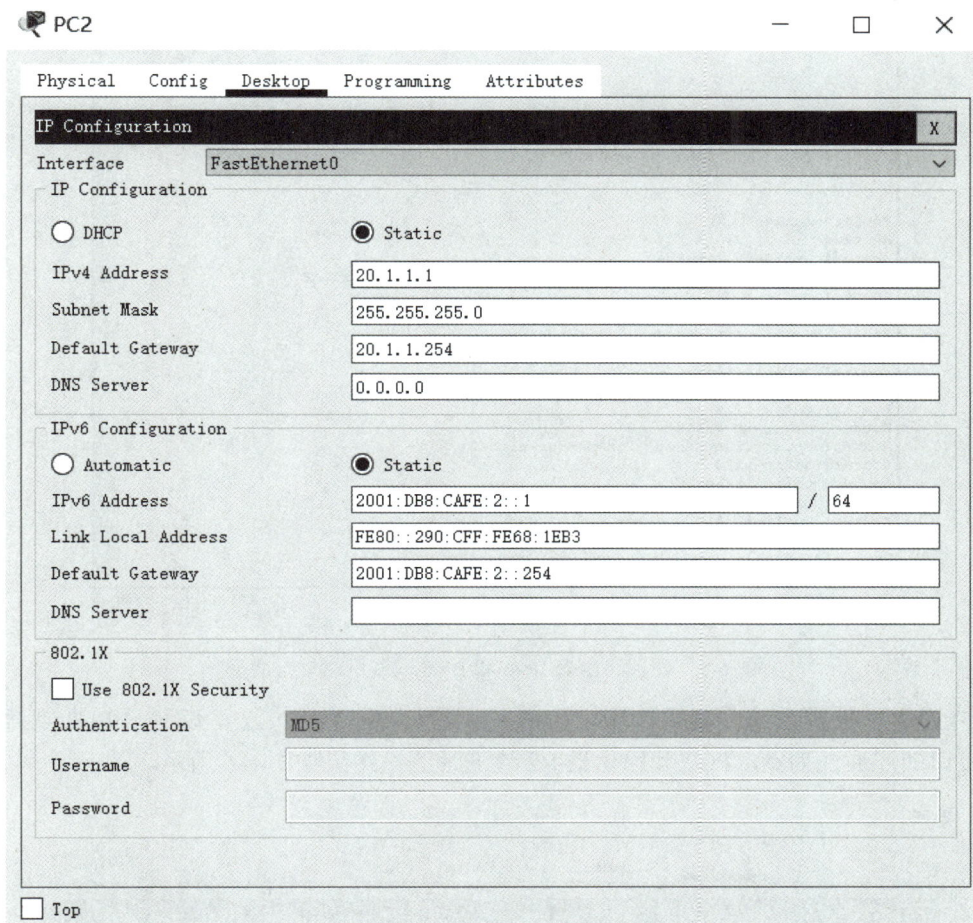

图 6-4　PC2 计算机 IP 地址配置

(4) 对双栈网络中的路由器依次进行初始化配置，这里以路由器 R2 为例。点击拓扑图中路由器图标，进入路由器 CLI(命令行) 界面，对路由器进行更改名称以及 IPv4 和 IPv6 地址配置。路由器双 IP 地址配置命令及简要注释如下：

```
Route > enable                                          // 进入路由器特权模式
Route #config terminal                                  // 进入路由器全局模式
Route (config)#hostname R2                              // 更改路由器名字为 R2
R2 (config)#int g0/0                                    // 进入路由器 g0/0 接口
R2 (config-if)#no shut                                  // 开启路由器接口 ( 默认关闭 )
R2 (config-if)#ip address  20.1.1.1  255.255.255.0      // 配置接口的 IPv4 地址
R2 (config-if)#ipv6 address  2001:0DB8:CAFE:0002::254/64 // 配置接口的 IPv6 地址
```

配置路由器 IPv4 和 IPv6 双栈网络地址界面如图 6-5 所示。

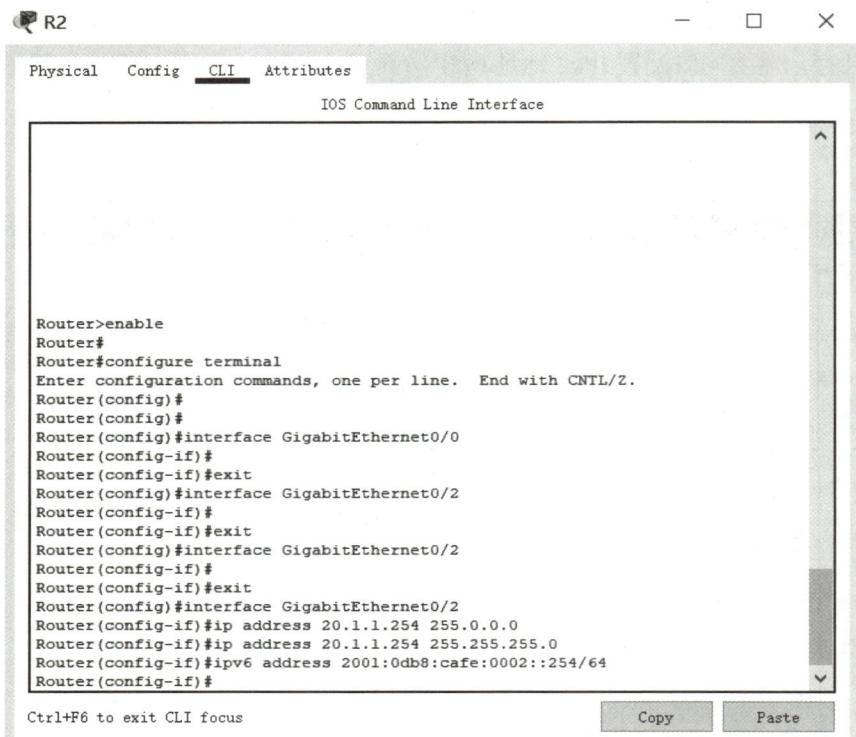

图 6-5　配置路由器 IPv4 和 IPv6 双栈网络地址界面

(5) 进入计算机系统，测试计算机和路由器之间的连通性，这里以测试 PC2 到对应路由器接口的连通性为例。PC2 和路由器 R2 连通性测试结果如图 6-6 所示。

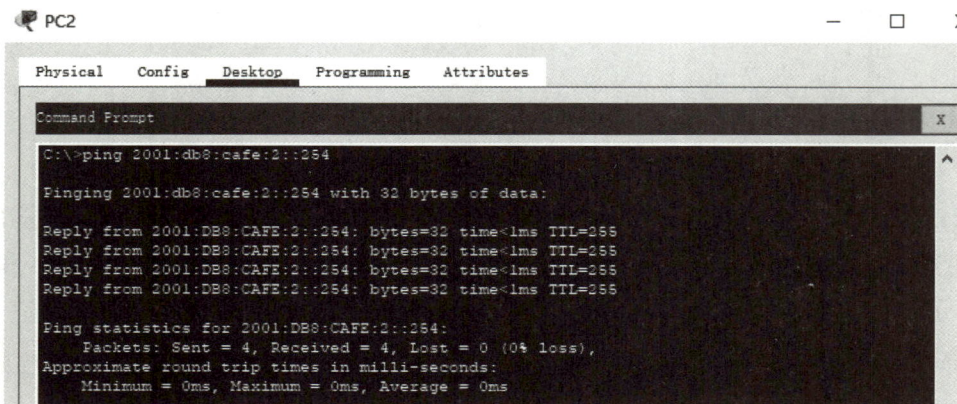

图 6-6　PC2 和路由器 R2 连通性测试结果

(6) 依次进入各路由器 CLI(命令行) 界面，发布 OSPF 动态路由，这里以路由器 R2 为例。关于 OSPF 路由协议，可以参考本任务后面的拓展相关知识。配置 IPv4 地址下 OSPF 协议命令如下：

R2(config)# router ospf 100	// 启用路由器 OSPF 协议，进程号 100
R2(config-router)# network 20.1.1.0 255.255.255.0 area 0	// 发布 20.1.1.0 网段，区域 0

R2(config-router)# network 120.1.1.0 255.255.255.0 area 0　　// 发布 120.1.1.0 网段，区域 0

R2(config-router)# network 110.1.1.0 255.255.255.0 area 0　　// 发布 110.1.1.0 网段，区域 0

在路由器 R2 中配置 IPv4 网络地址下的 OSPF 协议的界面如图 6-7 所示。

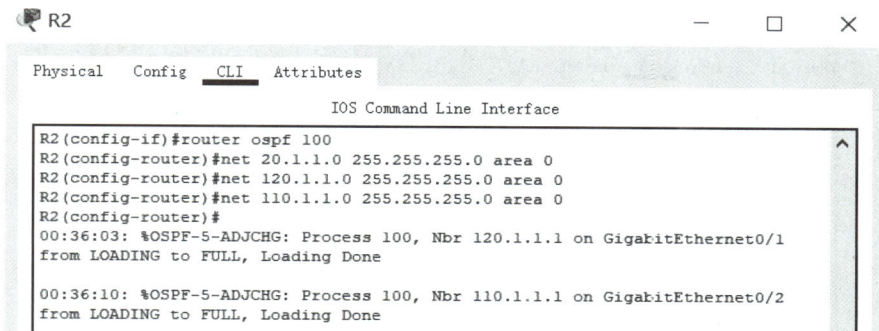

图 6-7　在路由器 R2 中配置 IPv4 网络地址下的 OSPF 协议界面

(7) IPv4 版本的 OSPF 路由协议发布完成后，进行计算机之间的连通性测试，验证 OSPF 协议的运行情况，这里以测试 PC2 到 PC1 之间连通性为例。PC2 到 PC1 连通性测试如图 6-8 所示。

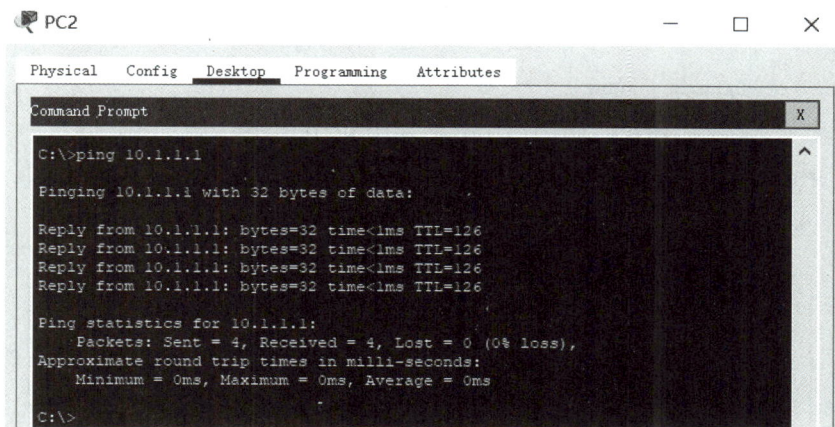

图 6-8　PC2 到 PC1 连通性测试

(8) IPv4 网络连接成功后，进行 IPv6 版本的 OSPF 路由发布。依次进入各路由器 CLI(命令行) 界面，发布 IPv6 版本的 OSPF 动态路由，注意 IPv6 版本的 OSPF 与 IPv4 版本的发布有较大区别。下面以路由器 R2 为例，配置 IPv6 网络地址下的 OSPF 协议命令如下：

R2(config)# ipv6 unicast　　　　　　　　　　// 开启 IPv6 路由

R2(config)# ipv6 router ospf 1　　　　　　　// 开启 OSPF 路由协议，进程号 1

R2(config-rtr)# router-id 3.3.3.3　　　　　　　// 配置路由器 ID 号

R2(config-rtr)# int g0/0　　　　　　　　　　// 进入路由器接口 g0/0

R2(config-if)# ipv6 ospf 1 area 0　　　　　　// 在接口 g0/0 中发布 OSPF 信息

R2(config-if)# int g0/1　　　　　　　　　　　// 进入路由器接口 g0/1

R2(config-if)# ipv6 ospf 1 area 0　　　　　　// 在接口 g0/1 中发布 OSPF 信息

| R2(config-if)# int g0/2 | // 进入路由器接口 g0/2 |
| R2(config-if)# ipv6 ospf 1 area 0 | // 在接口 g0/2 中发布 OSPF 信息 |

在路由器 R2 中配置 IPv6 网络地址下的 OSPF 协议界面如图 6-9 所示。

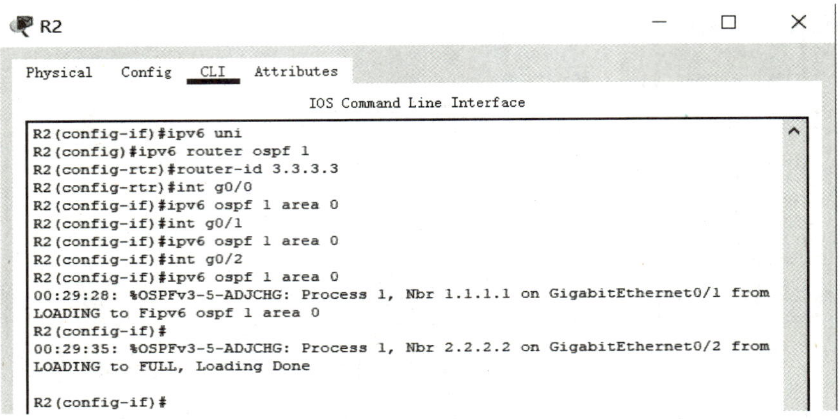

```
R2(config-if)#ipv6 uni
R2(config)#ipv6 router ospf 1
R2(config-rtr)#router-id 3.3.3.3
R2(config-rtr)#int g0/0
R2(config-if)#ipv6 ospf 1 area 0
R2(config-if)#int g0/1
R2(config-if)#ipv6 ospf 1 area 0
R2(config-if)#int g0/2
R2(config-if)#ipv6 ospf 1 area 0
00:29:28: %OSPFv3-5-ADJCHG: Process 1, Nbr 1.1.1.1 on GigabitEthernet0/1 from
LOADING to Fipv6 ospf 1 area 0
R2(config-if)#
00:29:35: %OSPFv3-5-ADJCHG: Process 1, Nbr 2.2.2.2 on GigabitEthernet0/2 from
LOADING to FULL, Loading Done

R2(config-if)#
```

图 6-9　在路由器 R2 中配置 IPv6 网络地址下的 OSPF 协议界面

(9) 在三台路由器中依次配置 IPv6 网络地址下的 OSPF 协议，配置完成后通过命令查看 IPv6 版本下的动态路由表。以路由器 R2 为例，在路由器全局模式下查看 OSPF 动态路由表的命令如下：

R2 (config)# do show ipv6 route

查看路由器 R2 动态路由表中的信息界面如图 6-10 所示。

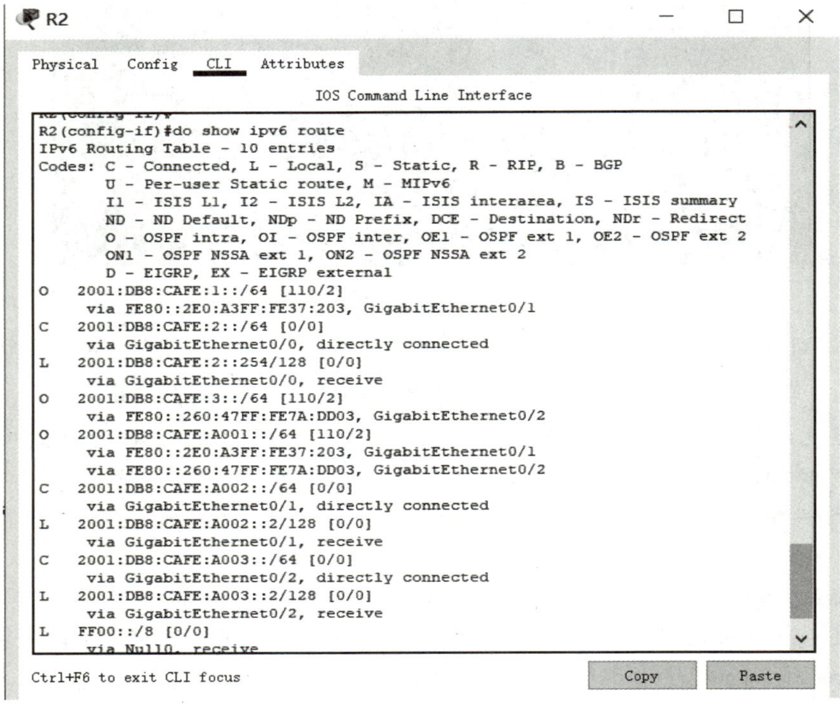

```
R2(config-if)#do show ipv6 route
IPv6 Routing Table - 10 entries
Codes: C - Connected, L - Local, S - Static, R - RIP, B - BGP
       U - Per-user Static route, M - MIPv6
       I1 - ISIS L1, I2 - ISIS L2, IA - ISIS interarea, IS - ISIS summary
       ND - ND Default, NDp - ND Prefix, DCE - Destination, NDr - Redirect
       O - OSPF intra, OI - OSPF inter, OE1 - OSPF ext 1, OE2 - OSPF ext 2
       ON1 - OSPF NSSA ext 1, ON2 - OSPF NSSA ext 2
       D - EIGRP, EX - EIGRP external
O   2001:DB8:CAFE:1::/64 [110/2]
     via FE80::2E0:A3FF:FE37:203, GigabitEthernet0/1
C   2001:DB8:CAFE:2::/64 [0/0]
     via GigabitEthernet0/0, directly connected
L   2001:DB8:CAFE:2::254/128 [0/0]
     via GigabitEthernet0/0, receive
O   2001:DB8:CAFE:3::/64 [110/2]
     via FE80::260:47FF:FE7A:DD03, GigabitEthernet0/2
O   2001:DB8:CAFE:A001::/64 [110/2]
     via FE80::2E0:A3FF:FE37:203, GigabitEthernet0/1
     via FE80::260:47FF:FE7A:DD03, GigabitEthernet0/2
C   2001:DB8:CAFE:A002::/64 [0/0]
     via GigabitEthernet0/1, directly connected
L   2001:DB8:CAFE:A002::2/128 [0/0]
     via GigabitEthernet0/1, receive
C   2001:DB8:CAFE:A003::/64 [0/0]
     via GigabitEthernet0/2, directly connected
L   2001:DB8:CAFE:A003::2/128 [0/0]
     via GigabitEthernet0/2, receive
L   FF00::/8 [0/0]
     via Null0, receive
```

Ctrl+F6 to exit CLI focus　　　　　　Copy　　　Paste

图 6-10　查看路由器 R2 动态路由表中的信息界面

(10) 当全网的网段都在动态路由表中可以看到后，就可以进行 IPv6 网络地址下的计算机之间连通性测试。下面以 PC2 为例测试 PC2 与 PC1 的连通性，如图 6-11 所示，其余计算机之间连通性测试类似进行。

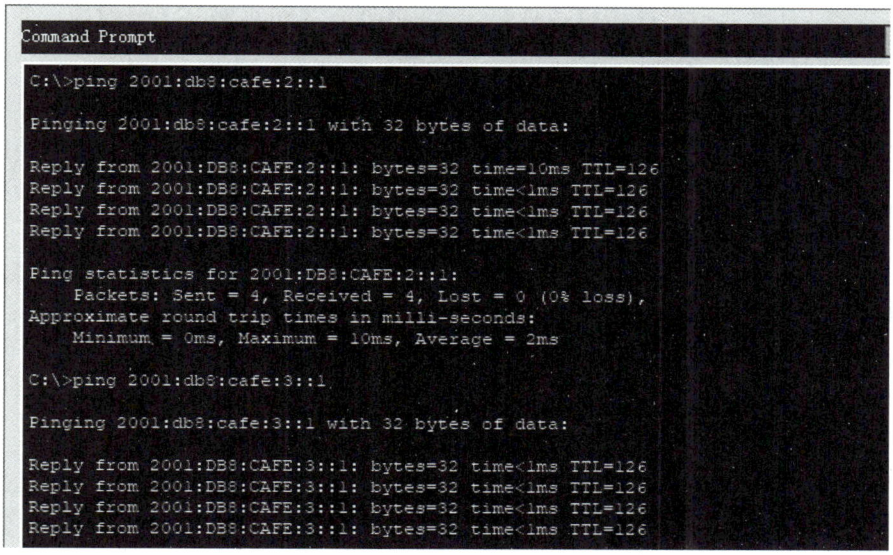

```
Command Prompt

C:\>ping 2001:db8:cafe:2::1

Pinging 2001:db8:cafe:2::1 with 32 bytes of data:

Reply from 2001:DB8:CAFE:2::1: bytes=32 time=10ms TTL=126
Reply from 2001:DB8:CAFE:2::1: bytes=32 time<1ms TTL=126
Reply from 2001:DB8:CAFE:2::1: bytes=32 time<1ms TTL=126
Reply from 2001:DB8:CAFE:2::1: bytes=32 time<1ms TTL=126

Ping statistics for 2001:DB8:CAFE:2::1:
    Packets: Sent = 4, Received = 4, Lost = 0 (0% loss),
Approximate round trip times in milli-seconds:
    Minimum = 0ms, Maximum = 10ms, Average = 2ms

C:\>ping 2001:db8:cafe:3::1

Pinging 2001:db8:cafe:3::1 with 32 bytes of data:

Reply from 2001:DB8:CAFE:3::1: bytes=32 time<1ms TTL=126
Reply from 2001:DB8:CAFE:3::1: bytes=32 time<1ms TTL=126
Reply from 2001:DB8:CAFE:3::1: bytes=32 time<1ms TTL=126
Reply from 2001:DB8:CAFE:3::1: bytes=32 time<1ms TTL=126
```

图 6-11　测试 PC2 与 PC1 的连通性

五、效果检测

表 6-4　测试计算机 IPv6 地址之间的连通性

计算机名称	PC0	PC1	PC2
PC0			
PC1			
PC2			

六、拓展知识

1. OSPF 协议

开放式最短路径优先 (Open Shortest Path First，OSPF) 协议是用于网际协议 (IP) 网络的链路状态路由协议。该协议使用链路状态路由算法的内部网关协议 (IGP)，在单一自治系统 (AS) 内部工作。OSPF 协议是广泛使用的一种动态路由协议，属于链路状态路由协议，具有路由变化收敛速度快、无路由环路、支持变长子网掩码 (VLSM) 和汇总、层次区域划分等优点。在网络中使用 OSPF 协议后，大部分路由将由 OSPF 协议自行计算和生成，无需网络管理员人工配置，当网络拓扑发生变化时，协议可以自动计算和更正路由，极大地方便了网络管理。

OSPF 协议工作过程为：每个 OSPF 路由器负责发现、维护与邻居的关系，并将已知的邻居列表和链路状态更新 (Link State Update，LSU) 报文描述，通过可靠的泛洪与自治系统 AS(Autonomous System) 内的其他路由器周期性交互，学习到整个自治系统的网络拓扑结构；通过自治系统边界的路由器注入其他 AS 的路由信息，从而得到整个 Internet 的路由信息；每隔一个特定时间或当链路状态发生变化时，重新生成 LSA，路由器通过泛洪机制将新 LSA 通告出去，以便实现路由的实时更新。

2. OSPF 协议原理

(1) 初始化形成端口初始信息：在路由器初始化或网络结构发生变化 (如链路发生变化，路由器新增或损坏) 时，相关路由器会产生链路状态广播数据包 LSA，该数据包里包含路由器上所有相连链路，即所有端口的状态信息。

(2) 路由器之间通过泛洪 (Flooding) 机制交换链路状态信息：各路由器一方面将其 LSA 数据包传送给所有与其相邻的 OSPF 路由器，另一方面接收其相邻的 OSPF 路由器传来的 LSA 数据包，根据其更新自己的数据库。

(3) 形成稳定的区域拓扑结构数据库：OSPF 路由协议通过泛洪法逐渐收敛，形成该区域拓扑结构的数据库，这时所有的路由器均保留了该数据库的一个副本。

(4) 形成路由表：所有的路由器根据其区域拓扑结构数据库副本，采用最短路径法计算形成各自的路由表。

3. OSPF 协议优点

(1) OSPF 适合于大范围的网络。OSPF 协议中对于路由的跳数是没有限制的，所以 OSPF 协议能用在许多场合，同时也支持更加广泛的网络规模。在有组播的网络中，OSPF 协议能够支持数十台路由器一起运作。

(2) 组播触发式更新。OSPF 协议在收敛完成后，会以触发方式发送拓扑变化的信息给其他路由器，这样就可以减少网络宽带的利用率。同时，可以减小干扰，特别是在使用组播网络结构对外发出信息时，它对其他设备不构成影响。

(3) 收敛速度快。如果网络结构出现改变，则采用 OSPF 协议的系统会以最快的速度发出新的报文，从而使新的拓扑情况很快扩散到整个网络，而且 OSPF 采用周期较短的 HELLO 报文来维护邻居状态。

(4) 以开销作为度量值。OSPF 协议在设计时，就考虑到了链路带宽对路由度量值的影响。OSPF 协议是以开销值作为标准，而链路开销和链路带宽正好形成了反比的关系，即带宽越是高，开销就会越小。这样一来，OSPF 选择路由主要基于带宽因素。

(5) 避免路由环路。OSPF 路由器在使用最短路径的算法下，收到路由表中的链路状态，然后生成路径，这样不会产生环路。

(6) 应用广泛。OSPF 广泛应用在互联网上，支持各种规模的网络。

七、自我测试

(1) IPv6 的地址配置方法不包括 (   )。
A. 采用无类别编址 CIDR   B. 无状态地址自动配置
C. DHCPv6 引入 IPv6   D. 手工配置

(2) FE80: :E0:F726:4E58 是一个 (　　　) 地址。

A. 全局单播   B. 链路本地

C. 网点本地   D. 广播

(3) Internet 技术主要由一系列的组件和技术构成，Intranet 的网络协议核心是 (　　　)。

A. ISP/SPX   B. PPP

C. TCP/IP   D. SLIP

附　　录

附录1　计算机网络协议全图

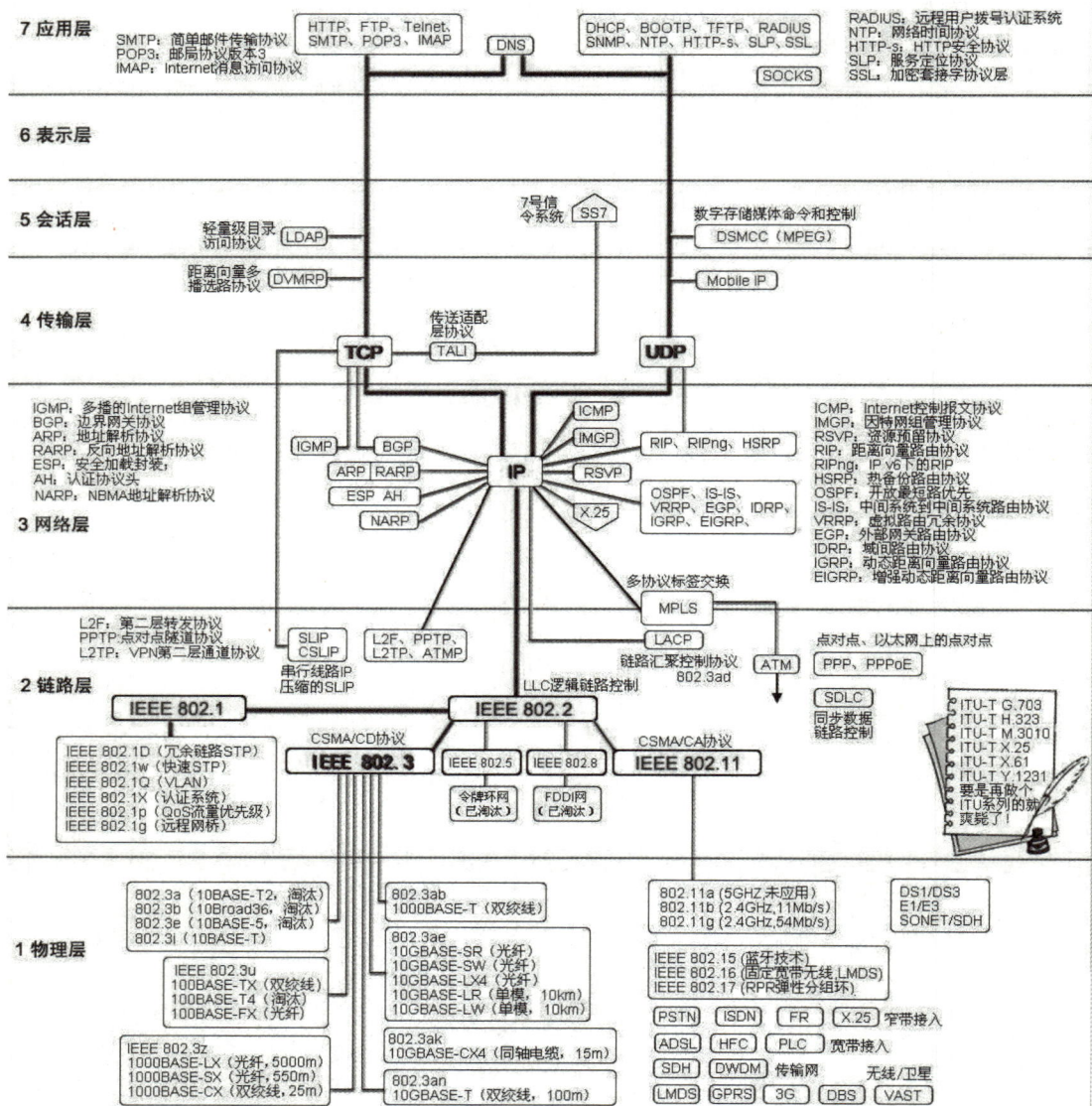

7 应用层

SMTP：简单邮件传输协议
POP3：邮局协议版本3
IMAP：Internet消息访问协议

HTTP、FTP、Telnet、
SMTP、POP3、IMAP

DNS

DHCP、BOOTP、TFTP、RADIUS
SNMP、NTP、HTTP-s、SLP、SSL

SOCKS

RADIUS：远程用户拨号认证系统
NTP：网络时间协议
HTTP-s：HTTP安全协议
SLP：服务定位协议
SSL：加密套接字协议层

6 表示层

5 会话层

轻量级目录访问协议　LDAP

7号信令系统　SS7

数字存储媒体命令和控制
DSMCC（MPEG）

距离向量多播选路协议　DVMRP

Mobile IP

4 传输层

传送适配层协议

TCP　　TALI　　UDP

IGMP：多播的Internet组管理协议
BGP：边界网关协议
ARP：地址解析协议
RARP：反向地址解析协议
ESP：安全加载封装
AH：认证协议头
NARP：NBMA地址解析协议

IGMP　BGP

ARP　RARP

ESP　AH

NARP

IP

ICMP

IMGP

RIP、RIPng、HSRP

RSVP

X.25

OSPF、IS-IS、
VRRP、EGP、IDRP、
IGRP、EIGRP、

ICMP：Internet控制报文协议
IMGP：因特网组管理协议
RSVP：资源预留协议
RIP：距离向量路由协议
RIPng：IP v6下的RIP
HSRP：热备份路由协议
OSPF：开放最短路径优先
IS-IS：中间系统到中间系统路由协议
VRRP：虚拟路由冗余协议
EGP：外部网关路由协议
IDRP：域间路由协议
IGRP：动态距离向量路由协议
EIGRP：增强动态距离向量路由协议

3 网络层

多协议标签交换

MPLS

LACP

L2F：第二层转发协议
PPTP：点对点隧道协议
L2TP：VPN第二层通道协议

SLIP
CSLIP

串行线路IP
压缩的SLIP

L2F、PPTP、
L2TP、ATMP

链路汇聚控制协议
802.3ad

ATM

点对点、以太网上的点对点

PPP、PPPoE

SDLC

同步数据链路控制

ITU-T G.703
ITU-T H.323
ITU-T M.3010
ITU-T X.25
ITU-T X.61
ITU-T Y.1231
要是再做个ITU系列的就累毙了！

2 链路层

IEEE 802.1

LLC逻辑链路控制

IEEE 802.2

IEEE 802.1D（冗余链路STP）
IEEE 802.1w（快速STP）
IEEE 802.1Q（VLAN）
IEEE 802.1X（认证系统）
IEEE 802.1p（QoS流量优先级）
IEEE 802.1g（远程网桥）

CSMA/CD协议

IEEE 802.3　IEEE 802.5　IEEE 802.8

CSMA/CA协议

IEEE 802.11

令牌环网
（已淘汰）

FDDI网
（已淘汰）

1 物理层

802.3a（10BASE-T2，淘汰）
802.3b（10Broad36，淘汰）
802.3e（10BASE-5，淘汰）
802.3i（10BASE-T）

IEEE 802.3u
100BASE-TX（双绞线）
100BASE-T4（淘汰）
100BASE-FX（光纤）

IEEE 802.3z
1000BASE-LX（光纤，5000m）
1000BASE-SX（光纤，550m）
1000BASE-CX（双绞线，25m）

802.3ab
1000BASE-T（双绞线）

802.3ae
10GBASE-SR（光纤）
10GBASE-SW（光纤）
10GBASE-LX4（光纤）
10GBASE-LR（单模，10km）
10GBASE-LW（单模，10km）

802.3ak
10GBASE-CX4（同轴电缆，15m）

802.3an
10GBASE-T（双绞线，100m）

802.11a（5GHZ，未应用）
802.11b（2.4GHz，11Mb/s）
802.11g（2.4GHz，54Mb/s）

IEEE 802.15（蓝牙技术）
IEEE 802.16（固定宽带无线 LMDS）
IEEE 802.17（RPR弹性分组环）

PSTN　ISDN　FR　X.25　窄带接入

ADSL　HFC　PLC　宽带接入

SDH　DWDM　传输网

LMDS　GPRS　3G　DBS　VAST

DS1/DS3
E1/E3
SONET/SDH

无线/卫星

附录 2　计算机网络常用端口大全

端 口	服 务	说　　明
0	Reserved	通常用于分析操作系统。这一方法能够工作是因为在一些系统中"0"是无效端口，当人们试图使用通常的闭合端口连接它时将产生不同的结果。一种典型的扫描，使用 IP 地址 0.0.0.0，设置 ACK 位并在以太网层广播
1	Tcpmux	用于显示有人在寻找 SGI Irix 机器。Irix 是实现 Tcpmux 的主要提供者，默认情况下 Tcpmux 在这种系统中被打开。Irix 机器在发布时已含有几个默认的无密码的账户，如 IP、GUEST UUCP、NUUCP、DEMOS、TUTOR、DIAG、OUTOFBOX 等。许多管理员在安装系统后忘记了删除这些账户，因此 Hacker 会在 Internet 上搜索 Tcpmux 并利用这些账户
7	Echo	能看到搜索 Fraggle 放大器时，发送到 X.X.X.0 和 X.X.X.255 的信息
19	Character Generator	是一种仅仅发送字符的服务。UDP 版本将会在收到 UDP 包后回应含有垃圾字符的包。TCP 连接时会发送含有垃圾字符的数据流直到连接关闭。Hacker 伪造两个 Chargen 服务器之间的 UDP 包，利用 IP 欺骗可以发动 DoS 攻击。同样 Fraggle DoS 攻击则向目标地址的这个端口广播一个带有伪造受害者 IP 的数据包，受害者为了回应这些数据而过载
21	FTP	FTP 服务器所开放的端口，用于上传、下载数据，攻击者是最常见的用于寻找打开 anonymous 的 FTP 服务器的方法。这些服务器带有可读写的目录
22	SSH	PcAnywhere 建立的 TCP 和这一端口的连接可能是为了寻找 ssh。这一服务有许多弱点，如果配置成特定的模式，许多使用 RSAREF 库的版本就会有不少的漏洞存在
23	Telnet	远程登录，入侵者在搜索远程登录 UNIX 的服务。大多数情况下扫描这一端口是为了找到计算机上运行的操作系统。入侵者使用其他技术通过这个端口也会找到密码。木马 Tiny Telnet Server 就开放这个端口
25	SMTP	SMTP 服务器所开放的端口，用于发送邮件。入侵者寻找 SMTP 服务器是为了传递他们的 SPAM。入侵者的账户被关闭时，他们需要连接到高带宽的 Email 服务器上，将简单的信息传递到不同的地址。木马 Antigen、Email Password Sender、Haebu Coceda、Shtrilitz Stealth、WinPC、WinSpy 都开放这个端口
31	MSG Authentication	木马 Master Paradise、Hackers Paradise 开放此端口
42	WINS Replication	WINS 复制
53	Domain Name Server(DNS)	DNS 服务器所开放的端口，入侵者可能是试图进行区域传递 (TCP)，欺骗 DNS(UDP) 或隐藏其他的通信。因此防火墙常常过滤或记录此端口

续表一

端 口	服 务	说 明
67	Bootstrap Protocol Server	通过 DSL 和 Cable modem 的防火墙常会看见大量发送到广播地址 255. 255.255.255 的数据，这些数据是许多客户端在向 DHCP 服务器请求一个地址。HACKER 常进入客户端，分配一个地址把自己作为局部路由器而发起大量中间人 (Man-in-middle) 攻击。客户端向 68 端口广播请求配置，服务器向 67 端口广播回应请求。这种回应使用广播是因为客户端还不知道可以发送的 IP 地址
69	Trival File Transfer	许多服务器与 bootp 一起提供这项服务，便于从系统下载启动代码，也可用于系统写入文件。但是它们常常由于错误配置而使入侵者能从系统中窃取任何文件
79	Finger Server	入侵者用于获得用户信息，查询操作系统，探测已知的缓冲区溢出错误，回应从入侵者机器到其他机器的 Finger 扫描
80	HTTP	用于网页浏览；木马 Executor 开放此端口
99	Metagram Relay	后门程序 ncx99 开放此端口
102	Message transfer agent(MTA)- X.400 over TCP/IP	消息传输代理
109	Post Office Protocol-Version 3	POP3 服务器开放此端口，客户端可访问服务器端的邮件服务，用于接收邮件。POP3 服务有许多公认的弱点。关于用户名和密码交换缓冲区溢出的弱点至少有 20 个，这意味着入侵者可以在真正登录前进入系统。成功登录后还有其他缓冲区溢出错误
110	SUN 公司的 RPC 服务所有端口	常见 RPC 服务有 rpc.mountd、NFS、rpc.statd、rpc.csmd、rpc.ttybd、amd 等
113	Authentication Service	这是一个许多计算机上运行的协议，用于鉴别 TCP 连接的用户。使用标准的这种服务可以获得许多计算机的信息。但是它可作为许多服务的记录器，尤其是 FTP、POP、IMAP、SMTP 和 IRC 等服务。通常如果有许多客户通过防火墙访问这些服务，将会看到许多这个端口的连接请求。注意，如果阻断这个端口客户端会感觉到在防火墙另一边与 Email 服务器进行缓慢连接。许多防火墙支持 TCP 连接的阻断过程中发回 RST，这将会停止缓慢的连接
119	Network News Transfer Protocol	NEWS 新闻组传输协议，承载 USENET 通信。这个端口的连接通常是人们在寻找 USENET 服务器。多数 ISP 限制，只有他们的客户才能访问他们的新闻组服务器。打开新闻组服务器将允许发/读任何人的帖子，访问被限制的新闻组服务器匿名发帖或发送 SPAM
135	Location Service	Microsoft 在这个端口运行 DCE RPC end-point mapper，为它的 DCOM 服务 (这与 UNIX 111 端口的功能很相似)，还可通过使用 DCOM 和 RPC 的服务并利用计算机上的 end-point mapper 注册它们的位置。当远端客户连接到计算机时，它们可通过查找 end-point mapper 找到服务的位置。HACKER 扫描计算机的这个端口是为了找到这个计算机上是否运行 Exchange Server 以及是什么版本。另外 DoS 攻击直接针对这个端口

续表二

端　口	服　务	说　明
137、138、139	NETBIOS Name Service	其中 137、138 是 UDP 端口，当通过网上邻居传输文件时用这个端口。而 139 端口：通过这个端口进入的连接试图获得 NetBIOS/SMB 服务。这个端口协议被用于 Windows 文件和打印机共享以及 SAMBA，另外 WINS Regisrtation 也用它
143	Interim Mail Access Protocol v2	和 POP3 的安全问题一样，许多 IMAP 服务器存在缓冲区溢出漏洞。注意：一种 LINUX 蠕虫 (admv0rm) 会通过这个端口繁殖，因此许多这个端口的扫描来自不知情的已经被感染的用户。当 REDHAT 在他们的 LINUX 发布版本中默认允许 IMAP 后，这些漏洞会变得很流行。这一端口还被用于 IMAP2，但并不流行
161	SNMP	SNMP 允许远程管理设备。所有配置和运行信息都储存在数据库中，通过 SNMP 可获得这些信息。许多管理员的错误配置将被暴露在 Internet 上。Cackers 将试图使用默认的密码 public、private 访问系统，他们可能会试验所有可能的组合。SNMP 包可能会被错误地指向用户的网络
177	X Display Manager Control Protocol	许多入侵者通过它访问 X-Windows 操作台，同时需要打开 6000 端口
389	LDAP、ILS	轻型目录访问协议和 NetMeeting Internet Locator Server 共用这一端口
443	Https	网页浏览端口，能提供加密和通过安全端口传输的另一种 HTTP
456	[NULL]	木马 HACKERS PARADISE 开放此端口
513	Login，remote login	是从使用 cable modem 或 DSL 登录到子网中的 UNIX 计算机发出的广播，为入侵者进入他们的系统提供了信息
544	[NULL]	kerberos kshell
548	Macintosh、File Services(AFP/IP)	Macintosh、文件服务使用此端口
553	CORBA IIOP (UDP)	使用 cable modem、DSL 或 VLAN 将会看到这个端口的广播。CORBA 是一种面向对象的 RPC 系统。入侵者可以利用这些信息进入系统
555	DSF	木马 PhAse1.0、Stealth Spy、IniKiller 开放此端口
568	Membership DPA	成员资格 DPA 使用此端口
569	Membership MSN	成员资格 MSN 使用此端口
635	mountd	Linux 的 mountd Bug。这是扫描的一个流行 BUG。大多数对这个端口的扫描是基于 UDP 的，但是基于 TCP 的 mountd 有所增加 (mountd 同时运行于两个端口)。mountd 可运行于任何端口 (到底是哪个端口，需要在端口 111 做 portmap 查询)，只是 Linux 默认端口是 635，就像 NFS 通常运行于 2049 端口
636	LDAP	SSL(Secure Sockets Layer) 使用此端口
666	Doom Id Software	木马 Attack FTP、Satanz Backdoor 开放此端口
993	IMAP	SSL(Secure Sockets layer) 使用此端口

续表三

端口	服务	说　明
1001、 1011	[NULL]	木马 Silencer、WebEx 开放 1001 端口；木马 Doly Trojan 开放 1011 端口
1024	Reserved	它是动态端口的开始，许多程序并不在乎用哪个端口连接网络，它们只请求系统为它们分配一个闲置端口。基于这一点，端口分配从 1024 开始，即第一个向系统发出请求的会分配到 1024 端口。重启机器，打开 Telnet，再打开一个窗口运行"natstat -a"命令将会看到 Telnet 被分配到 1024 端口。另外 SQL session 也用此端口和 5000 端口
1025、 1033	1025：network blackjack 1033：[NULL]	木马 netspy 开放这两个端口
1080	SOCKS	这一协议以通道方式穿过防火墙，允许防火墙后面的用户通过一个 IP 地址访问 Internet。理论上它应该只允许内部的通信向外到达 Internet。但是由于错误的配置，它会允许位于防火墙外部的攻击穿过防火墙。WinGate 常会发生这种错误，在加入 IRC 聊天室时常会看到这种情况
1170	[NULL]	木马 Streaming Audio Trojan、Psyber Stream Server、Voice 开放此端口
1234、 1243、 6711、 6776	[NULL]	木马 SubSeven2.0、Ultors Trojan 开放 1234、6776 端口；木马 SubSeven 1.0/1.9 开放 1243、6711、6776 端口
1245	[NULL]	木马 Vodoo 开放此端口
1433	SQL	Microsoft 的 SQL 服务开放的端口
1492	stone-design-1	木马 FTP99CMP 开放此端口
1500	RPC client fixed port session queries	RPC 客户固定端口会话查询
1503	NetMeeting T.120	NetMeeting T.120 使用此端口
1524	ingress	许多攻击脚本将安装一个后门 SHELL 于这个端口，尤其是针对 SUN 系统中 Sendmail 和 RPC 服务漏洞的脚本。如果刚安装了防火墙就看到在这个端口上的连接企图，则很可能是上述原因。可以试试 Telnet 到用户的计算机上的这个端口，看看它是否会给你一个 SHELL。连接到 600/pcserver 也存在这个问题
1600	issd	木马 Shivka-Burka 开放此端口
1720	NetMeeting	NetMeeting H.233 call Setup 使用此端口
1731	NetMeeting Audio Call Control	NetMeeting 音频调用控制
1807	[NULL]	木马 SpySender 开放此端口

续表四

端 口	服 务	说 明
1981	[NULL]	木马 ShockRave 开放此端口
1999	cisco identification port	木马 BackDoor 开放此端口
2000	[NULL]	木马 GirlFriend 1.3、Millenium 1.0 开放此端口
2001	[NULL]	木马 Millenium 1.0、Trojan Cow 开放此端口
2023	xinuexpansion 4	木马 Pass Ripper 开放此端口
2049	NFS	NFS 程序常运行于这个端口，通常需要访问 Portmapper 查询这个服务运行于哪个端口
2115	[NULL]	木马 Bugs 开放此端口
2140、3150	[NULL]	木马 Deep Throat 1.0/3.0 开放此端口
2500	RPC client using a fixed port session replication	调用固定端口会话复制的 RPC 客户

参 考 文 献

[1]　谢希仁. 计算机网络 [M]. 8 版. 北京：电子工业出版社，2021.

[2]　严体华，谢志诚，高振江. 网络规划设计师教程 [M]. 2 版. 北京：清华大学出版社，2021.

[3]　梁广民，王隆杰，徐磊. 思科网络实验室 CCNA 实验指南 [M]. 2 版. 北京：电子工业出版社，2018.

[4]　美国电信工业协议 / 电子工业协会. 电信商业建筑电信布线标准：EIA/TIA-568[S]. 美国国家标准协会，2009.